A Guide to the Constellations

全天星座百科

藤井 旭

河出書房新社

星座ウオッチングを楽しもう

春の宵のおぼろな北斗七星の輝きからたどる春の大曲線
真夏の南の地平線から立ちのぼる天の川の光芒
秋の夜長のドラマチックな星空絵巻
そして、凍てつく真冬のオリオンの輝かしい星群たち……
星空を仰いで、あの星この星とたどれば
古代の人々が夜空のカンバスに描きだした
ロマンあふれる星座の世界が目の前にひろがります。
夜ごと頭上の星空舞台でくりひろげられる
華やかな星座物語の主人公たちとの出あいを楽しむ……
なんとすてきで心豊かなひとときでしょうか。

星座は星空に咲き乱れる星の散歩道といわれます。
ひとたびその散歩道に足を踏み入れれば
にぎやかでおしゃべりな星たちが語りつくしてあきない
星座から宇宙の神秘までの星物語を耳にすることができます。
肉眼で見るのもよし、双眼鏡や天体望遠鏡でウオッチングするもよし
そして、ひとり心静かに見あげるもよし、友人や家族そろって
星空パーティーふうににぎやかに楽しむもよし……
本書を片手に星の輝きに包まれてすごすひとときの幸せさを
しみじみ味わっていただくことにいたしましょう。

全天星座百科●もくじ

星座の歴史

●星座のはじまり

夜空に輝く星をながめていると、無秩序にばらまかれているような星々にもなにかしら特徴のある星のならびがあって、イメージをふくらませれば、それがさまざまな物の姿や形に見えてくることがあります。

今からざっと 5000 年もの昔、チグリス、ユーフラテスの両大河にはさまれたメソポタミア、つまり現在のイラク付近で暮らしていたカルデアの人たちにとっても、それは同じことでした。

彼らは遊牧民というわけではありませんでしたが、夜もすがら羊の番をしつつ、あるいは城壁にのぼり満天の星をながめ、いつとはなしに目ぼしい星々の配列を動物や伝説上の巨人や英雄たちの姿に見たてて星座をつくりあげていきました。

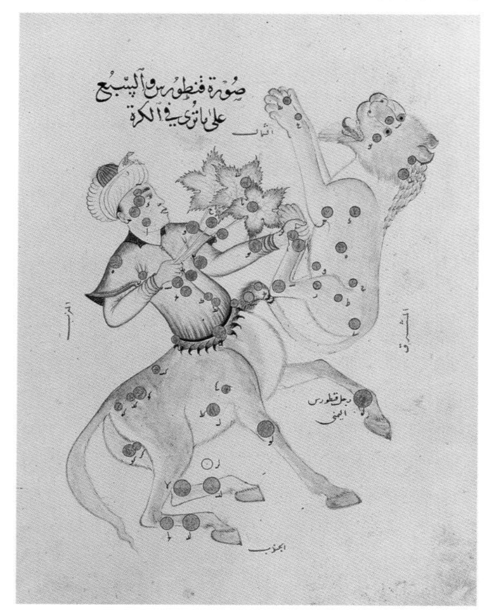

▲アラビア星図のケンタウルス座

そして、星座の星々やその中で移動をくり返す明るい惑星たち、日食や月食などの不思議な天文現象を恐れ、いぶかり、やがて観測し、星占いをするようにもなっていきました。こうして太陽や月、惑星の星空の通り道ぞいの“黄道（こうどう）12星座”がまずできあがりました。

●ギリシアで完成した 48 星座

バビロニアから伝えられた星座は、エジプトやフェニキアなどへ伝えられてひろまり、それぞれの地方独自の星座もこれに加えられていきました。

さらにギリシアの人々は、これらの諸国から伝えられた星座や神話、伝説を受けつぎ、彼らの多神教の神話とたくみに結びつけ発展させていきました。

古代ギリシアの詩人ホメロスの『イリアス』『オディセイア』の 2 編の大叙事詩の中にもすでにおおぐま座やオリオン座などの星座が登場し、紀元前 3 世紀の詩人アラトスが、天文学者エウドクソスの著書をもとに詠（よ）んだ天文詩『ファイノメナ』には、今でも使われている 44 の星座がその中に詠（うた）いこまれています。さらに進んで、天文学者ヒッパルコスは、1000 個の恒星の位置を観測して星表にあらわし、49 の星座を記しました。

そしてそれは、古代天文学の集大成とされる、2 世紀の天文学者で地理学者、数学者のプトレマイオス（英語ではトレミー）の大著『アルマゲスト』に受けつ

▲セラリウスの北天星図

がれ、現在に伝えられる48星座ができあがることになりました。

●アラビアに受けつがれ……

やがてギリシアやローマの文明がおとろえ、ヨーロッパが中世のいわゆる暗黒時代に入るころ、アラビアではムハンマッド（英語ではマホメット）があらわれ、イスラム教が勃興、強大な勢力となっていきました。彼らは聖典「コーラン」の教えに従い、征服した土地の文化を整理し解釈して自分たちの文化に吸収しました。こうしてさまざまな学問がイスラム圏で保護され、大いに奨励されることになりました。なかでも天文学は、イスラム教の聖地メッカを礼拝するため、それぞれの地方からの正しい方向を知るための実用上の重要さもあって、歴代の王たちによって大切にされることになりました。

そのアラビアには、ギリシアの天文学がそのまま入りこみ、プトレマイオスの『アルマゲスト』がアラビアン・ナイトに登場するラシード王らによって翻訳され、受けつがれていくことになりました。

そして、それが後になって近世ヨーロッパに再び流れこむことになったため、今に伝えられる星座や星の名前にアラビア名が多く残されることになったわけです。

●追加された新星座たち

アラビア経由のプトレマイオスの48星座は、そのまま1500年もの間使われてきましたが、17世紀になって、それに12もの新しい星座がドイツの弁護士ヨハン・バイヤーによって加えられることになりました。

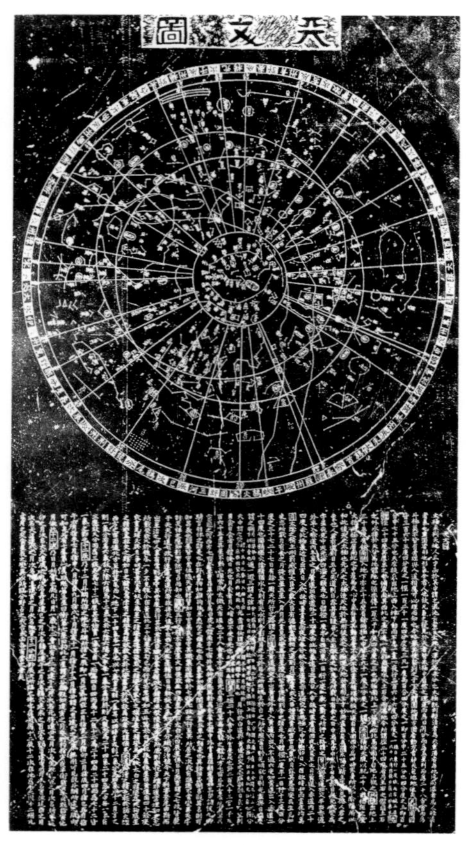

▲中国の星図

いわゆる大航海時代の到来によって、南方への航海で知られるようになった珍しい動物名の星座、たとえばきょしちょう座やふうちょう座、カメレオン座などが、これまで星座のなかった空白の南半球の空に追加されることになったからです。

これらの星座づくりに貢献したのは、オランダのフラドルの僧で、後にカルビン主義の神学者となったペトルス・プランキウスで、彼はすぐれた地理学者、地図製作者でしたが、南天の星を観測するために、弟子のケイザーやホウトマンをオランダの船隊に乗船させ、南天の星々の観測をさせました。そして1598年に自分がつくった天球儀上に“南天12星座”を初めて描きだしたといわれます。

バイヤーは、それらの資料をもとに1603年に著した彼の美しい星図中にこれら南天星座を正式におさめ、発表したというわけです。

●88星座に整理

しかし、当時、星座の境界線らしいものはなく、やがて17世紀から18世紀にかけ星座と星座の間の空白域に天文学者たち、たとえば、フランスの王宮付きの建築家ロワイエが新星座をいくつも設けたり、ヘベリウスが10星座を、ラカイユが14星座をなどというふうに、勝手気ままに星座づくりを競いあうようになり、混乱をきたすことになりました。

一方、天文学が発展すると、いろいろな星の位置を正しく示す必要が出てきたりしはじめました。
そこで勝手気ままな星座づくりは反省され、星座の境界線などをきちんと整理することになりました。
1930年、国際天文学連合は、全天に88星座を設け、星座の境界線も赤経、赤緯の線にそったものに定め、現在の星座が確立することになりました。
現代科学の最先端をいく天文学の世界に、古代人ののびやかなロマンチシズムを感じることができる星座がそのまま残され、今もそれなりに重宝し使われているというのは、なんとも楽しいことではありませんか。

▲南天の星図

●中国や日本などの星座

“星座”という言葉は、中国から伝えられたもので、有名な司馬遷の『史記』「天官書」の中で、星座のことが初めて詳しく述べられています。
中国ではおなじみの二十八宿のほか、全部で280に近い星座がこまごまと設けられました。これらは朝廷の組織や官名をそっくりそのまま夜空に描きだしたもので、なかにはごていねいなことにトイレの星座までありました。
もちろん、これらは今私たちが使っている星座とまったくちがうものです。
日本では、『古事記』や『日本書紀』『万葉集』などに星の名が登場してきますが、主だっては農村や漁村で、方位や時刻などを知るための実用上から、ごく地域的な親しみやすい名前でよばれるのがほとんどといったところでした。
このほか、世界各地に独自の星のよび名や伝説が伝えられていますが、南半球の南米や、アフリカ、オーストラリア、南太平洋などの各地にも、かつて西洋で南天の空白域とされていた星空に、多くの星の名前や伝説などが大昔から語り伝えられてきています。

星座の見つけ方

画面の中にたくさんの点が打ってあって、そのわきに記された番号どおりに線を結んでいくと、無秩序に打たれた点のように思えたものが、やがて人間や動物の姿となって浮かびあがって見えてくるというおなじみの点パズルがあります。

星空に輝く星々を次々に結びつけ、その姿や形を夜空に思い浮かべ、想像して描きだす“星座ウオッチング”も、その点でパズルの“かくし絵遊び”とそっくりといえます。

星座は、もともと星のならびを漠然とイメージして描きだされたものですから、星の結び方にきまったやり方があるというわけではありません。

しかし、それでもこの本では、星座の名前のイメージが浮かびやすいような結び方にしてその例が示してあります。そして、星座のひろがりもおよそ見当がつけられるような結び方にしてあります。星座の星々を結びつけて、星座の骨格をつかんだら、星座の絵姿をふっくら肉づけし、思いっきり想像をたくましくしてながめるようにしてください。

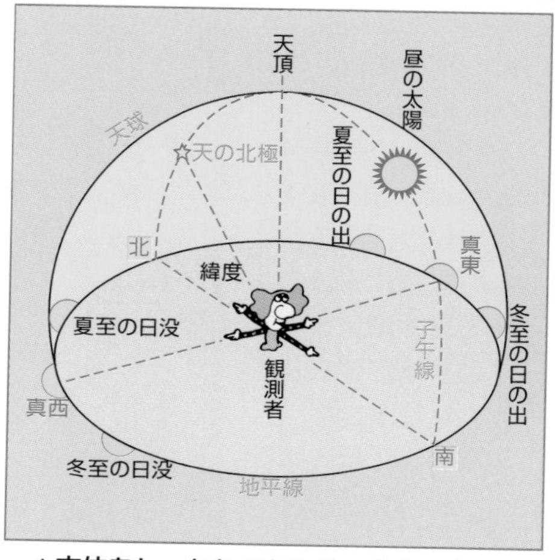

▲方位をしっかりつかもう　自分の立っている場所での東西南北の方角をつかんでおくのが星座早見などを使っての星座さがしのポイントです。北極星や磁石で北の方角がわかるほか、昼間の太陽でもおよその方向を知ることができます。

▲星座の姿を見つける手順　星を結びつけて骨格をつかみ、絵姿を重ね合わせイメージします。

誕生星座

太陽の通り道の“黄道”の通っている星座を“黄道星座”といい、全部で12あります。星占いに登場するのでおなじみのものですが、誕生日と星座の関係は右の表のようになります。

星占いとは直接関係ないものですが、自分の誕生星座を見つけだすのをきっかけに星座に関心をもってもらえるという点で、誕生星座は大いに役立ってくれることでしょう。ただし、見やすくなるのは誕生日の2～3か月前の宵空でのことになります。

誕生星座	誕生日
おひつじ座	3月21日～ 4月20日
おうし座	4月21日～ 5月21日
ふたご座	5月22日～ 6月21日
かに座	6月22日～ 7月23日
しし座	7月24日～ 8月23日
おとめ座	8月24日～ 9月23日
てんびん座	9月24日～10月22日
さそり座	10月23日～11月22日
いて座	11月23日～12月22日
やぎ座	12月23日～ 1月20日
みずがめ座	1月21日～ 2月20日
うお座	2月21日～ 3月20日

星の明るさ

夜空に輝くさまざまな明るさの星をランクづけしたものが、1等星とか2等星とよばれる“光度”や“等級”のあらわし方です。肉眼で見えるいちばんかすかな星が6等星で、その100倍の明るさの星が1等星です。0等星より明るいものはマイナスをつけ、6等星より暗い肉眼で見えないものは、7等星、8等星と数字が大きくなっていきます。

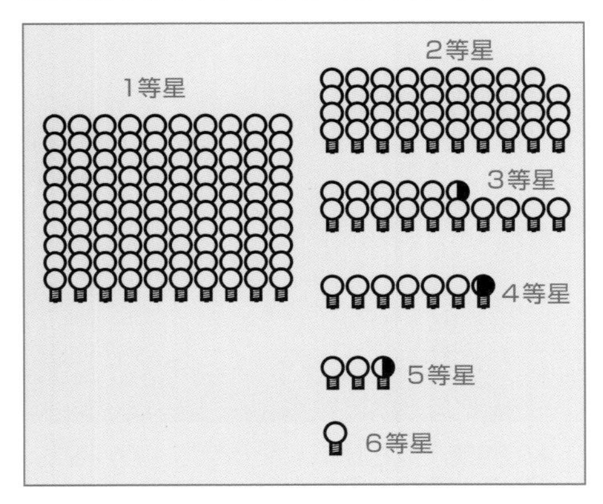

▲豆球の数で示した星の明るさくらべ

星のものさし

天体の見かけの大きさや、星と星との間隔は、何メートルなどといわずにすべて角度でいいあらわします。たとえば、北斗七星全体の長さは25°とか25度角などといい、天体の大きさも角度の°（度）、′（分）、″（秒）でいいあらわします。満月の見かけの大きさは視直径で32′16″などといいます。およその角度は、自分の指で知ることができます。

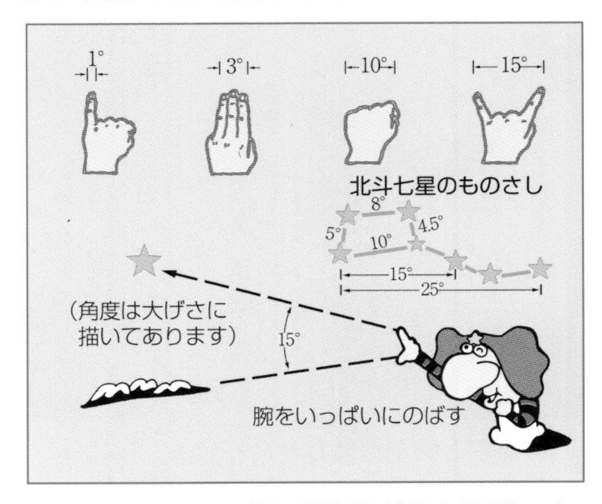

▲星のものさし　指の間隔を使うと便利です。

星座早見の使い方

この本のあちこちに星空のようすを描いた星座図が示してあります。各季節の宵のころ、星座ウオッチングを楽しむにはそれでじゅうぶんなのですが、星空の一晩での動きのようすや季節の細かな移り変わりをもっと詳しく知りたいときには、やはり星座早見があったほうがよいといえます。星座早見は、見たいとき知りたいときの月日と時刻目盛りを星座盤を回転させながら合わせると、そのときの星空のようすが、窓にあらわれる仕組みになっているので、使い方もごく簡単です。手軽さからもぜひ一つ用意したい星空ウオッチングの必需品といえます。

さらにパソコンで楽しめる星座ソフトが手に入れば、楽しみは大きくひろがることになります。

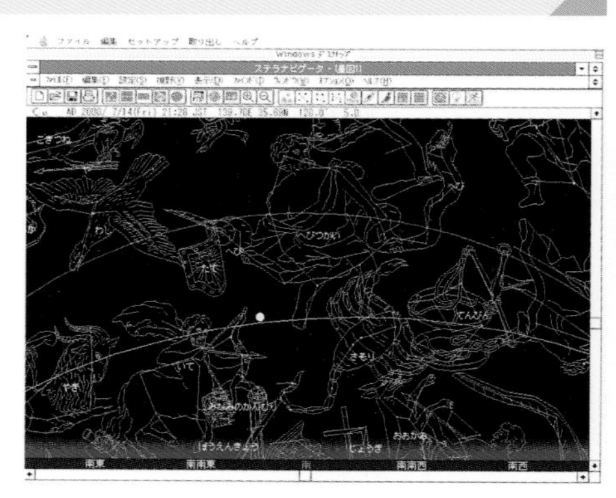

▲**星座ソフト**　パソコンの画面上で星座の見え方や動きなどがわかり、楽しめます。さまざまなソフトが発売されています。

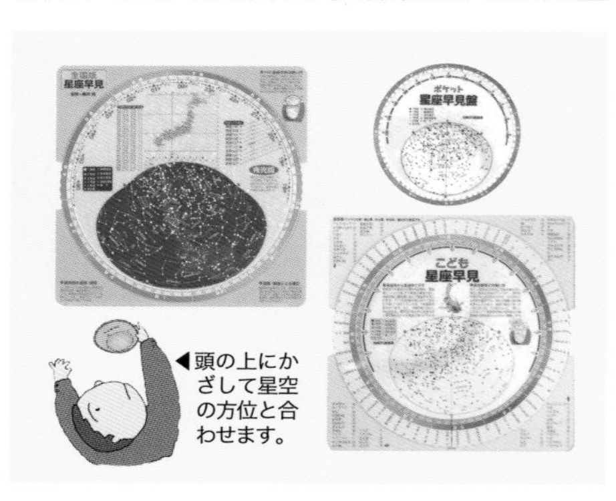

▲**いろいろな星座早見**　種類はじつにさまざまですが、使い方はどれも同じです。書店や科学館などの売店で入手できます。

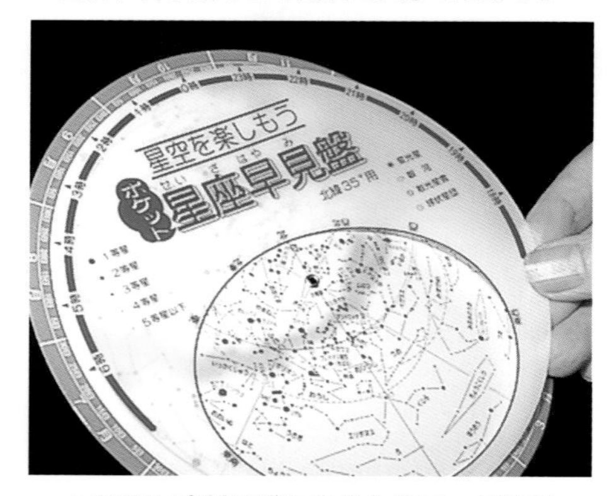

▲**月日と時刻目盛りを合わせる**　星座早見を回転させて一致させると、見たいときの星空が窓枠にあらわれてきます。

▲**方位を一致させる**　自分の立っている場所での東西南北の方位と一致させ、頭上にかざして実際の星空と見くらべます。

星座写真の写し方

東からのぼるオリオン座の姿や、南半球の国へ旅して見た逆さまのさそり座など、星座の姿を写真に写しておきたいと思うこともしばしばあります。

星座写真の写し方は、とても簡単で、しかもどんなカメラでも使えます。フィルムではISO400クラスの高感度のものを使い、カメラを三脚などにしっかり固定し、レンズの絞りは明るい状態にし、バルブで数十秒間露出すればよいでしょう。さらに露出時間を長くすれば、星の動いた光跡が長くのびて写ります。

デジタルカメラの場合も、写し方は全く同じですが、結果がモニター画面ですぐわかり、写し直しも簡単という点で、天体写真用として最適といえます。

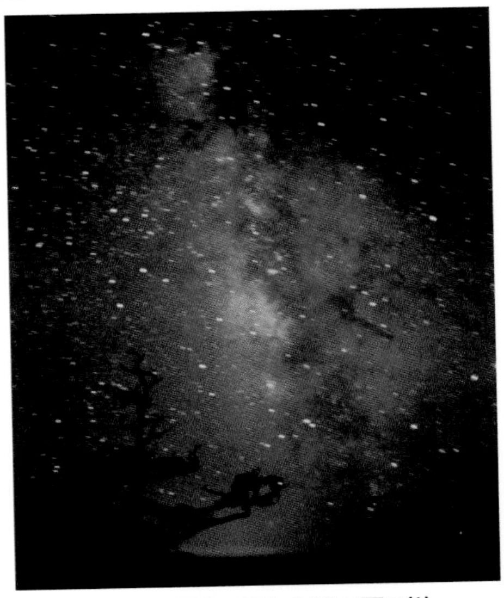

▲1分間露出で写した夏の天の川

双眼鏡と天体望遠鏡

星座ウオッチングは、目で見て楽しめるので、天体望遠鏡は必要ありません。しかし、もし用意できれば星座の中にある星雲・星団や二重星などの姿を見ることができますので、楽しみは大きなものとなります。

天体を自動導入できる望遠鏡であれば、天体の位置を詳しく知らなくても、簡単に視野にとらえられるので、天体ウオッチングが楽にできることになります。

しかし、手軽さという点では、双眼鏡がおすすめです。倍率は7倍くらいと低いのですが、視野がひろく、肉眼でわかりにくかった淡い星や天体の姿がしっかり確認できるのがよいところです。

▲天体を自動導入できる望遠鏡と双眼鏡

星空ウオッチングの楽しみ

惑星

惑星は、黄道12星座のどこかしらに見えていて、星座の中を動いていきます。夜中に肉眼で見えるものは、赤い火星と明るい木星、それに土星の3つです。

水星と金星は夕方の西天か明け方の東天低くでしか見えませんので、星座ウオッチングでは、火星、木星、土星が目をひくことになります。火星は地球接近時には−3等くらいですが、遠ざかると2等くらいと明るさが大きく変化します。

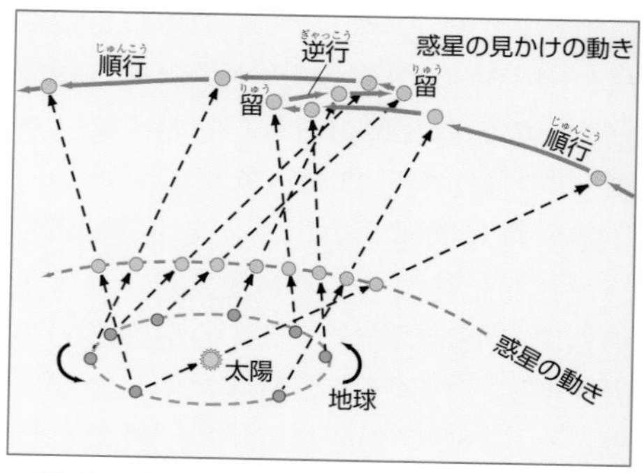

▲**惑星の見え方**　星座の中での惑星は、順行逆行をくり返しながら移動していくように見えます。明るい惑星たちは、恒星のようにキラキラまたたかないのが見え方の特徴です。

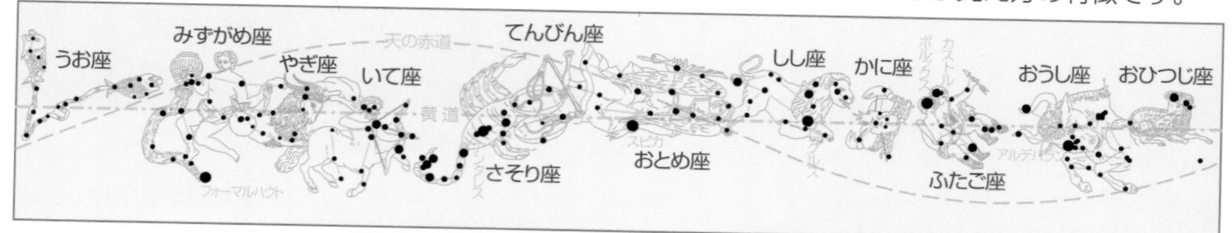

▲**黄道星図**　惑星は必ず黄道12星座の中に見えています。

火星		木星		土星	
地球に近づく月	星座	衝の月	星座	衝の月	星座
2016年　5月	てんびん	2022年　9月	うお	2022年　8月	やぎ
2018年　7月	やぎ	2023年 11月	おひつじ	2023年　8月	みずがめ
2020年 10月	うお	2024年 12月	おうし	2024年　9月	みずがめ
2022年 12月	おうし	2025年衝なし		2025年　9月	うお
2025年　1月	かに	2026年　1月	ふたご	2026年 10月	うお
2027年　2月	しし	2027年　2月	しし	2027年 10月	うお
2029年　3月	おとめ	2028年　3月	しし	2028年 10月	おひつじ
2031年　5月	てんびん	2029年　4月	おとめ	2029年 11月	おうし
2033年　6月	いて	2030年　5月	てんびん	2030年 11月	おうし
2035年　9月	みずがめ	2031年　6月	いて	2031年 12月	おうし
2037年 11月	おうし	2032年　7月	やぎ	2032年 12月	ふたご
2039年 12月	ふたご	2033年　8月	みずがめ	2033年衝なし	
2042年　2月	しし	2034年 10月	うお	2034年　1月	ふたご
2044年　3月	しし	2035年 11月	おひつじ	2035年　1月	ふたご

▲**惑星の見えている星座**　木星は−3等星、土星は0等星くらいの明るさです。

流星群

星座ウオッチングを楽しんでいると、突然明るい流れ星が飛んでびっくりさせられることがあります。なかには火の粉をまき散らすようなものや煙のような痕を残すものもあります。これらの流星はたいてい突発的なものですが、なかには、毎年きまったころたくさんの流星たちが飛ぶのを目にすることができるものがあります。「流星群」に属する流星たちで、輻射点(ふくしゃ)から四方八方に飛びだしていくように見えるため、輻射点のある星座名でよばれるのがふつうです。

名 称	活動する期間	極大日	輻射点の方向
しぶんぎ座流星群	1月 初め～ 1月 7日	1月 4日	夜明け前の北東の空
4月こと座流星群	4月16日～ 4月25日	4月22日ごろ	夜半後の北東の空
みずがめ座エータ流星群	5月 初め～ 5月10日	5月 5日ごろ	夜明け前、南東の空低い
みずがめ座デルタ南流星群	7月 中旬～ 8月 中旬	7月 下旬	宵の南の空
ペルセウス座流星群	7月25日～ 8月23日	8月12～13日	ほぼ一晩中、北東の空
オリオン座流星群	10月17日～10月26日	10月 21～22日ごろ	夜更けの南の空
おうし座南流星群	10月20日～11月25日	11月中	数が少ないが明るい
しし座流星群	11月14日～11月20日	11月18～19日ごろ	夜明け前の東の空
ふたご座流星群	12月 7日～12月18日	12月13～14日ごろ	一晩中見られる
こぐま座流星群	12月19日～12月24日	12月22日ごろ	北の空

▲**毎年見られるおもな流星群**　極大日は最も数多く見られるころのおよその日です。

星の行事

星や月に関係する行事で星空ウオッチングの楽しみをひろげるのもよいでしょう。最もおなじみのものは、7月7日の七夕(たなばた)祭りですが、そのころは梅雨のまっさかりで、しかも牽牛(けんぎゅう)と織女(しょくじょ)の2星は、宵の東の空低くしか見えませんので、七夕は旧暦で祝うのがよいといえます。ただし、旧暦の七夕は、年ごとに異なってきますので、その日付を表に掲げておきましょう。

旧暦8月15日の月は、「中秋(ちゅうしゅう)の名月」とよばれ、お月見をするのが習わしとなっています。団子や餅（中国では月餅(げっぺい)）、ススキ、サトイモなどを供えて月見するところから「芋(いも)名月」ともよばれます。

日本独自のものとしては、旧暦8月15日の“十五夜”の月見ばかりでなく、旧暦9月13日に月見をする習わしがあります。これは「後(のち)の月」「十三夜」、栗や枝豆を供えるところから「栗名月」などのよび名があります。

西 暦	旧七夕	中秋の名月	後の月（十三夜）
2023年	8月 22日	9月 29日	10月 27日
2024年	8月 10日	9月 27日	10月 15日
2025年	8月 29日	10月 6日	11月 2日
2026年	8月 19日	9月 25日	10月 23日
2027年	8月 18日	9月 15日	10月 12日
2028年	8月 26日	10月 3日	10月 30日
2029年	8月 16日	9月 22日	10月 20日
2030年	8月 5日	9月 12日	10月 9日
2031年	8月 24日	10月 1日	10月 28日
2032年	8月 12日	9月 19日	10月 16日

▲**星の行事**

星雲・星団ウオッチング

星座ウオッチングを楽しんでいると、星とはちがう、ぼんやりした天体に出くわすことがあります。アンドロメダ座大銀河M 31 やオリオン座大星雲M 42、プレアデス星団（すばる）などです。

これらの天体は、肉眼ではその正体がはっきりしませんが、双眼鏡があると非常に見やすくなり、見える星雲・星団も多くなってきます。双眼鏡はどんなものでもスターウオッチングに使えますが、手で持っただけでは視野がゆれて見にくいので、できればカメラの三脚などにしっかり固定して見るのがおすすめです。そのための固定用具もあり、カメラ店で手に入れておかれるとよいでしょう。双眼鏡は淡い星雲・星団ばかりでなく、夜空の明るい都会の空などで、星座の星をたしかめたりするのにも役立ってくれます。

▲星図　星雲・星団の位置が示されている星空の地図“星図”があると便利です。

星雲・星団の見方

天上にひそむ宝石にたとえられる星雲・星団を夜空で見つけだしていく楽しみは、星座ウオッチングの大きな魅力の一つになっています。もちろん、肉眼で見えるようなものもありますが、そのほとんどは双眼鏡や望遠鏡で見てのお楽しみとなります。したがって、望遠鏡など道具立ても必要になってきます。

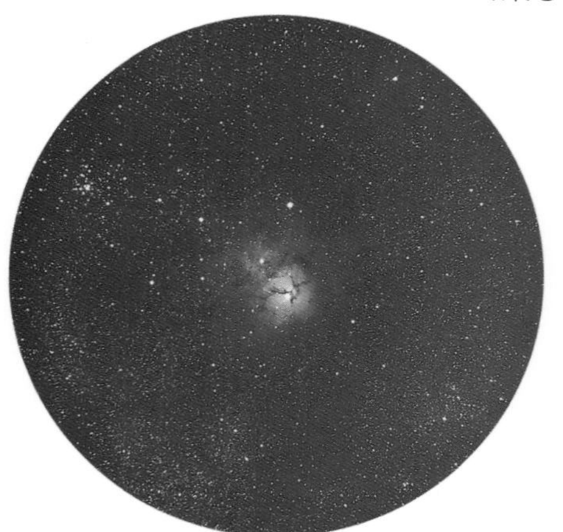

▲星雲・星団の見方　淡いものは、目を少しそらし気味にし、それとなく見るようにしたほうがよく見えることがあります。

最近は、自動導入式の架台の望遠鏡も多くなってきていますので、星図で星雲・

▲自動導入式の望遠鏡　星雲・星団の位置を知らなくても自動的にとらえてくれます。

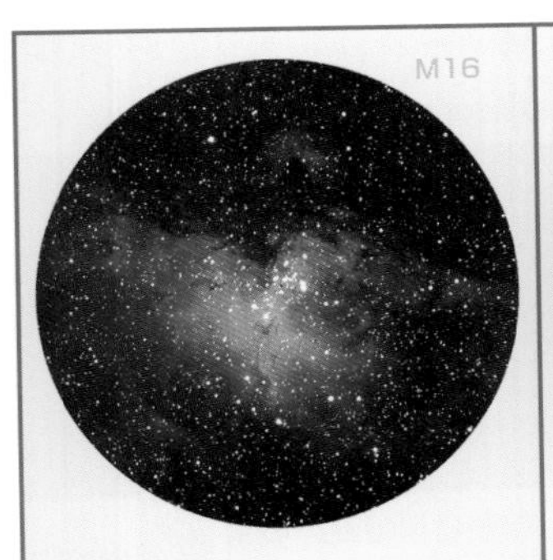

●**散光星雲**

冷たいガスやチリからなる星間分子雲などが、星の光に刺激され、ぼうっと輝いて見えているものです。

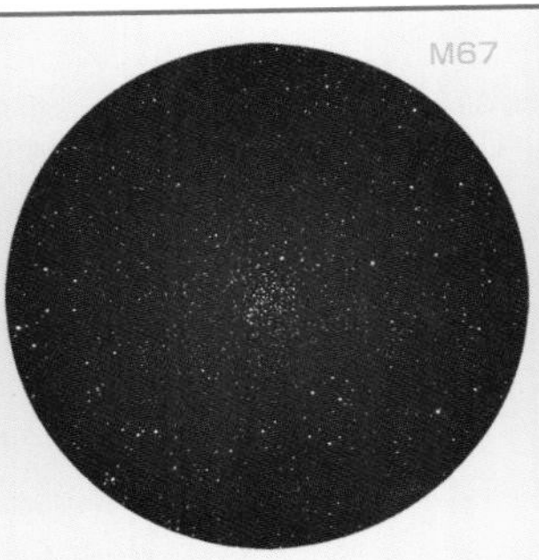

●**散開星団**

双眼鏡や小望遠鏡でも星の配列などがよくわかります。年齢のごく若い星たちの集団です。

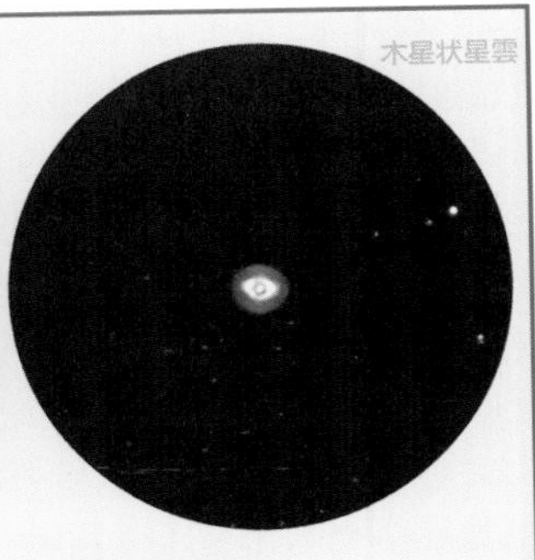

●**惑星状星雲**

太陽くらいの重さの星が、その一生を終えるときの姿で、惑星のように形が見えるのが特徴です。

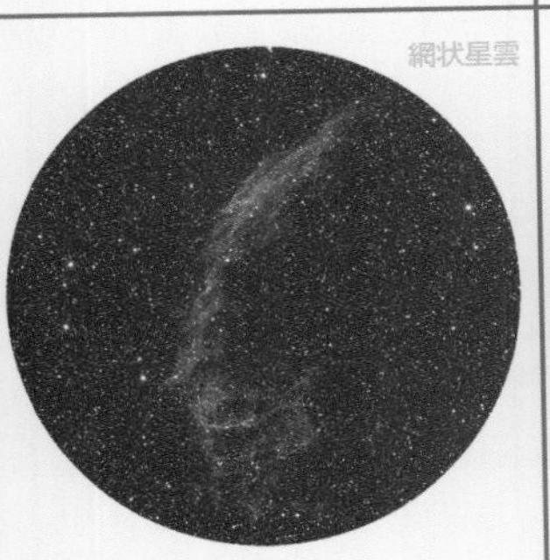

●**超新星残骸**

非常に重い星が、その一生の終わりに超新星の大爆発を起こし、砕け散ったものです。

●**球状星団**

年老いた星数十万個がボールのようにびっしり群れ集まっているもので、ぼうっと丸く見えます。

●**銀河**

私たちの銀河系と同じ数千億個もの星の大集団で、渦巻銀河、楕円銀河など、姿形はさまざまです。

星団の位置を確認しながら見つけだしていく必要もなく、初心者にもやりやすくなっていて好都合です。

一方、望遠鏡がない場合には、近くの公開天文台へ出かけ、口径の大きな望遠鏡で見せてもらうという、うまい手もあります。口径の大きい望遠鏡は、小さな望遠鏡では見にくい星雲・星団も見やすくなるので、自分の望遠鏡がある方でも、やはり公開天文台での観望会へ出かけてごらんになることをおすすめしておきましょう。公開天文台では、専門家の解説付きで星雲・星団ウオッチングを楽しめるのもうれしいところです。(280ページ参照)

ところで、星雲・星団ウオッチングは、上に掲げた分類のように、長い星の一生の各段階を見ているもので、見た目の美しさに感動すると同時に、科学的な面白味を存分に味わえるのがよいところといえます。

二重星

星座を形づくる星たちの中には、ごく接近してならんで見えるものがあります。北斗七星の柄（え）の先から2番目のミザールとアルコルのように肉眼で見えるペアから、双眼鏡や望遠鏡でやっと見える接近したペアまでさまざまで、中には三重星、四重星などもあります。単に見かけ上接近して見えるものから、お互いまわりあう連星と、組み合わせは多彩です。

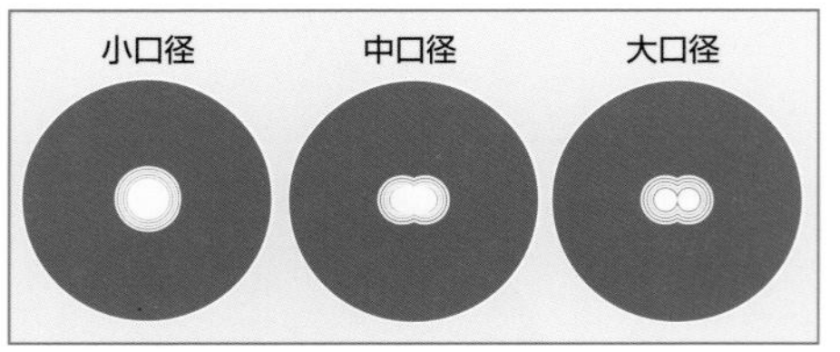

▲二重星の見え方　望遠鏡の口径が大きいほど分離しやすくなります。

変光星

かんむり座R星の変光のようす

星座を形づくっている恒星は、位置も明るさも変化しませんが、なかには明るさを変えるものがいくつかあります。肉眼でそのようすがはっきりわかるものにくじら座のミラなどがありますが、双眼鏡があると、楽しめる変光星の数は急に増えてきます。

数日ごとくらいに変光のようすを見守るのは興味深いものです。

人工衛星

星座をながめていると、点滅する航空機とはちがう光点が動いていくのを目にすることがあります。それはたいてい人工衛星です。明るさの変化するものなど、飛行のようすはさまざまです。

▲明るくなったイリジウム衛星

彗星

肉眼で見える明るく長い尾をひいた彗星は、めったに出現しませんが、双眼鏡で見えるくらいのものは、時おり出現します。新聞やTV、天文雑誌のほかインターネットで最新情報を得ることができます。

▲ハレー彗星（1986年）

夏の星座

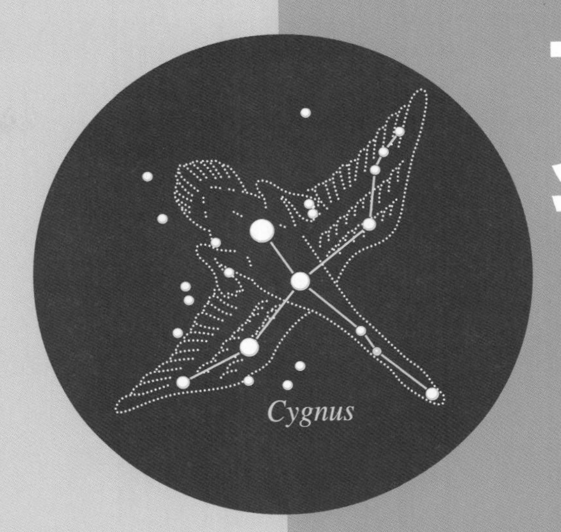

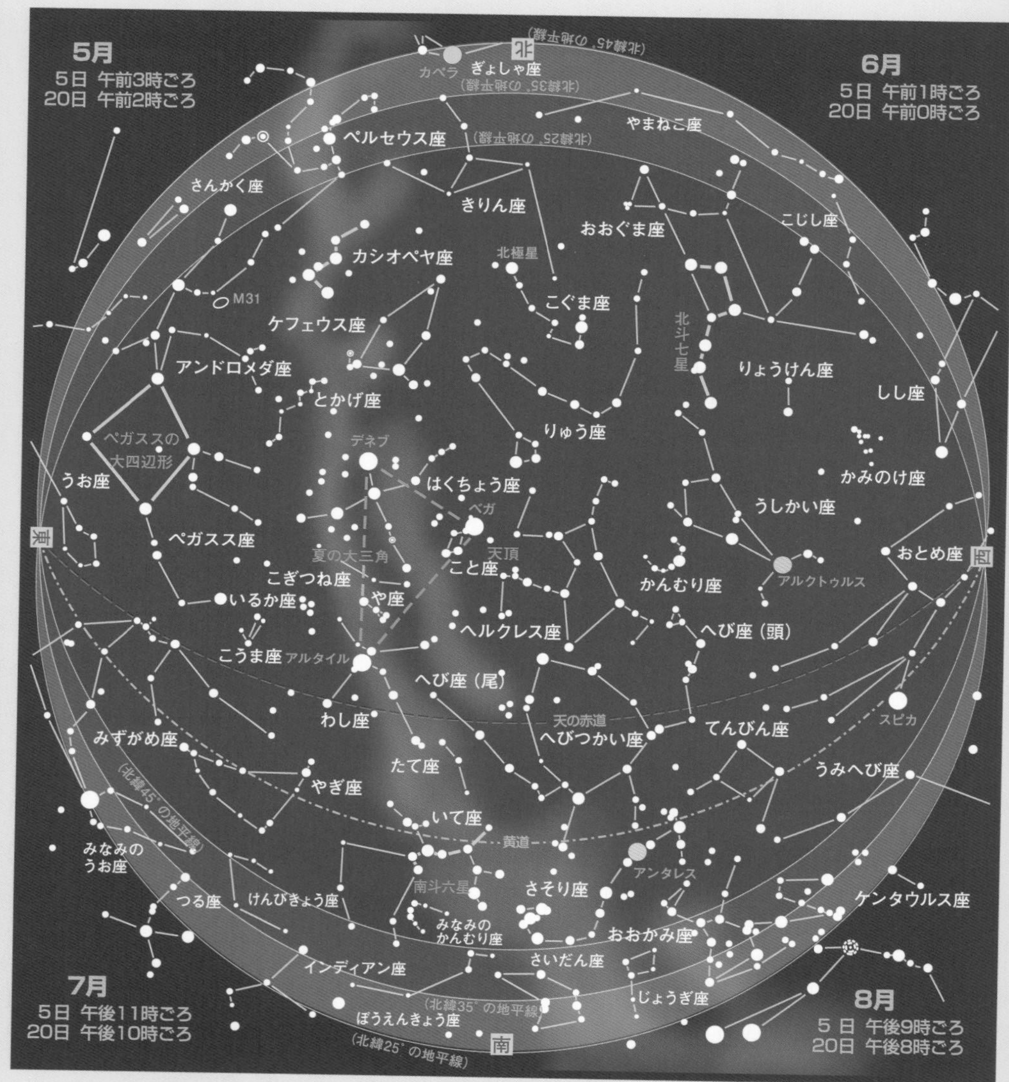

●天の川を見よう

夏休みシーズンの到来で、翌日の仕事や学校のことを気にせず、夜ふかししながらスターウオッチングが楽しめるうれしい季節です。ふだんの生活の中でなかなかチャンスに恵まれない淡い天体を夜空の暗く澄んだ高原や海辺へ出かけて楽しみたいものです。

とくに、頭上あたりから真南の地平線へかけ、光の滝のように流れ下る天の川の光芒をぜひ目にとめてほしいものです。入り乱れる暗黒帯によってその迫力はさらに増幅され、あらためて宇宙の広大無辺さを直接実感させられることうけあいだからです。

夏の星空はやはり天の川あってこそのものですから、天の川を見るためだけにでも、都会を離れ、夜空の暗い場所へ出かけられることをおすすめしておきましょう。

●夏の大三角が目じるし

七夕の織女星ベガと牽牛星アルタイル、それにはくちょう座のデネブの３個の１等星が「夏の大三角」を形づくって天の川の中に輝いているようすも見ものです。三角形の各辺をあちこちに延長していけば、夏の星座ウオッチングはさらにやりやすくなります。

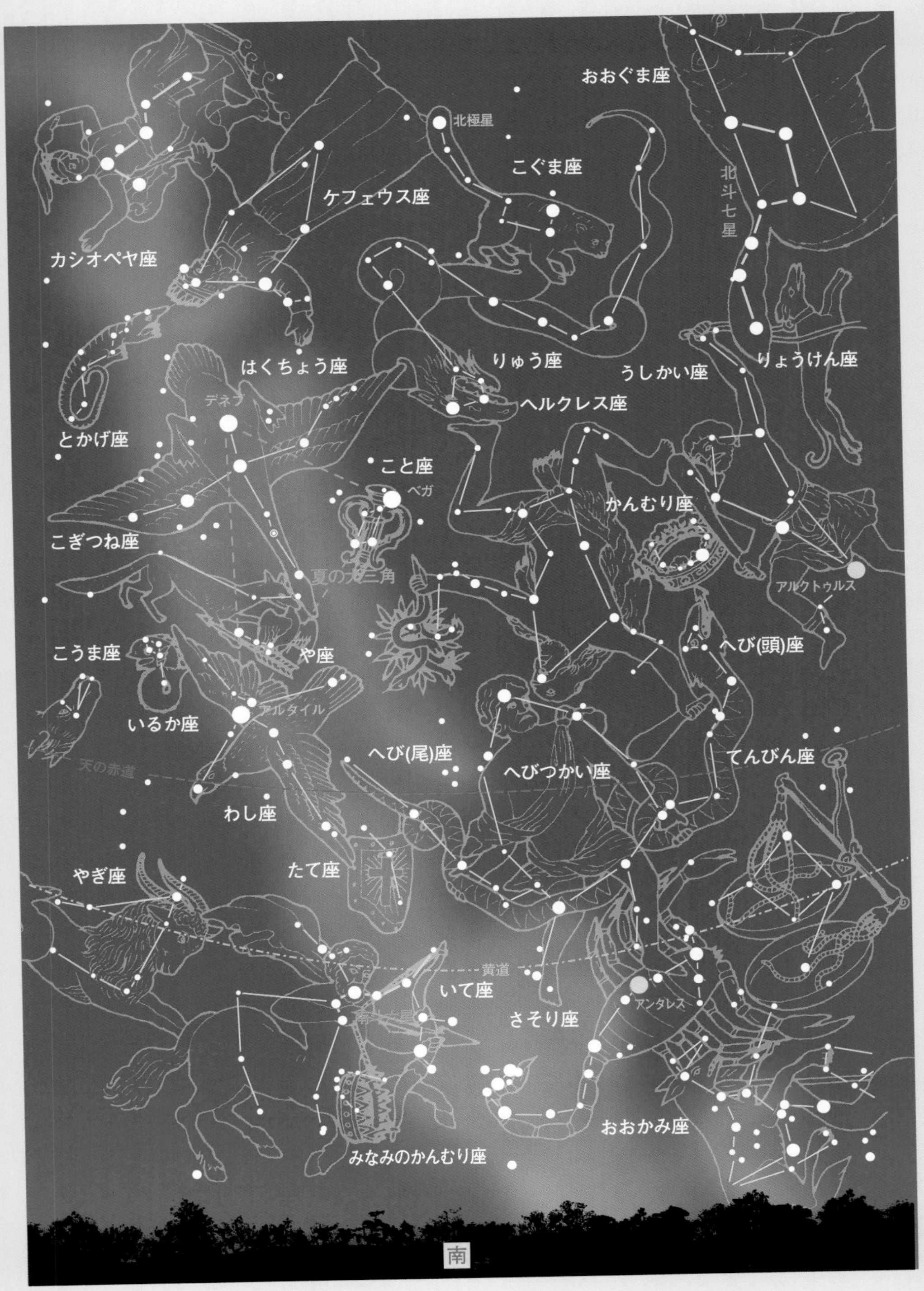
おおぐま座
北極星
こぐま座
ケフェウス座
北斗七星
カシオペヤ座
りゅう座
うしかい座
りょうけん座
はくちょう座
デネブ
ヘルクレス座
とかげ座
こと座
ベガ
かんむり座
こぎつね座
夏の大三角
アルクトゥルス
こうま座
や座
へび(頭)座
アルタイル
いるか座
へび(尾)座
てんびん座
へびつかい座
天の赤道
わし座
たて座
やぎ座
黄道
いて座
アンタレス
さそり座
おおかみ座
みなみのかんむり座
南

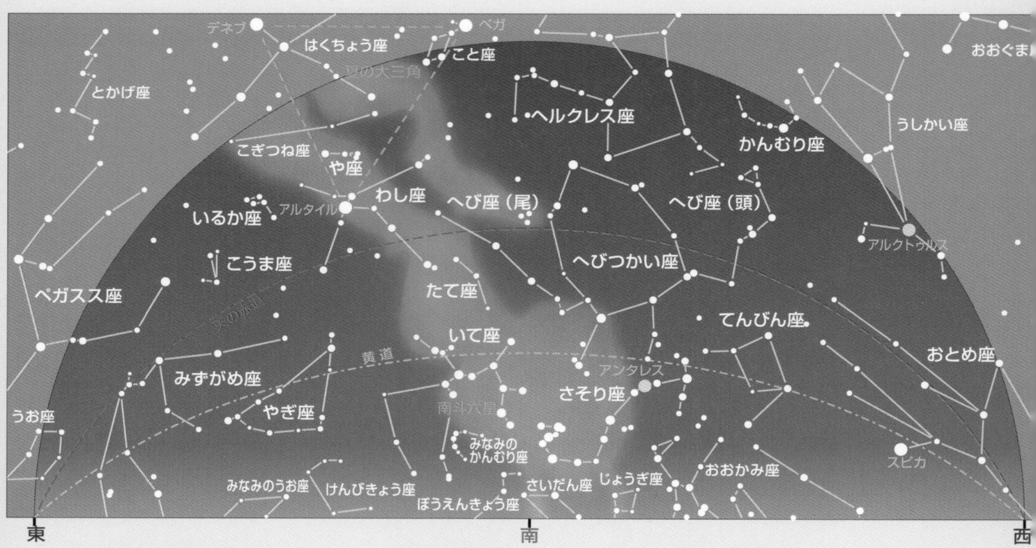

▲夏の宵の南の空　やはりいちばんの見ものは、さそり座といて座の間のあたりでひときわ明るく幅広くなっている天の川の光芒です。四季を通じて天の川がいちばん明るく見えるこのシーズンに夜空の暗い高原や海辺へ出かけてしっかり見たいものといえます。南の空で目をひく星では、さそり座の真っ赤な１等星アンタレスがあります。特徴のある星のならびでは、ちょっと小さめですが、いて座の南斗六星の北斗七星に似た形に注目して見たいところです。

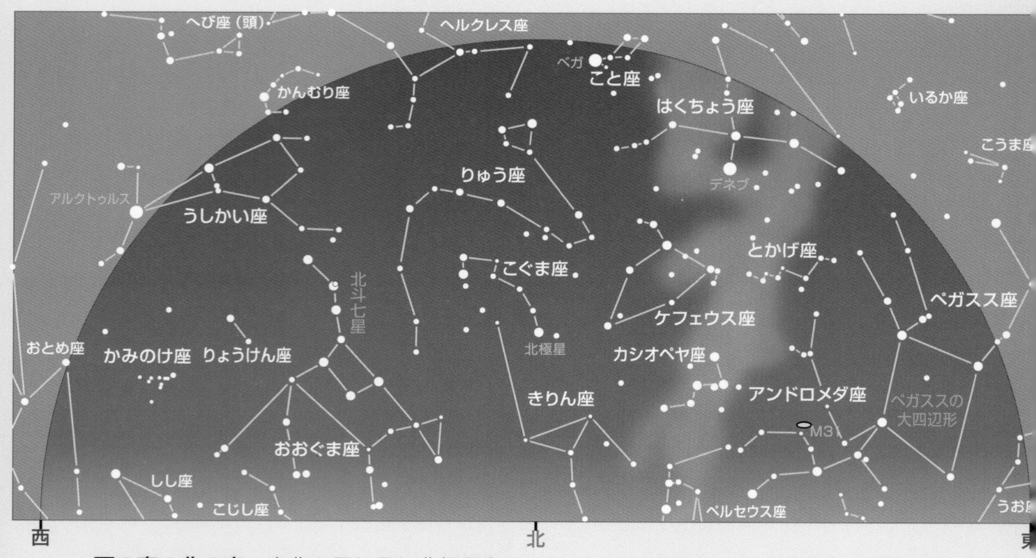

▲夏の宵の北の空　真北の目じるし北極星を見つけだすのに役立ってくれる北斗七星は大きく北西の空へかたむき、時間が過ぎるとともに低く下がっていきます。入れかわって北東の空からはカシオペヤ座のW字形がのぼりはじめています。これから秋、冬にかけては北の地平に低い北斗七星にかわって北極星を見つけだしたり、確認したりするのにカシオペヤ座のW字形が役立ってくれることになります。頭上高く七夕の織女星ベガが見ごろです。

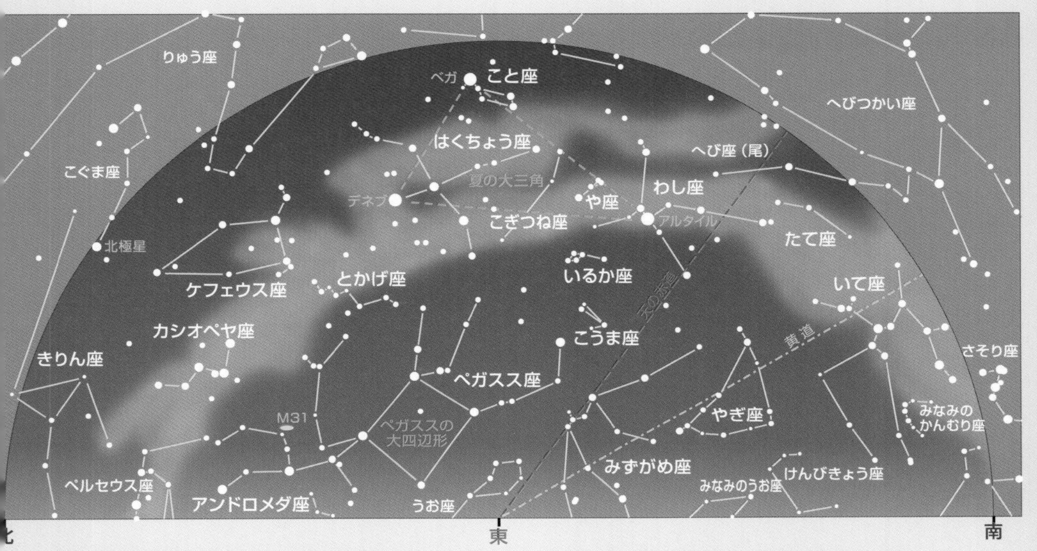

▲夏の宵の東の空　七夕の織女星ベガと牽牛星アルタイルが、東の空高くのぼってきています。7月7日の七夕の宵のころは東の空に低すぎるので、七夕の星はやはり旧七夕の宵のころがよく、それはたいてい8月に入ってからのことになります。ベガとアルタイル、それにはくちょう座のデネブの3個の1等星でできる「夏の大三角」は、都会の夜空でも見え、夏から秋にかけての宵のころの星座ウオッチングの目じるしとしてなにかと役立ってくれます。

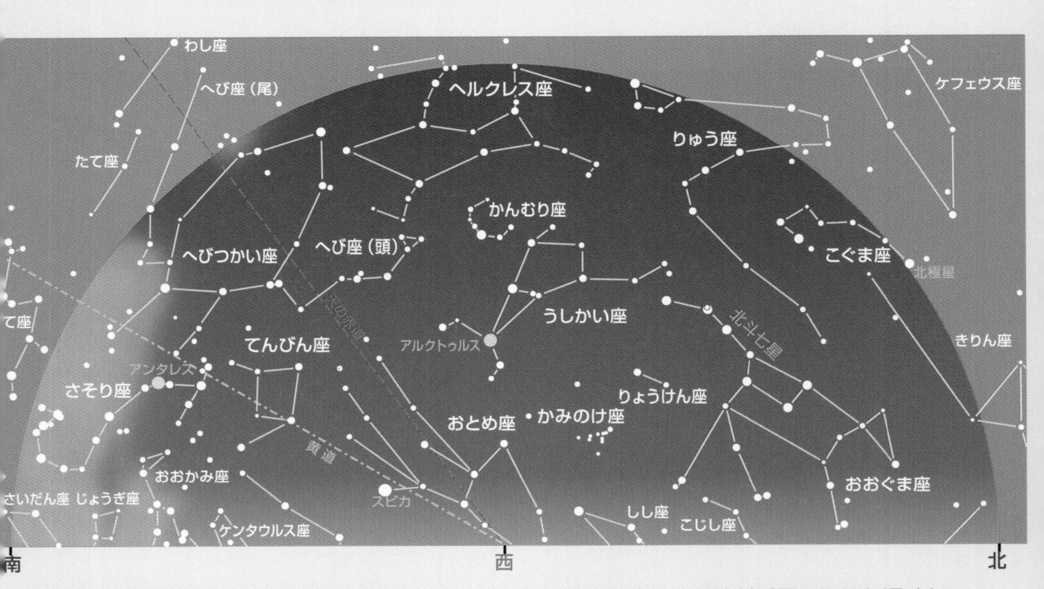

▲夏の宵の西の空　日暮れの遅い夏の西の空では、星の輝きを目にする時刻が思いのほか遅くなってしまうことがあります。目をひくのは北西の空へ低く下がった北斗七星の柄からたどる「春の大曲線」で、アルクトゥルスをへてスピカにとどくカーブは、西の空で山なりにそりかえった曲線となって見えています。東からのぼるとき横になったかっこうで出てきたうしかい座がまっすぐ立ったまま西へしずむ光景なども見ものです。

さそり座

Scorpius (Sco)　蠍座：Scorpion

概略位置：赤経16^{h}20^{m}　赤緯－26°
20時南中：7月23日　高度：29度
面積：497平方度
肉眼星数：169個
設定者：プトレマイオス

●南の空のS字のカーブ

夏いちばんの見ものといえば、四季を通じて最も明るい天の川の光芒でしょう。都会ではネオンや外灯で夜空が明るすぎたり、スモッグでほとんどお目にかかれませんが、夜空の暗く澄んだ高原や海辺などでは、真南の地平線から光の入道雲のようにわきあがる姿を目にすることができます。

その天の川の光芒が、南の地平線上あたりで、ひときわ濃く幅広くなった西岸のあたりに、明るい星々をSの字のようにつらねて描くさそり座の姿が横たわっています。

真っ赤な１等星アンタレスを中心に、ゆるやかにSの字にカーブする星のならびは、その方向にただぼんやり目を向けただけでも、すぐにそれとわかるほどはっきりしたもので、わざわざさそりの姿をさがしだすというほどのこともありません。

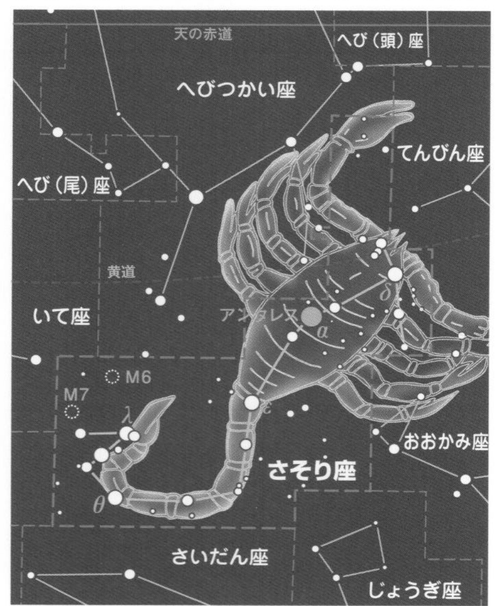

▲**さそり座**　10月23日～11月22日生まれの人の誕生星座です。

さそり座は真冬のオリオン座とともに最も形の整った美しい星座として人気の高い星座でもあります。

●さそり座とオリオン座

さそりは、星座の発祥の地ともいえる中近東のあたりでは、どこにでもいる毒虫で、こんなものが星空にあげられているのも、妙に親しみやすさがあってのことだったのかもしれません。

しかし、星座神話では、星座となっている大さそりは、大神ゼウスの妃ヘラに気に入られ、天にあげられたというのですから、なかなかわけありのものといえましょう。

そのお話の発端は、冬の星座の王者として名高い狩人オリオンの腕自慢にありました。

オリオンは、日ごろから自分の腕っ節の強さが自慢でならず、とうとうこうまで言いふらすようになりました。

「天下に俺さまにかなうものなどいるものか。他の生き物連中より俺さまのほうがえらいことを神々に認めてもらわなければなるまいて……」

オリンポスの神々は、日ごろなにかと乱暴で行状のよろしからぬオリオンのことを苦々しく思っていましたので、オリオンがとうとう他の生き物たちより一段

▲**バリット星図の夏の星座**　左上から中央下に天の川が流れ、右下にさそり座が描かれています。天の川の中に今は存在しない「アンティノウス座」や「ポニアトフスキーのおうし座」があります。

▶**ヘベリウスのさそり座**　神話では狩猟の名人オリオン（オリオン座）を刺し殺した大サソリです。いかにも毒々しく描かれています。

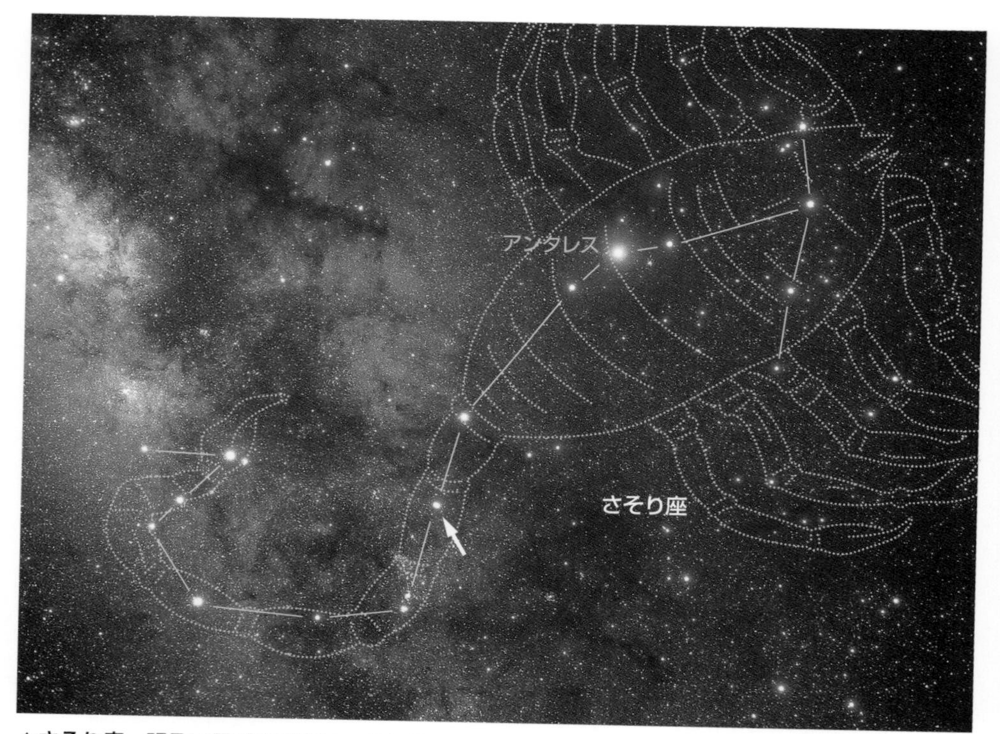

▲さそり座　明るい星がS字形につらなるようすは一目でそれとわかるほどのあざやかさです。矢印は肉眼二重星で、交互にチカチカ光って見えるところから「相撲取り星」の名があります。

高い地位を要求しはじめたことに本気で怒りだしてしまいました。そこで、ヘラはオリオンをこらしめるため、道に一匹の大さそりを放って、待ち伏せさせました。

そうとは知らぬオリオンが、例によっていばりちらしながら通りかかると、草むらから這(は)いだしてきた大さそりにチクリと足を刺(さ)されてしまいました。

なんといおうと猛毒のさそりのことです。たった一刺しでオリオンは、あっけなく息絶えてしまいました。

「よくやった……」

大さそりは、その功績をヘラ女神をはじめ神々に認められ、星座にあげられることになりました。それで今でも大さそりは夏の夜の南の空で胸を張り、あんなに明るく輝いているというわけなのです。

●さそりを恐れるオリオン

しかし、話はこれだけでは終わりませんでした。後になってオリオン座も星座にあげられることになったからです。

なにしろ、前のようなお話のいきさつがありましたので、オリオンはさそりが大の苦手で、さそり座が東の空へ姿を見せるようになると、大あわてで西の地平線へと姿を消し、さそり座が西の地平線へしっかり消えてしまうのを見とどけてから、おずおずと東の空から姿をあらわすようになりました。そのくせ、さそり座のいない冬の夜空では、あいかわらずいばりくさって、あんなに明るく輝いているというわけです。

これはさそり座とオリオン座が星空で正反対の180度離れたところに位置していて、一方が西へしずめば、もう一方が東からのぼるというふうに、けっして同時に見えることがないのをたくみに星座神話に結びつけたものです。

●参と商

じつは、おもしろいことに、ギリシア神話と似たような見方が中国や日本にも伝えられているのです。

中国では、オリオン座の三つ星を「参」とよび、さそり座のアンタレスとその両脇にある星をあわせた“へ”の字形の3つの星を「商」とよび、「人生相まみえざること参と商のごとし」といいました。

仲たがいした兄弟の参と商が、けっして顔を合わせることがなかったことから、人の出会うことのないようすを、オリオン座の三つ星とさそり座の3つの星の見え方にたとえたわけです。

日本では、アンタレスとその前後の星でつくる3つの星の“へ”の字の形を、肩で荷をかつぐ人の姿とみて「かごかつぎ星」とよび、オリオン座の形から見たてた“酒枡星”の店で酒を飲み逃げしたので、さそり座のかごかつぎ星をオリオン座の酒枡星がいつまでも追いかけまわしているのだと見ていました。

●鯛釣り星

さそり座のS字形は、よく見ると釣り針そっくりな形にも見えます。それで瀬戸内海のあたりでは「魚釣り星」とか「鯛釣り星」「漁星」などとよんでいました。沖縄でも「いゆちゃーふし」、つまり魚釣り星とよんでいました。

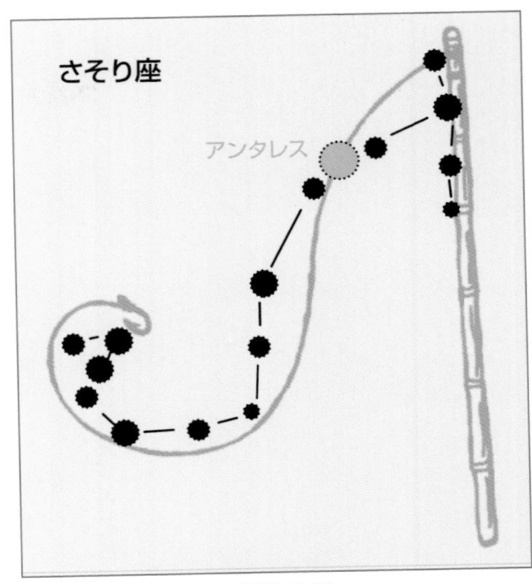

▲鯛釣り星

瀬戸内海の島々のシルエットとともに水平線上にかかる鯛釣り星のながめは、思ってみただけで迫力のある光景といえますが、南半球のニュージーランドでもさそり座のS字のカーブは釣り針とみられていました。

しかし、こちらは南半球ですから、S字のカーブは天高くのぼり、しかも逆さまに見えるので、星空にひっかかった天の釣り針のように見えることになります。

●マウイの釣り針

昔、南太平洋のある島に、3人の若者が住んでいました。末っ子のマウイは、上の2人の兄からいつものけ者あつかいにされていました。

「おまえなんかに釣り針はかせないよ」

魚釣りに出かけても、兄たちはマウイに釣り針をかしてくれませんでした。マ

▲さそり座のアンタレスと火星　2001 年 3 月 5 日の火星とアンタレスの接近のようすです。両者はほぼ互角の明るさですが、火星はその後 6 月 22 日地球に最接近となりましたので、アンタレスよりはるかに明るい－ 2.3 等星にまで増光しました。ところで、この付近のさそり座からおおかみ座、ケンタウルス座にかけ 70 度の広い範囲には 200 個ばかりの明るい青白い星が集まっていて、群れをつくり、秒速 25 キロメートルのスピードで南へ進んでいます。この星の一群を「さそり―ケンタウルス運動星団」とよんでいますが、これらの星たちは、今から 400 万年前ころ、そろって誕生した星たちと見られています。アンタレスもその一員ですが、質量が大きく一足早く年老いて赤色超巨星に進化してしまったようです。

ウイはしかたなく素手で魚をとらなければならないというありさまです。

じつは、この3人の兄弟には、とっくに100歳をこえたお婆さんがありました。兄たちは「老いさき短いお婆さんに食べさせるものなんかないよ」と世話をするのをめんどうくさがりました。

しかし、心やさしいマウイは、自分の食べる分まで皿にのせ、お婆さんのところに運びました。

息をひきとるとき、お婆さんは目に涙をためてマウイにいいました。

▲逆さまのさそり座

「おまえには、ほんとうに世話をかけたね。私が死んだら私のあごの骨で釣り針をつくり、釣りをしてごらん。すばらしいものが釣れるよ……」

マウイは、お婆さんが亡くなると、泣き泣きいいつけどおりの釣り針をつくりました。しかし、兄たちは「釣り針もないやつなんか海へつれていけるものか」と、自分たちだけで沖へ出ようとしました。

そこでマウイは魔法を使って小人に変身すると、すばやく船の片隅にもぐりこみました。沖に出てから突然マウイがりっぱな釣り針をもってあらわれたので、兄たちはびっくりしましたが、「餌はやれないよ」といってくれません。

そこでマウイはしかたなく、げんこつで自分の鼻をなぐり、出た鼻血を針にかけ海に投げこみました。

するとどうでしょう。たちまち大物がかかった手ごたえがありました。なんと釣り針にかかったのは魚ではなく、大きな島だったではありませんか。

「ものすごい力だな、よし、陸に戻って綱をとってくるから、兄さんたち、それまで島をいじめちゃダメだよ……」

ところが、島があんまり暴れるので、兄たちは刀を振るって島に切りつけました。島は痛がってますます暴れだし、このため兄たちは海へ放り出され、溺れてしまいました。

「だからいわないこっちゃない……」

戻ってきたマウイはそういいながら島をしばりつけると、島はおとなしくなりました。この島がニュージーランドの北島で、マウイはこの島の王となり、今もこのニュージーランドに住むマオリ族の人々の先祖となったといわれています。

マオリ族の人々は、南北2つあるニュージーランドの北の島のことを“テ・イカ・マウイ”、つまり「マウイの魚」とよんでいるそうです。また山や谷が深いのは、マウイの兄たちが刀で切りつけた傷跡だともいい伝えられています。

ところでマウイが使った釣り針は、島

を釣りあげたとき、勢いあまって天にひっかかり、今でもそのまま星空にかかってさそり座になったといわれています。最近は美しいニュージーランドに、観光や南天の星空ウオッチングのために出かける人も多くなっています。

この伝説を思い出しながら、日本で見るさそり座とちがって、さそりのＳ字形が空高く逆さまにかかり、まるで星空にかかる釣り針そっくりに見えるようすを楽しまれるとよいでしょう。

●さそりの心臓に輝くアンタレス

さそり座のＳ字のカーブを形づくる星はどれも明るいものですが、なかでも目をひくのは、やはり真っ赤な１等星アンタレスでしょう。じつは、アンタレスは、全天に数ある星の中でも、最も赤味をおびた星の一つで、このため中国では、アンタレスを“火”とか“大火”とよびました。日本でも「酒酔い星」「赤星」などとよぶ地方があり、また「豊年星」などとよぶ地方もありました。アンタレスの輝きが赤く見えるほど、豊作で、荷が重くなり、天秤棒をかついでいる人の顔も赤くなるというわけです。

しかし、アンタレスの名の意味は「火星に対抗するもの」というものです。赤い惑星の火星アレースが近くにやってきて赤さくらべをしているように見えることがあり、「対抗する」という意味のアンチと軍神アレースの名が組み合わさったアンチ・アレースからアンタレースまたはアンタレスとなったというわけです。

火星は赤い血の色を連想させるところから軍神アレースの名でよばれているものですが、英語ではマーズといいます。

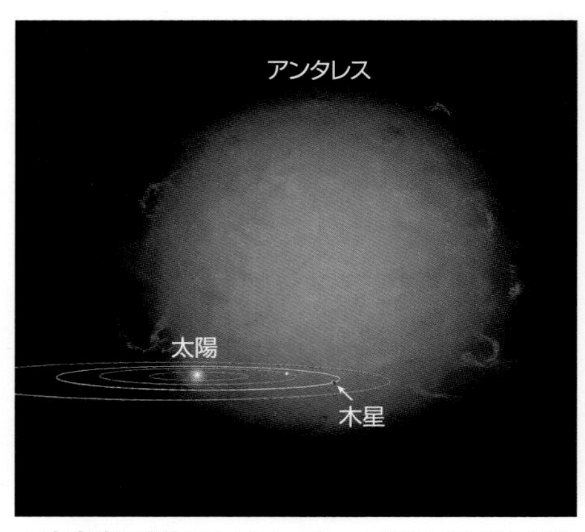

▲**赤色超巨星アンタレス**　太陽系の惑星の軌道とくらべるとその巨大さがわかります。

●アンタレスが赤いわけ

宮沢賢治は、おなじみの「星めぐりの歌」の中で「さそりの赤い目玉」とアンタレスのことを歌っています。一方、ローマではアンタレスは、コル・スコピオ、つまり「さそりの心臓」とよばれることもありました。目玉と心臓ではずいぶんイメージが異なってきますが、さそりの目玉はアンタレスの位置にあり、心臓は緑色をしているなどともいわれますので、私たちがふだん見ているさそりの心臓の位置と赤い色のイメージは少々ちがうようです。しかしまあ、そんなやかましいことはぬきにして、アンタレスがさそりの赤い心臓のイメージでかまわないことにしておいてよいでしょう。

ただ、アンタレスがあんなに赤く見える理由だけははっきりしておかなければなりません。それはすっかり年老いたアンタレスが太陽の直径の720倍にもぶよぶよにふくらんでしまい、赤色超巨星になりはててしまっているからなのです。表面温度が太陽のおよそ半分の3000

度と低く、そのため赤く見えているというわけです。不安定に明るさを変えており、それで明るく見える夏もあれば、少し暗めに見える夏もあるというわけです。天文学的にそう遠くないうちに、超新星の大爆発を起こし、その一生を終わることでしょう。

●さそり座の見もの

さそり座のS字のカーブは、半身を明るい夏の天の川の中に入りこませていますので、双眼鏡で視野を適当にサッと流してみるだけで、微光星とともにつぎつぎに興味深い星雲・星団が入りこんできて楽しめます。

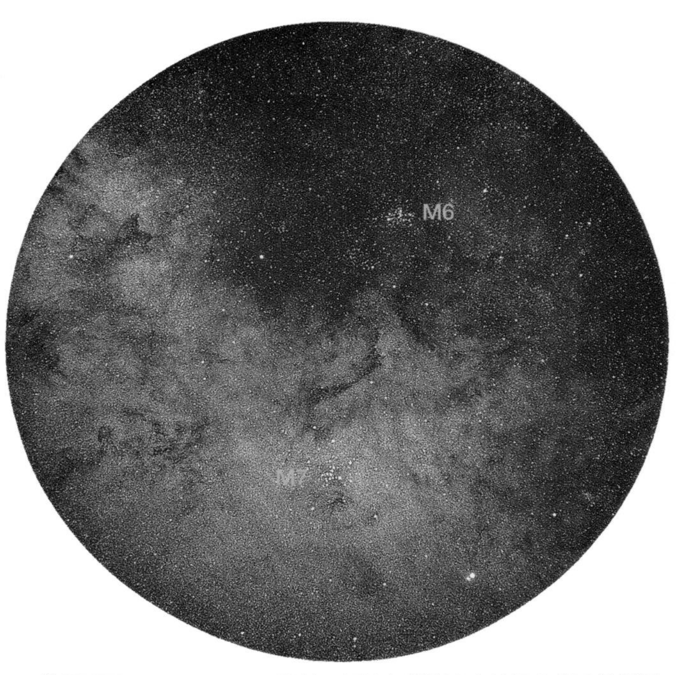

▲散開星団M６とM７　双眼鏡で見ると視野の中は天の川の微光星でいっぱいとなります。上のM６は星数50個で下のM７も50個ですが、M７のほうがひろがっていて星つぶも明るく見えます。

まず、さそりの尾の毒針の近くにある明るい散開星団M６とM７があります。ともに肉眼でも天の川の中に存在がわかりますが、双眼鏡なら明るい星の大小２つの群れが同じ視野内に見えてきます。

真っ赤な１等星アンタレスの近くには球状星団M４があります。望遠鏡では星つぶが見えてきてすばらしいながめとなります。近くの球状星団M80は小さなものですが明るく見えます。

二重星では、さそりの頭部にあるβ星がおすすめです。小さな望遠鏡でも2.6等と4.9等のペアが13.6秒角でくっついてならぶようすが印象的です。

▲球状星団M４　双眼鏡ではアンタレスと同じ視野にならび、ぼんやりした丸い姿がわかります。星つぶがわかり、星の大集団らしさがうかがえるようになるのは８センチくらいの口径の望遠鏡からになります。

いて座

Sagittarius(Sgr)　射手座：Archer

概略位置：赤経19ʰ00ᵐ　赤緯－25°
20時南中：9月2日　高度：30度
面積：867平方度
肉眼星数：194個
設定者：プトレマイオス

●半人半馬の怪人

ひらがなで“いて”と書いたのでは意味がわかりにくいかもしれませんが、“射手”と書けば、弓を射る人とすぐおわかりいただけることでしょう。

夏の宵の南の地平線上で、天の川がひときわ明るくなった部分に半ば身をひそめるこの星座は、上半身が人間で下半身が馬という半人半馬の怪人が西隣りのさそり座の心臓アンタレスをねらうかのように弓を射る姿として描きだされている星座です。これによく似た星座にケンタウルス座がありますが、同じケンタウルスの馬人とはいえ、いて座になっているのはケイローンというギリシア神話の英雄たちに教育をほどこした賢人で、乱暴者ぞろいのケンタウロス族の仲間たちとはひと味ちがった馬人というのがその正体です。

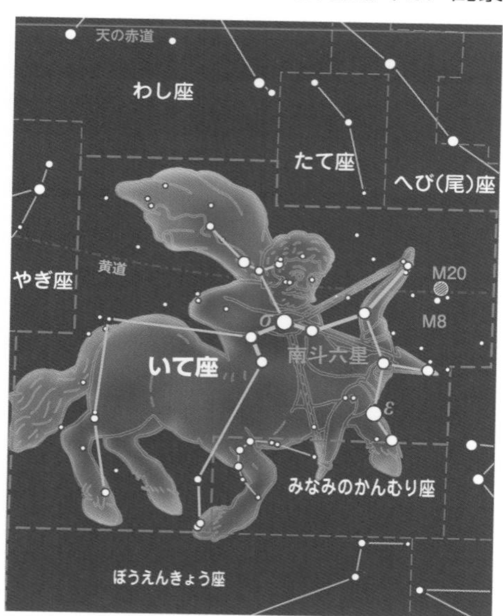

▲**いて座**　11月23日から12月22日生まれの人の誕生星座です。

夏の明るい天の川の中にうもれるようにして見え、とくに目をひくほどの明るい星もなく、全体像のとらえにくい星座ですが、北斗七星を小ぶりにしたような“南斗(なんと)六星”の星のならびを目じるしにその姿を見つけだすのがよいでしょう。

●長寿の願いは南斗六星へ

いて座でよく目につく南斗六星は、西洋では天の川“ミルキィ・ウェイ”のミルクをすくうスプーンという意味で“ミルク・ディッパー”とよばれていました。

たしかに、北斗七星を伏せたような形に6個の星がならぶようすは、このあたりではよく目につき、中国では次のような話が語り伝えられています。

昔、農家の親子が畑仕事に精を出していると、天文の人相見の達人が通りがかってつぶやきました。

「ふびんだがこの子は二十歳までは生きられまい……」

驚いた父親が、どうすれば子どもの命を延ばすことができるのか教えてほしいとすがりつきました。

「酒と乾(ほ)し肉をもって麦畑の南のはしにある桑(くわ)の木のところに行くがよい。そこで二人の仙人が碁(ご)を打っているから、ただ黙ってお酌(しゃく)をし肉をすすめてみることじゃな……」

その子がいわれたとおり出かけてみると、はたして二人の仙人が碁を打ってい

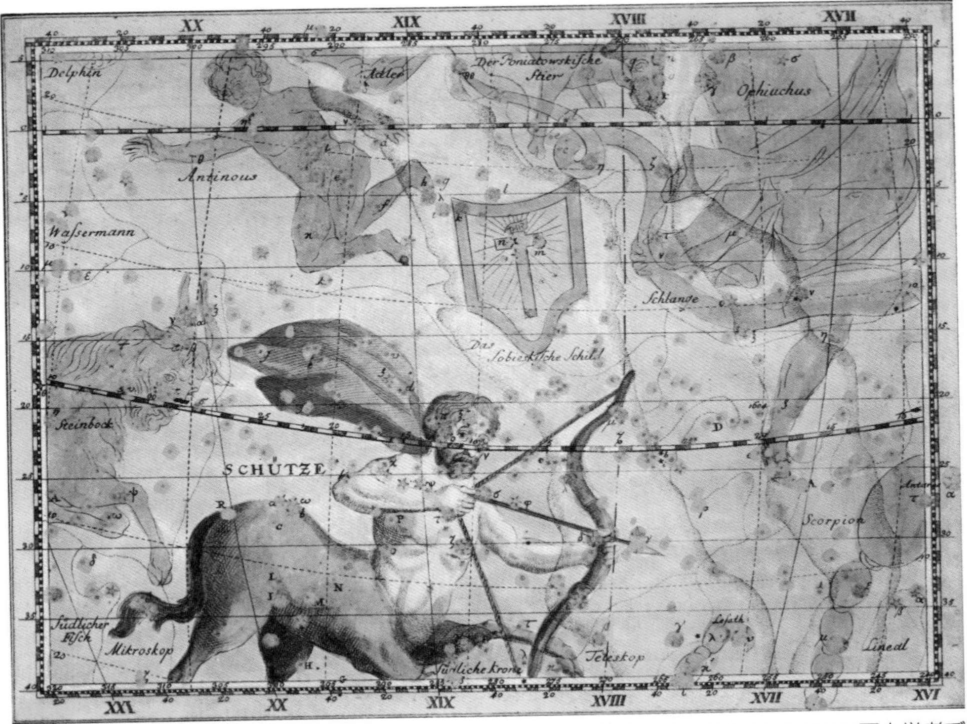

▲ボーデの古星図のいて座　ヨハン・エレルト・ボーデ（1747～1826）はドイツの天文学者で、太陽系の惑星の距離に関する「ティティウス・ボーデの法則」でも知られています。上の図は彼の著した『ウラノグラフィア（Uranographia、星図）』からのものです。

▶ヘベリウスの古星図に描かれたいて座　現在の星座図とは裏返しですが、星の散らばる天球を外側から見たものとして描かれたからです。なお、ヨハネス・ヘベリウス（1611～1687）はポーランドの天文学者で、彗星観測などで知られ、こぎつね座、こじし座、やまねこ座など10個の星座を設定しました。

▲**いて座とさそり座**　明るい天の川の中に地球接近中の火星が見えます。いて座を上のような形に結んで「ティーポット」とよぶこともあります。たしかにお茶を入れるポットの形にも見えます。

るではありませんか。そこでそばに座りこみ、しきりに酒と肉をすすめてみました。

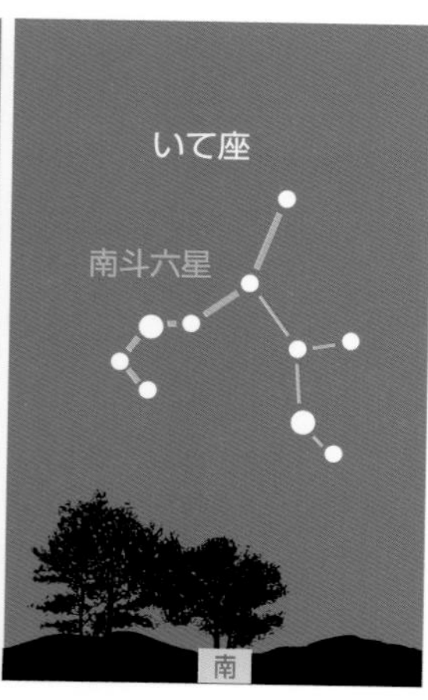

▲**夏の宵のころの北斗七星と南斗六星の大きさ比べ**

碁を一局打ち終わって、やっと農夫の子がいるのに気づいた北側の青白い顔の仙人は、目を怒らせ声を荒らげていいました。

「なぜ、ここにきたのじゃ……」

怒鳴（どな）られた子どもは、ただ恐れ入って頭を地面にすりつけるばかりでしたが、南側に座っていた赤ら顔の仙人がとりなしました。

「まあまあ、子どものことじゃし、ごちそうになってしまったことだしな……」

そういいながら寿命帳をパラパラめくり、「ははあ、このことか、よしよし、こうすればどうじゃな」と、その子の寿命が“十九歳”と書いてあるのをくるりとひっくり返し“九十歳”としてくれました。子どもが大よろこびで帰り、父親にそのことを告げると、天文の達人がうなずきながらまたつぶやきました。

「北側にいた仙人が北斗で死をつかさどり、南側にいた仙人が南斗で、生をつかさどる神なのじゃ……」

このように中国では人が生まれるときには、南斗と北斗の神が何歳まで生きさせるか相談して寿命をきめ、帳面に記しておくのだと考えられていました。

こんなわけですから、長寿を願いたい人はいて座の南斗六星を見つけだし、手を合わせてお願いすれば、ご利益(りやく)があるかもしれません。

▲ケイローンとアポロン（バトーニ画）

●賢者の馬人ケイローン

いて座になっている馬人ケイローンは、父クロノスとニンフの母フィリラとの間に生まれた子でしたが、クロノスが馬の姿でフィリラに会いに出かけたため、上半身が人間で下半身が馬の姿となって生まれたのでした。

そんなわけで、ケイローンは乱暴者ぞろいのケンタウロス族の馬人でありながら、賢明で正義感の強い馬人に成長したのでした。

そして、音楽の神アポロンと月の女神アルテミスから音楽、医術、予言、狩りなどの技術をさずけられ、ペーリオン山の洞穴に住んでギリシアの若い英雄たちにつぎつぎと教育をほどこしていきました。

たとえば、ギリシア神話第一の豪傑(ごうけつ)で12の冒険をやりとげたヘルクレスには武術をさずけました。

へびつかい座になっているアスクレピオスには医術を教え、名医としました。

ふたご座のカストルには武術をさずけ、トロイア戦争の勇将アキレウスにも武術を教えました。なかでも、アルゴ船の遠征隊をひきいて、金毛の牡羊(おひつじ)の皮ごろもを取り返しに行ったイアソンを育てたという話が知られています。

●不死身(ふじみ)を返上したケイローン

ケイローンは、ふだんはペーリオン山の洞穴に住んでいましたが、後にラピ

▲夏の天の川　宵の南の地平線から頭上に立ちのぼる天の川の光芒は、夜空の暗く澄んだ高原や海辺では、肉眼でもはっきり見ることができます。銀河系円盤に渦巻く無数の星の光が折り重なって見えるのだと正体を知ってながめると、ただただ驚かされるばかりの光景といえます。

テース人たちが侵入してきたため、その洞穴を追いだされるはめになってしまいました。そして、ペルポネソスのマレア半島までやってきたとき、ときを同じくしてヘルクレスに追われたケンタウロス族の仲間たちが逃げてきて、ケイローンのまわりに集まりました。

そのときのことです。ヘルクレスの放った矢が、たまたま一人のケンタウロスの腕をつらぬいてケイローンの膝にグサリと突き刺さったのです。

この矢には、少しでもふれた者はたちまち死んでしまうというあのヒドラ（うみへび座）の猛毒が塗ってあったのです。毒はたちまちケイローンの全身にまわり、ケイローンは苦しみはじめました。

しかし、ケイローンはクロノスとニンフのフィリラとの間に生まれたため、生まれながらにして不死身でしたから、死ぬこともできず苦しみもがくばかりです。

とうとう傷の痛みに耐(た)えかねて、不死の身をプロメテウスにゆずってやっと死ぬことができたのでした。

大神ゼウスは賢人ケイローンの死を惜しんで、天にあげ、星座としました。

大弓に矢をつがえた射手ケイローンとその矢がねらうのは毒針を振りたてたさそり座でしょうか……。明るい夏の天の川の両岸にならぶ２つの星座の姿は、夏の夜の風物詩といえましょう。

●天の川の正体

荒海や佐渡に横たふ天の川

江戸時代の俳人松尾芭蕉の旅日記『奥の細道』の中にある有名な句です。

日本海の荒波の向こうには黒々と佐渡島のシルエットが……。そして、その上に天の川が横たわって見える……。なんともスケールの大きな情景が目に浮かんでくるではありませんか。

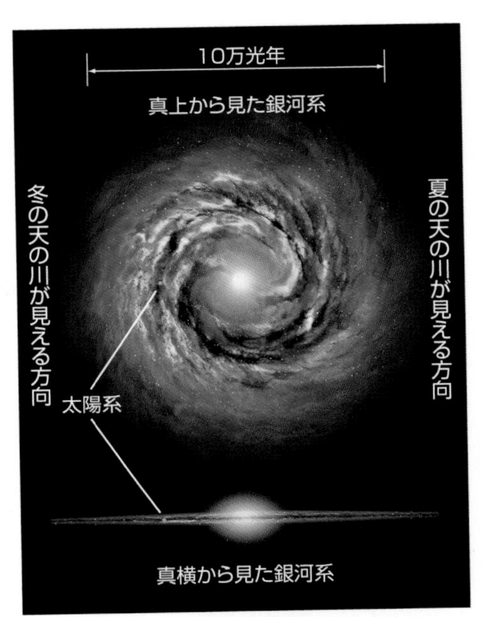

▲「天の川銀河」銀河系の構造と天の川の見え方

天の川がほんとうは横たわっていなかったなどの議論はともかく、大昔の人々にとって星空に長々と横たわる光の帯、天の川の光芒ほど不思議なものはありませんでした。

中国では銀色に輝く漢水の川と同じものと考え、「銀漢」とよび、これが日本に伝わって「天の川」のよび名になりましたが、北欧のスウェーデンなどでは亡くなった人の魂が馬車で星空に運ばれていく「魂の道」とよびました。

エジプトでは天の川はイシスという収穫の女神がばらまいた麦の穂と見ていました。

ギリシア神話では、英雄ヘルクレスが赤ん坊だったころ、大神ゼウスの妃(きさき)ヘラ

▲南斗六星と天の川の中の星雲・星団　南斗六星を目じるしにすると位置の見当がつけやすくなります。南斗六星のうちσ（シグマ）星の名は“ヌンキ”で､これは「海のはじまるしるし」という意味のよび名です。実際、この星の東側にある秋の星座にはみずがめ座、やぎ座、いるか座、うお座、みなみのうお座、くじら座など、海や水にかかわりのある星座が続いています。

が眠っているのを見つけたヘルメスが赤ん坊のヘルクレスを抱き上げ、そっと女神の乳房を吸わせました。

びっくりして目をさましたヘラは、思わず赤ん坊のヘルクレスを突き放しましたが、ヘルクレスに強く吸われた乳首からは、勢いよく乳がほとばしり出て星空にかかり、天の川となって輝きだしたと伝えられています。

それで、英語では天の川のことを“ミルキィ・ウェイ”、つまり、「乳の道」とよんでいるというわけです。

そんな伝説はともかく、天の川を無数の星の光が折り重なって見えるものと正体を見破ったのは、お手製の望遠鏡を初めて天の川に向けたガリレオでした。

そして、その天の川の星の集まりは、銀河系という 2000 億個もの星の大集団の中に私たちが住んでいることによるものだと、W・ハーシェルらによって明らかにされました。

銀河系の円盤の直径はざっと 10 万光年、中心がぷっくりふくらんだ凸レンズ状というか、空飛ぶ円盤 UFO のような形に星が渦巻いているものです。

そのようすを、銀河系の中心から 2 万

8000 光年も離れたところに位置する私たちが、内側からながめているのが天の川の正体というわけです。

夏のいて座の天の川があんなに明るく幅広く見えるのは、ケイローンのつがえた矢の先、はるか 2 万 8000 光年の奥深くに銀河系の中心方向があるためです。また、その反対方向の冬の天の川が淡いのは、円盤の端の方向にあたるためです。

●いて座の見もの

銀河系中心方向の天の川の中には、たくさんの星雲・星団があってじつににぎやかで私たちの目を楽しませてくれます。双眼鏡の視野を天の川沿いにサッと流しただけで、いくつもの興味深い天体を目にすることができます。

その第一は、南斗六星の先にある散光星雲M 8 干潟(ひがた)星雲とM 20 三裂(さんれつ)星雲の2つです。M 8 は南海の珊瑚礁(さんごしょう)をイメージさせるようにガス星雲の淡い光芒がひろがり、三裂星雲は文字どおり暗黒帯によって星雲が引き裂かれたようなイメージに見えます。へび座の尾との境界近くにあるオメガ星雲M 17 は、ギリシア文字のオメガに似るところからこんなよび名がありますが、湖に浮かぶ白鳥そっくりな形にも見える明るい散光星雲です。

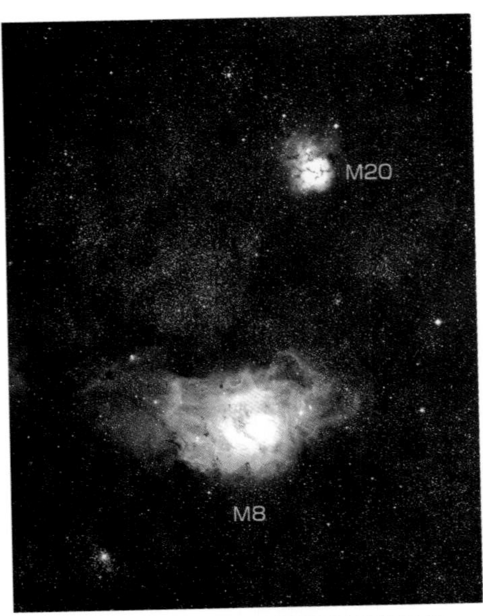

▲干潟星雲M 8 と三裂星雲M 20 など
双眼鏡で同一視野に見ることができます。

▲球状星団M 22　8 センチ以上の口径で星つぶの群れだとわかります。

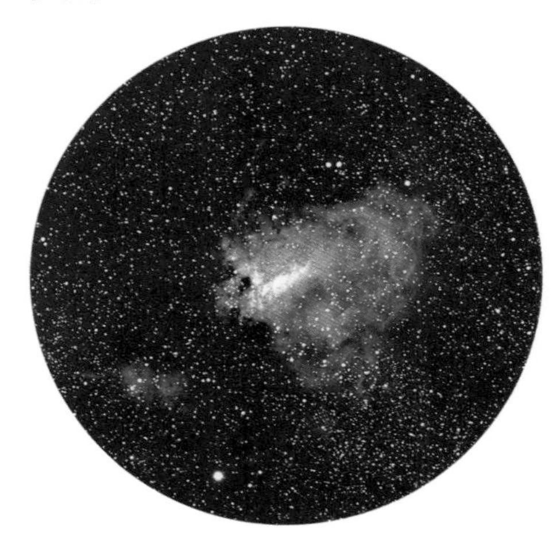
▲オメガ星雲M 17　明るい散光星雲で、「白鳥星雲」のよび名もあります。

てんびん座

***Libra* (*Lib*)**　天秤座：Scales

概略位置：赤経15ʰ10ᵐ　赤緯－14°
20時南中：7月6日　高度：41度
面積：538平方度
肉眼星数：80個
設定者：プトレマイオス

●かつてはさそり座の一部

初夏の宵のころ、南の空のおとめ座の1等星スピカとさそり座の真っ赤な1等星アンタレスの中間あたりに目を向けると、3個の3等星が“く”の字を裏返しにしたような形にならんでいるのが目にとまります。これが正義の女神アストラエアが手にたずさえている、人間の運命を決めたり、人の善悪を裁くための天秤をあらわしたてんびん座です。

もちろん、すぐ西隣りにあるおとめ座の姿を女神アストラエアと見立ててのことですが、もともとはこの星座の中に秋分点があって、秋分の日の太陽がこの星座にかかり、昼夜の長さを等しく分けていたところから、天秤の名がつけられたのだろうといわれています。

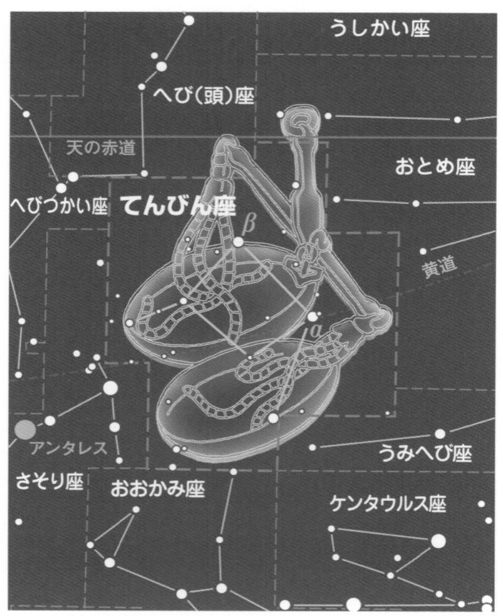

▲**てんびん座**　9月24日から10月22日生まれの人の誕生星座です。

ギリシア時代の終わりごろまでは、この星座はむしろさそり座の一部だったともいわれています。事実、そのなごりとしてα星にはズベン・エル・ゲニブ、つまり「南の爪」、β星にはズベン・エス・カマリ「北の爪」という、天秤とは縁のなさそうな名がつけられています。

そういわれてみれば、現在のさそり座の頭部はたしかに少々寸づまり気味で、さそりのハサミをてんびん座のα星とβ星までのばしてやると、のびのびとしたさそりの姿となってながめられることがわかります。

●移り変わる時代

世の中が黄金の時代とよばれていたころは、神々も人も動物もみんなが幸せに暮らしていました。なかでも女神アストラエアは、人間の良き友として正義を説き聞かせることにつとめていました。

やがて時が移り、少し色あせた銀の時代がはじまると、寒さや暑さの区別ができ、人々は家を建て、冬に備えて自分で畑を耕し、刈り入れをしなければならなくなってしまいました。

すると、人の上に立つことを望む者や、人のものを奪おうとする者があらわれるようになります。神々は人間の心変わりに驚き、次々と天界へ引き上げていってしまいました。

さらに銅の時代になると、嘘と策略と暴力がはびこりだし、剣をつくって戦いあい、お金が幅を利かせるようになりま

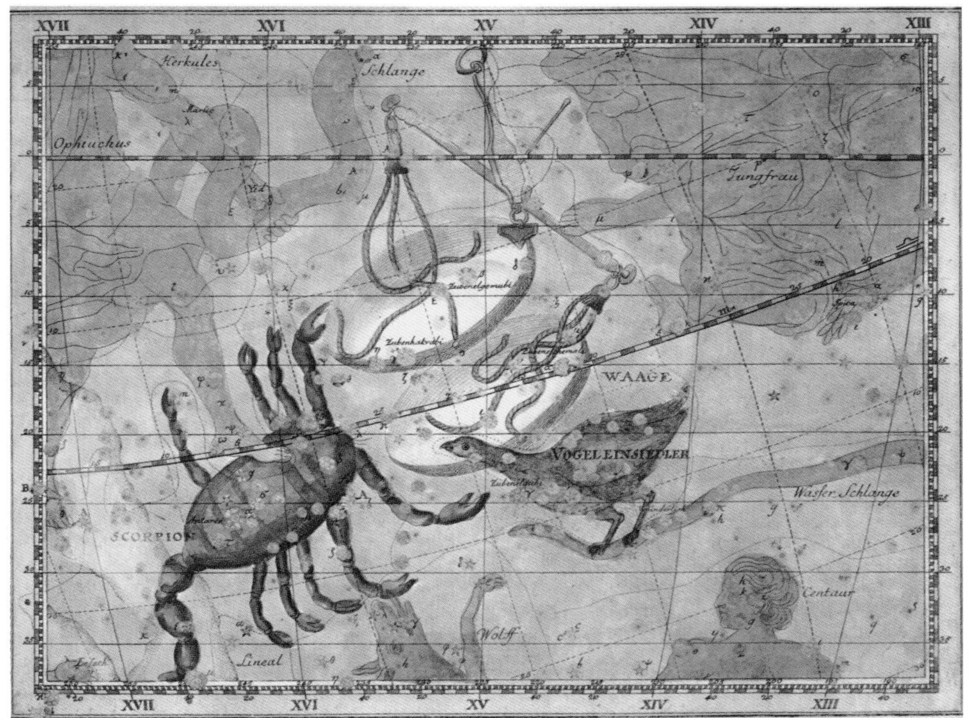

▲ボーデの古星図のさそり座とてんびん座
てんびん座の下にある鳥の姿をした星座は「つぐみ座」とよばれ、絶滅したドードーという巨大鳩を描いたもので、今はない星座です。

した。こうなっては、さすがの女神アストラエアもどうすることもできず、自分の説く正義がかえりみられなくなったとさとると、とうとう白い翼をはばたかせて天界へかけのぼっておとめ座となり、正義を裁くための天秤はてんびん座になったといわれます。

●肉眼二重星の α 星

裏返しの“く”の字の折れ曲がりのところにある α 星に注目すると、2.8 等と 5.2 等の大小 2 つの星がぴったり寄りそった二重星であることがわかります。

両者の間隔は 3.9 分角ですから、肉眼でも分離して見えますが、双眼鏡ならはっきりそれとわかります。

▲肉眼二重星 α^1 星と α^2 星 望遠鏡では低倍率で見るのがよいでしょう。

りゅう座

Draco (Dra)　竜座：Dragon

概略位置：赤経17ʰ00ᵐ　赤緯+60°
20時南中：8月2日　高度：(北) 65度
面積：1083平方度
肉眼星数：213個
設定者：プトレマイオス

●黄金のリンゴの守り役

りゅう座は、ほとんど一年中、北の空に見えていて地平線下にしずむことはありませんが、あえて宵の空での見ごろといえば、北の空高くのぼりつめた夏のころとなります。

このりゅう座の正体については、じつにさまざまな説がありますが、世界の西の果てヘスペリデスの三姉妹の園で黄金のリンゴの木を守っていた火を吹く竜というのもその一つです。このリンゴの木は、大神ゼウスとその妃(きさき)ヘラが結婚祝いとして神々から贈られたもので、アトラスの三姉妹に守ってもらうようたのんだものでした。三姉妹はさっそく黄金のリンゴの木を庭の奥に植え、忠実な竜に守らせることにしました。ところが見張り番に疲れた竜が、うっかり居眠りしているすきに、ヘルクレスにたのまれてやってきた三姉妹の父のアトラスにまんまと

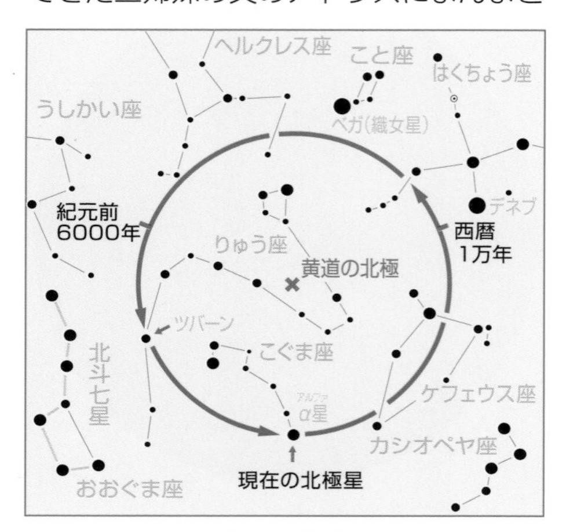

▲変わる北極星

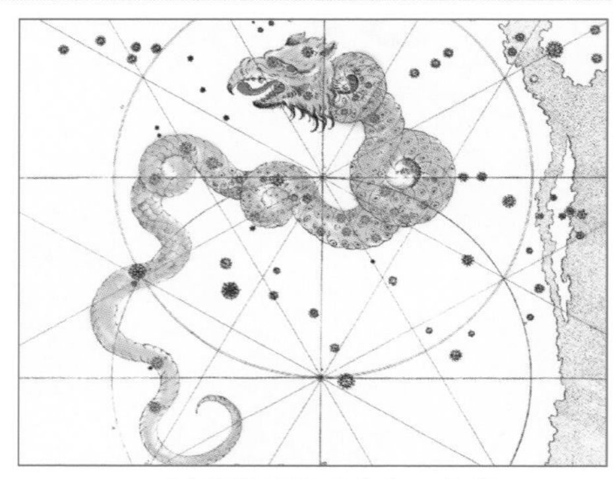
▲古星図に描かれたりゅう座

リンゴを取られてしまうという大失態をしでかしてしまいました。

しかし、長い間、大神ゼウスの大切なリンゴの木の番をしていたごほうびに星座にしてもらい、今も北極星の近くで天の柱にからみつき、とぐろを巻いて居眠りをしているといわれます。

●北極星だったツバーン

りゅう座のしっぽの近くにあるα星は、ごく平凡な3等星ですが、ツバーン、つまり「竜」というこの星座を代表するりっぱな名前をもらっています。

「天の北極」が、りゅう座の中ほどにある「黄道(こうどう)の北極」を中心に、およそ2万6000年かかってゆっくり円を描くように移動していく“歳差(さいさ)”の現象は、191ページでも解説してありますが、じつは、このツバーンは、今から5000年の昔、エジプトでピラミッドが建設されていたころ、天の北極からわずか3.5度角離れたところにあって、北極星の役割をになう星として重要視されていたのです。

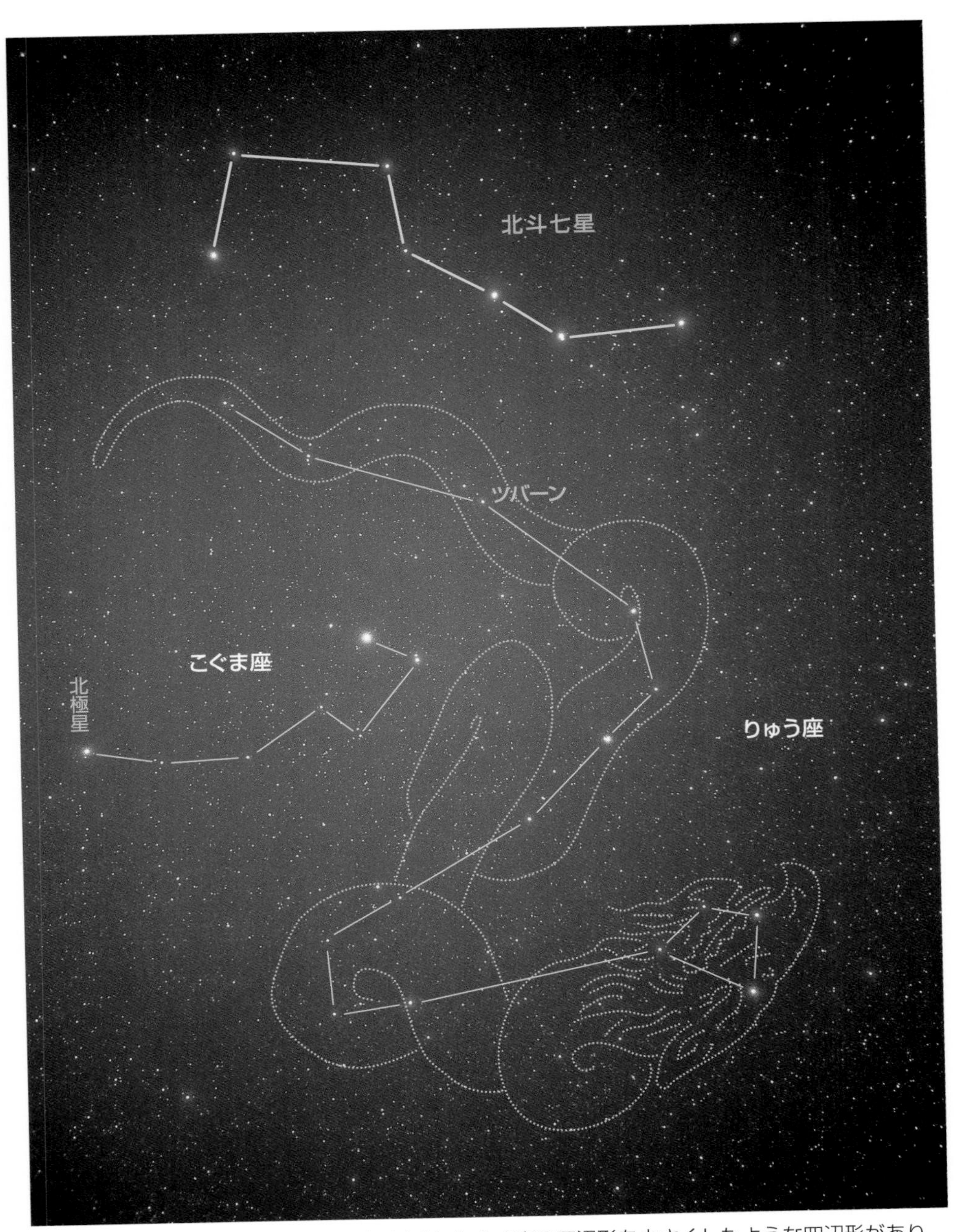

▲**りゅう座**　こと座の織女星ベガの近くにからす座の四辺形を小さくしたような四辺形があります。これが竜の頭の部分で、長い胴体はいったん北に向かってのびたあと、あともどりするように折れ曲がり、尾を北極星と北斗七星の間に割りこませています。ツバーンはかつて北極星だった星で、紀元前2796年ごろには天の北極へわずか5.6分角のところまで近づきました。

ヘルクレス座

Hercules (Her)　ヘルクレス座：Kneeling Man (Hercules)

概略位置：赤経17^h10^m　赤緯＋27°
20時南中：8月5日　高度：82度
面積：1225平方度
肉眼星数：234個
設定者：プトレマイオス

●逆さまの巨人

ヘルクレス座は、夏の宵空では頭の真上にやってくる星座です。３等星より暗い星ばかりなので、ギリシア神話で大活躍する勇者の姿としてはいささかさみしい気にさせられますが、さらにややこしいのは、南に向かって立ち、頭上を見上げると、なんと逆さまのかっこうで見えていることです。

どうしてこんな姿になってしまったのか……。それは後でお話するヘルクレスの出生の秘密と大神ゼウスの妃(きさき)ヘラの呪(のろ)いのためなのかもしれません。

それはともかく、星は淡いものの形はたどりやすいので、見なれてしまえば、わかりやすい星座といえます。

まず大まかな位置は、西隣りで小さな半円形を描くかんむり座と東隣りに輝くこと座の１等星ベガの中間あたりと見当をつけます。すると、ヘルクレスの胴体を形づくる中央の６個の星が、ややまん

▲**ヘルクレス座**　こと座とかんむり座のほぼ中間あたりにあります。

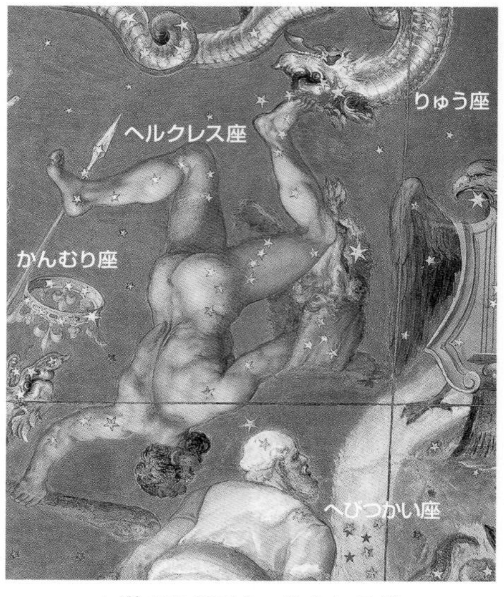

▲**逆さまの巨人ヘルクレス座**

中でへこんだH形をしているのが目にとまります。あとはこれに頭にあたるα(アルファ)星ラス・アルゲティ（ひざまずく者の頭）などを結びつけていけば、逆さまの巨人像が自然とイメージできます。

●ヘラの呪い

さて、ヘルクレスですが、彼は大神ゼウスがペルセウスとアンドロメダの娘アルクメーネに生ませた子でした。このため生まれながらに大神ゼウスの妃ヘラの呪いを受けていました。

赤ん坊のころには、ヘラから２匹の毒蛇を送りこまれたこともありましたが、無心にわしづかみにしてしめ殺してしまいました。それを見たヘラは「たいへんな子が生まれたもの……」ときもを冷やしたといわれています。

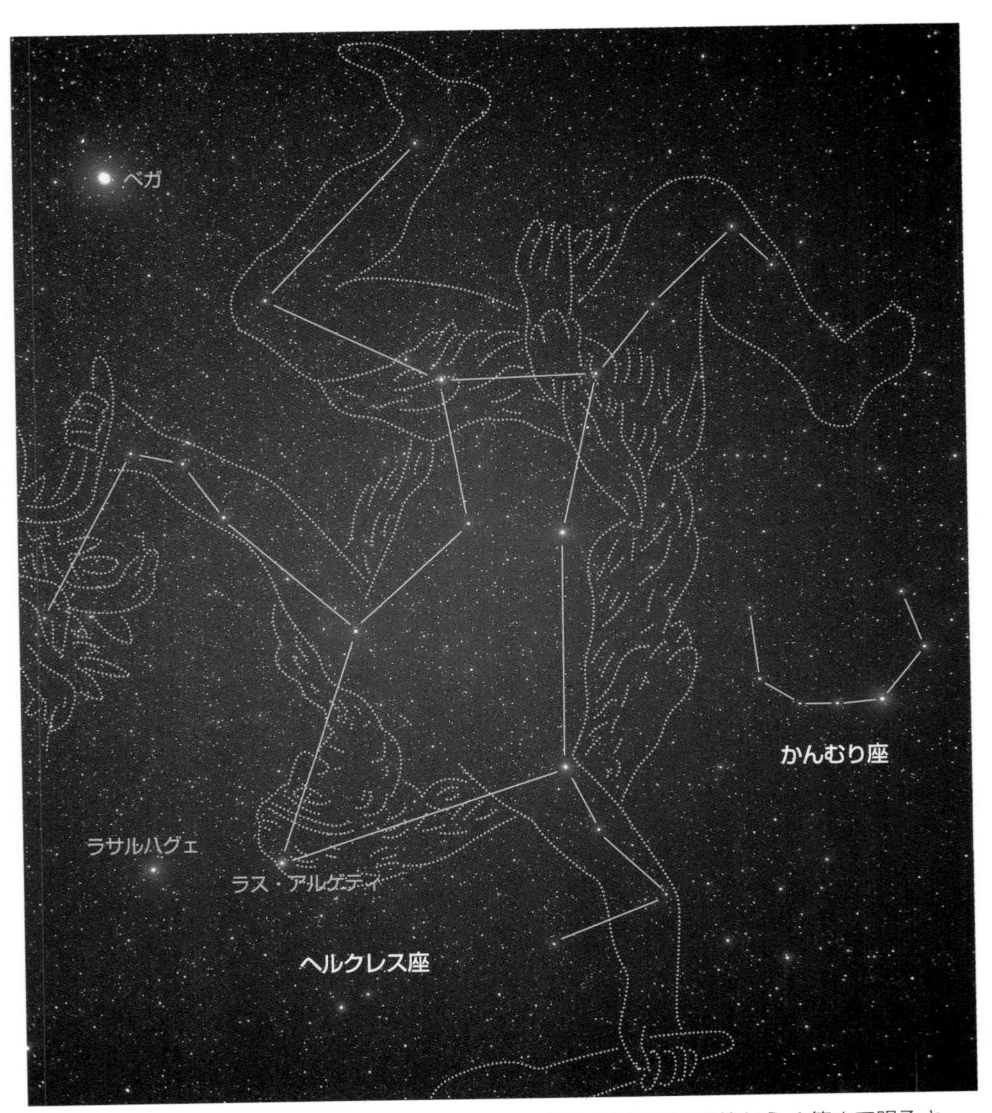

▲**ヘルクレス座**　頭に輝くラス・アルゲティは周期約100日で3等から4等まで明るさを変える半規則変光星です。その正体は距離400光年のところにある赤色超巨星で、直径は太陽の500倍もある星です。なお、私たちの太陽は惑星をひきつれ、ヘルクレスの左手首にあるξ星の「太陽向点」の方向へ秒速19キロメートルのスピードで進んでいます。

やがて成長したヘルクレスは、ギリシア第一の勇者になりましたが、絶えずヘラの呪いがつきまとっていて、とうとうある日のこと、わけもなく妻を殺し3人の子どもを火の中へ投げこむという大事件を起こしてしまいました。このため、正気にもどったあと、その罪をつぐなうため、従兄弟(いとこ)のアルゴス王エウリステウ

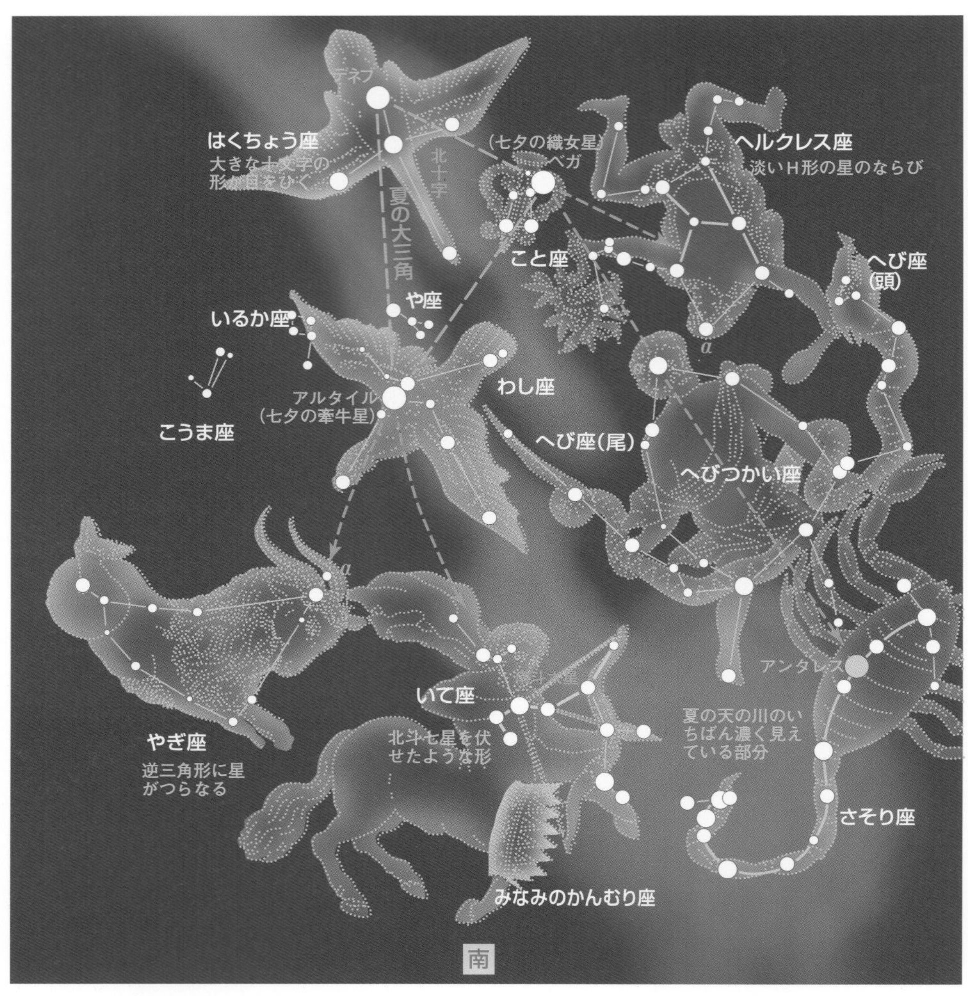

▲夏の星座の見つけ方　夏の大三角の各辺をあちこちに延長すると、夏の星座や星の位置の見当がつけやすくなります。

スに命じられ、12回もの大冒険をしなければならなくなってしまったのでした。

●ヘルクレスの最期

お化け獅子退治やヒドラ退治など非常に危険な12回もの大冒険をやりとげたヘルクレスは、やっと妻殺し子殺しの罪から解放され、自由の身になったあともさまざまな武勇ぶりを発揮していきました。そしてやがて、ある国王の娘ディアネイラを妻に迎えました。

あるとき、ヘルクレスは祭壇をきずき、大神ゼウスに感謝を捧げることになり、妻ディアネイラにそのときに着る白い肌着をもってこさせました。ところがその肌着には、かつてヘルクレスが射殺した馬人ネッソスがしみこませたヒドラの猛毒が塗ってあったのです。

ヘルクレスの矢に射られて虫の息になったネッソスは、ディアネイラにこうささやいたのでした。

「夫の愛をいつまでもつなぎ止めておきたかったら、私の血をとっておきなさい……」

ディアネイラは、ネッソスのこの言葉を思い出し、血を湯で溶いて白い肌着にしみこませ、送り届けてきたのでした。

ヘルクレスがその白い肌着を身につけるや、毒はみるみる全身にまわり、ヘルクレスは助からぬ命と知ると、自ら祭壇の火の中に身を投じたといわれます。

オリンポスの神々は、妃ヘラを説いて、ヘルクレスに対する憎しみを忘れさせ、ヘラの娘ヘーベと結婚させました。天上でヘルクレスはやっと幸せに暮らせるようになったのでした。しかし、なぜか星座になったヘルクレスの姿は、勇者にふさわしからぬ淡い星ばかりで、逆さまのかっこうで見えているのです。

ヘラの呪いはまだ完全にはとけていないのでしょうか……。

●客星(かくせい)が帝座に出現

逆さまのヘルクレス座の頭に輝く赤いα(アルファ)星は、中国では帝王の玉座とみて、帝座とよんでいました。

そして彗星や新星などがこの星の近くにあらわれるのを「客星帝座を犯す」といい、天子のための不吉な前兆として恐れていました。それについて次のようなおもしろい話が伝えられています。

後漢のころ、光武帝が若いころの親友厳子陵(げんしりょう)を宮中に招き、歓談の後、枕をな

▲ヘルクレス座の球状星団M 13

らべ寝こんでしまいました。ところが寝相(ねぞう)の悪い厳子陵は帝の腹の上に足をのせてしまいました。するとその夜、星を見ていた星占いの天文博士が見なれない星、客星が帝座の近くに突然あらわれて光っているので、これは一大事とあわてて光武帝に報告におよびました。

すると帝は「それは余が厳子陵と寝こんでしまったからであろう」といって大笑いしたといいます。

天の川に近いヘルクレス座にはときどき新星が出ることもあり、こんな話が伝わったのかもしれません。

●大球状星団M 13

ヘルクレス座の頭の3.5等のα星ラス・アルゲティは、小望遠鏡で見ると、すぐそば4.6秒角のところに青みがかった5.4等星をしたがえた美しい二重星だとわかります。しかし、ヘルクレス座での見ものはなんといっても、腰のあたりにある北天一美しい球状星団とたたえられるM 13です。口径が10センチ以上のやや大きめの望遠鏡で見ると、無数の星がマリモのように球状にびっしり群れて、宇宙の神秘を実感させてくれます。

へび座

Serpens (Ser)　　**蛇座：Serpent**

概略位置：赤経15^{h}35^m　赤緯＋8°
20時南中：7月12日　高度：63度
面積：428平方度
肉眼星数：68個
設 定 者：プトレマイオス

●大きな五角形

真南の地平線へ流れ下る天の川の光芒とその西岸で大きなS字のカーブを描くさそり座、そして東岸にはいて座の南斗六星、頭上には七夕の織女星ベガ、牽牛星アルタイル、それにデネブで形づくる夏の大三角と夏の宵の空の華やかさは、おみごととしかいいようがありません。

▲へび座とへびつかい座（ボーデの古星図）

ところが、天の川の西よりの広い天の領域が妙にさびしい印象で見えていることもまた事実です。じつは、そこに巨大なへびつかい座とそれにからみつく大蛇のへび座が横たわっているのです。へびつかい座は、全体的には将棋の駒のような大きな五角形をしていますが、明るい星が少ないうえ、かなりひろがっているので、へびつかい座がつかむ大蛇のへび座の姿とともに、都会の夜空では形のつかみにくいところがある星座です。

▲球状星団M５　へび座の頭部にあります。

●東と西に分かれている星座

へびつかい座は、大道芸人の蛇遣いとは大ちがいで、医神アスクレピオスの姿をあらわした星座です。詳しいお話は50ページにありますが、アスクレピオスが両手につかむ大蛇は、ギリシア時代の昔は、回復力とか再生とか健康のシンボルと見られていたもので、医師に必要な力を備えもっているとされていたものです。脱皮する蛇のようすからそう見られたのでしょうが、そのことからも、医神の姿をあらわしたへびつかい座と大蛇は当然の組み合わせだったというわけです。しかし、プトレマイオスは、48 星座を決めるとき、へびつかい座からへび座を独立させてしまいました。このため、へび座は現在ではまん中のへびつかい座によって頭の部分と尾の部分が東西に分かれ分かれのめずらしい星座となっています。このため、頭と尾で真南にやってくる南中の時刻が 2 回もあることになります。

●へび座の見もの

頭と尾が離れてしまっているへび座には、双眼鏡や小さな望遠鏡で楽しめる見ものが頭部にも尾にもそれぞれあります。

頭部では、なんといっても球状星団M 5 です。小口径ではぼんやり丸く見えるだけですが、10 センチ以上の口径になると無数の星つぶがびっしり群がったようすがマリモのように丸く立体感をもって見え、驚かされることでしょう。

▲散光星雲M 16　へび座の尾部にあります。矢印の部分を拡大して見たのが下の写真です。

へび座の尾の部分は天の川の中に入りこんでいるので、双眼鏡で楽しめる見ものもたくさんあります。なかでも、注目してみたいのは、散光星雲M 16 です。明るい星つぶの群れの散開星団に重なるようにぼうとひろがる光芒が印象的です。写真で写してみると、固定撮影でも赤い姿が小さいながらくっきり写しだせ、うれしくなることでしょう。このM 16の中に入りこむ3本の暗黒星雲の柱のような部分が、ハッブル宇宙望遠鏡で写しだされ、そこで新しい星が続々誕生している光景を目にして、人々を驚かせたのは記憶に新しいところです。

▲ハッブル宇宙望遠鏡がとらえたM 16 の暗黒部　この中には新しい星の誕生のもとになる星の卵がたくさんあります。

へびつかい座

Ophiuchus (Oph) 蛇遣座：Serpent bearer

概略位置：赤経$17^{h}10^{m}$　赤緯−4°
20時南中：8月5日　高度：51度
面積：948平方度
肉眼星数：161個
設定者：プトレマイオス

●黄道が通るへびつかい座

夏の宵の南の空に巨体を横たえるへびつかい座は、大きなわりに目をひくほどの星がないので、将棋の駒のような形は、街の中ではいくらか見つけにくいかもしれませんが、星座の形としてはあんがいよくできています。

まず目につくのは、頭のところに輝く２等星のラサルハグェです。その位置の通り「へびつかいの頭」という意味の名で、ヘルクレス座の頭に輝く「ラス・アルゲティ（ひざまずく者の頭）」と向き合うようにならんで見えています。このラサルハグェから、南へＡ字形に開くようにつらなる暗い星をていねいにたどっていけば、将棋の駒のような五角形のへびつかい座の巨大な姿が星空にふっと浮かび上がってきて、驚かされることでしょう。そして、このへびつかい座にからまるようなへび座の大蛇の星のつらなりもたやすくたどれることでしょう。

ところでへびつかい座の足は、さそり座のアンタレスあたりと毒針のあたりにしっかり根を下ろし、時にはこれを足で踏みつけているようにさえ見えます。そして、その足下付近を黄道が通っているため、しばしば明るい惑星がやってくることになります。さそり座は黄道星座ですが、へびつかい座はそうではありません。黄道の通る長さでは、ハサミのあたりを黄道が短く横切るさそり座より、へびつかい座の足下の黄道のほうが長いくらいです。それで黄道13星座などといわれ、星占いなどで話題になりましたが、それは最近の星座区分のためそうなっただけで、かつてこのあたりは広くさそり座とみられていた部分なのです。

▲バリットの古星図にあるへびつかい座とへび座

●名医アスクレピオス

へびつかい座などといわれると、つい笛を吹いて蛇を踊らせるあの見せ物の大道芸人を連想してしまいそうになりますが、このへびつかい座になっている巨人は、アスクレピオスとよば

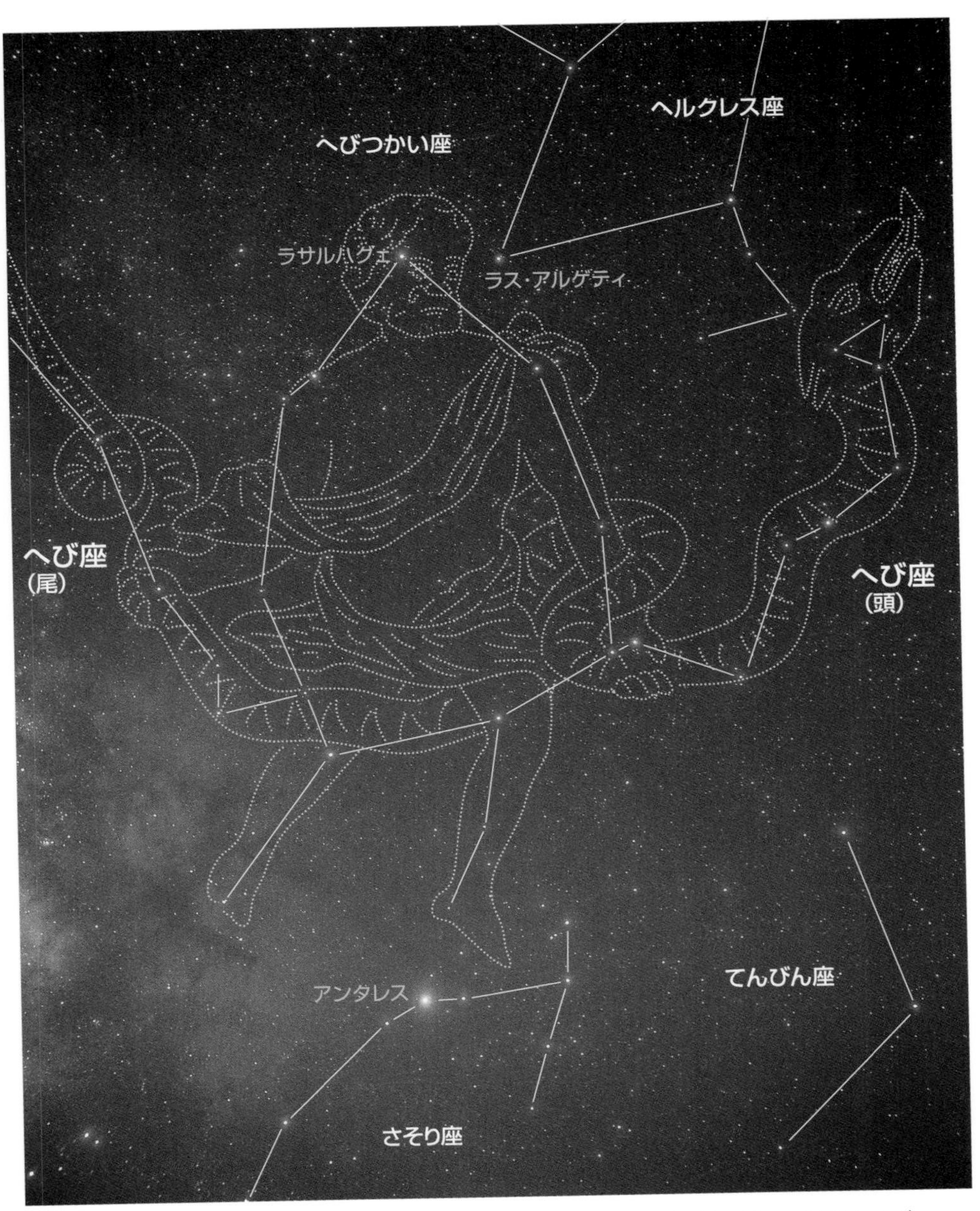

▲へびつかい座とへび座　夏の宵の南の中天に大きく立ちはだかるへびつかい座とへび座は、逆さまの巨人ヘルクレスと頭を接するα星ラサルハグェとさそり座の真っ赤な１等星アンタレスの間に広がる大星座として見当づけるようにします。へびつかい座が両手につかむ大蛇のへび座は、頭が西に、尾が東へとわかれわかれになってますが、もともとはへびつかい座とへび座は一体の星座とみられていたもので、別々に見るよりひとまとまりの星座として見たほうがイメージがつかみやすいといえます。

▲夏の大三角とへびつかい座、ヘルクレス座　へびつかい座とヘルクレス座は、顔を向き合うようにして夏の夜空に見えている大星座といえます。どちらも明るい星がないので、へびつかい座の頭に輝くα星ラサルハゲェとヘルクレス座の頭に輝くα星ラス・アルゲティからたどるのがよいでしょう。その位置は夏の大三角から見つけられます。

▲へびつかい座の球状星団M 10　へびつかい座には小望遠鏡で見える球状星団がたくさんあり、目を楽しませてくれます。

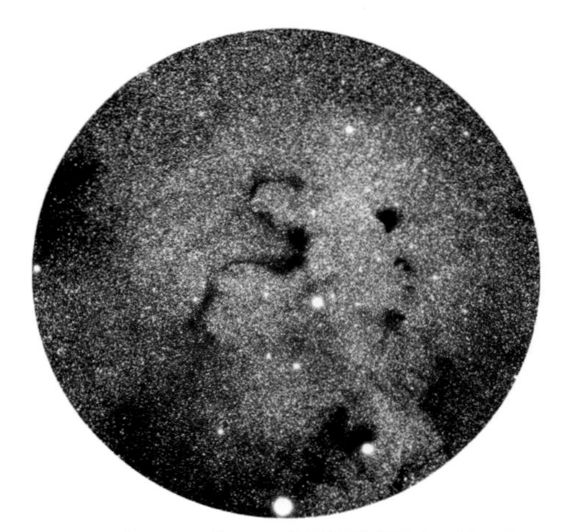

▲へびつかい座のS字状暗黒星雲　蛇つかいの足下にある小さな暗黒星雲で、天の川をバックに影絵の蛇のように見えます。

れるギリシア神話第一の名医なのです。

彼は人一倍熱心に医療に取り組んだのはよかったのですが、あまりに熱心になりすぎて、とうとう死んだ人まで生き返らせはじめてしまったのです。

困ったのは冥土の神プルトーンです。死人がやってこなくなったため、不審（ふしん）に思い、地上に使いの者をやってみると、アスクレピオスがどんどん死人を生き返らせているというではありませんか。

あわてたプルトーンは、大神ゼウスにことの次第（しだい）を訴えたのでした。

「黄泉（よみ）の国に死人がこなくなっては、世の中の秩序が乱れますぞ……」

死人を生き返らせるアスクレピオスの名医ぶりに驚いた大神ゼウスは、惜しいとは思いつつ、天地の常道を乱すわけにもいかず、ついに意を決して雷電の矢をアスクレピオスに投げつけました。

さすがのアスクレピオスもたまらず息絶えてしまいましたが、神々もかねてから彼の腕前を高く買っていましたので、このままではいかにも気の毒と、ゼウスに願って星空へあげ、へびつかい座にしたといわれます。

それ以来、アスクレピオスは、ギリシア全土で医師の神として祭られましたが、彼が両腕につかむ大蛇は、古代ギリシアでは健康のシンボルと考えられた神聖なものだったといわれます。

●アスクレピオスと蛇

そして、彼と蛇の関係については、次のような話も語り伝えられています。

アスクレピオスがうっかり蛇を打ち殺してしまったときのことです。もう一匹の仲間の蛇が草むらから薬草をくわえてくると、死んだ蛇につけてやりました。すると驚いたことに蛇はたちまち生き返ってしまいました。そのようすを見ていたアスクレピオスは薬草の驚くべき薬効を学びとったといわれています。

蛇が脱皮をくり返すようすを、再生と健康の象徴とみて、星座にしたわけです。

たて座

Scutum (Sct)　　楯座：Shield

概略位置：赤経18ʰ30ᵐ　赤緯－10°
20時南中：8月25日　高度：45度
面積：109平方度
肉眼星数：29個
設定者：ヘベリウス

●スモール・スター・クラウド

夏の宵の南の空にかかる天の川の輝きは、一年を通じて最も明るいものですが、なかでも明るく輝くいて座の天の川のうねりが一段落したところで、もう一つの天の川の盛り上がりが見られます。それが光の雲のように見えるところから、いて座の幅広く明るい大きな天の川の光芒(こうぼう)に対しこのほうは「スモール・スター・クラウド」ともよばれていますが、この部分にたて座があります。

たて座には、明るい星があるわけでもありませんから、この天の川の光芒のあたりをたて座と大まかに見当づければそれでもうじゅうぶんといえます。

●歴史上の事実が星座に

このたて座はヘベリウスが新しく設けた星座で、その星座中に「ソビエスキーの楯(たて)座」として登場しています。

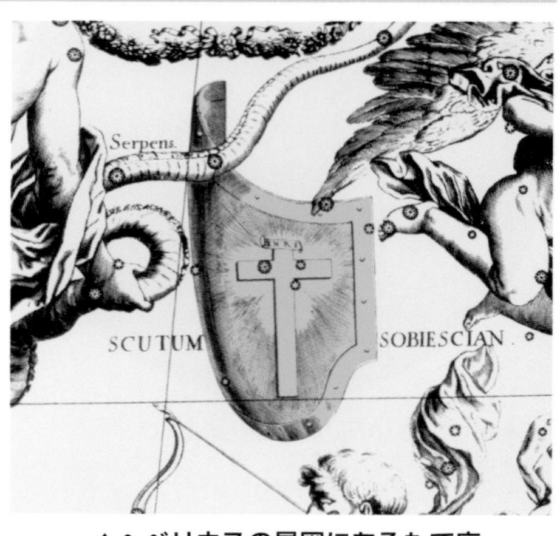

▲ヘベリウスの星図にあるたて座

ソビエスキーは 1683 年、オーストリアのウイーンに攻め寄せてきたトルコの大軍を破ったことで勇名を馳(は)せました。ヘベリウスはこれに大感激して、この星座をここに設けたといわれています。

もちろん、ヘベリウス自身もソビエスキー王から厚遇を受けていたともいわれ、そのあたりの事情もあったのかもしれません。その後、王の名のほうは消え、単にたて座とよばれるようになっています。

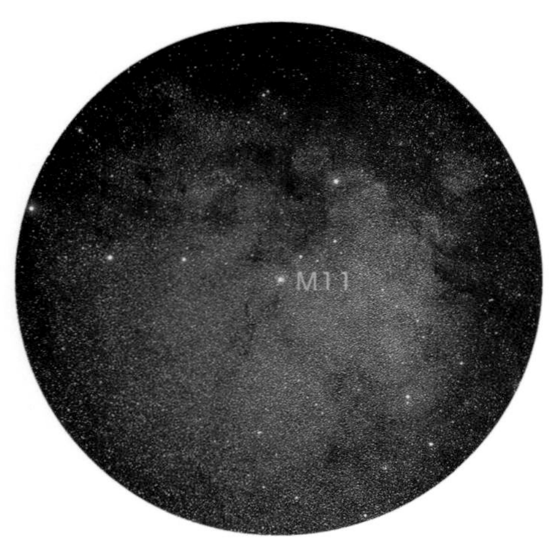

▲双眼鏡で見た散開星団 M11　スモール・スター・クラウドとよばれる天の川の中にあり、視野は星がいっぱいです。

●たて座の散開星団M 11

スモール・スター・クラウドの天の川の光のかたまりの部分には、双眼鏡を向けたくなりますが、その光芒の中に明るい散開星団M 11 があります。

望遠鏡では野鴨(のがも)が飛ぶように開いたV字形に星が集まっているというのでワイルド・ダック星団の別名もあります。

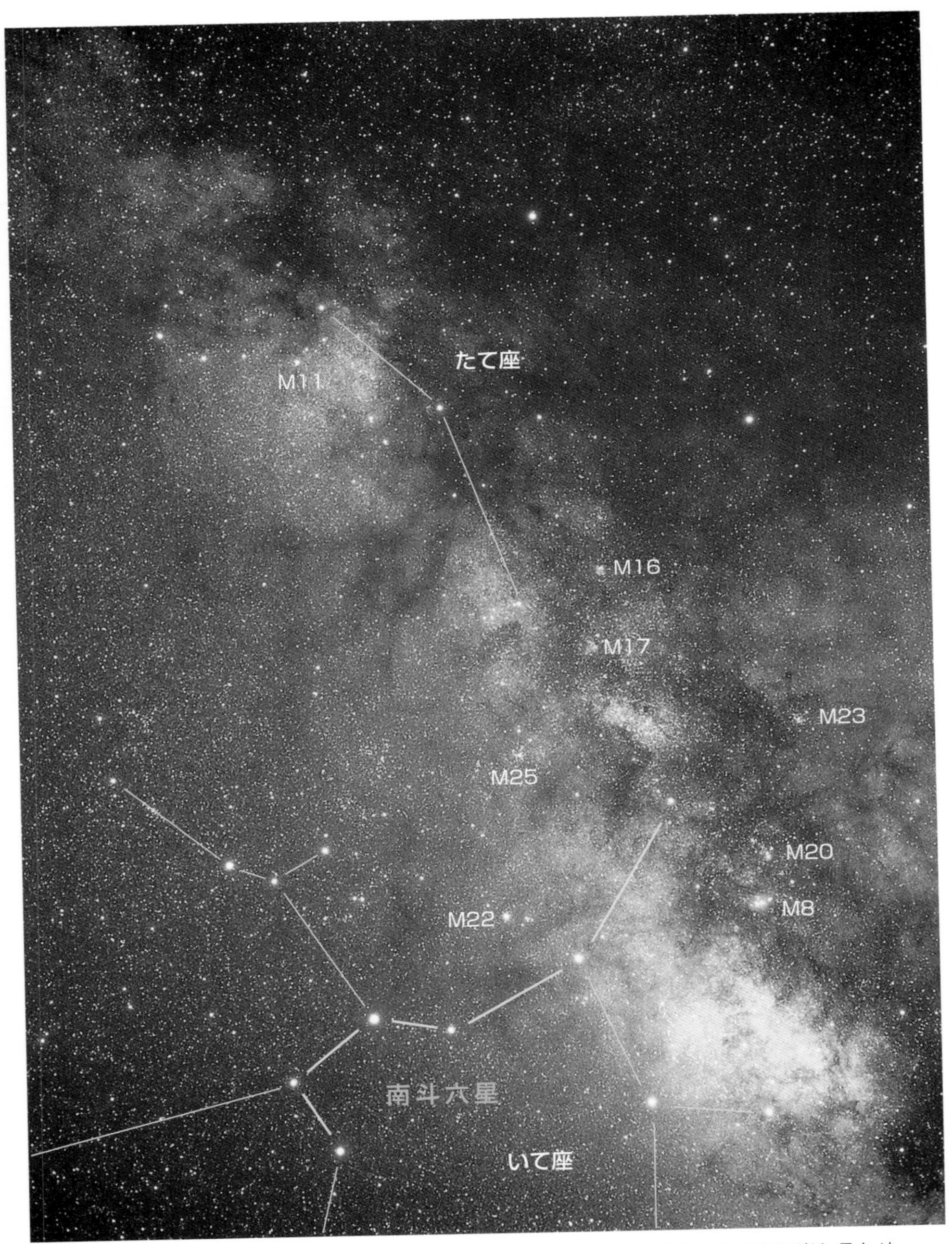

▲たて座付近の天の川　いて座の南斗六星の先のあたりは、銀河系の中心方向に当たるため、ひときわ天の川の光芒が明るく、その北側のたて座付近でもう一度スモール・スター・クラウドとよばれる天の川の光芒が明るさを増した部分があり、みごとというしかありません。

こと座

Lyra (Lyr)　　琴座：Lyre

概略位置：赤経18ʰ45ᵐ　赤緯＋36°
20時南中：8月29日　高度：90度
面積：286平方度
肉眼星数：70個
設 定 者：プトレマイオス

●夏の夜の女王ベガ

こと座が見ごろになるのは、夏から秋にかけての宵のころで、ほとんど頭の真上あたりを見上げると、七夕(たなばた)祭りでおなじみの織女(しょくじょ)星ベガの青白いダイヤモンドのような輝きと４個の星が描く小さな四辺形が、ギリシア神話第一の音楽の名手オルフェウスの竪琴(たてごと)の姿を形づくっているのが目にとまります。

星座としてはむしろ小さなほうに入りますが、それがこんなに目につくのは、なんといっても夏の夜の女王の輝きにたとえられる０等星ベガの存在が大きいといえましょう。

しかし、ベガの名はそんなイメージと関係なくアラビア語の「落ちる鷲(わし)」という意味の名で、すぐ近くにあるζ(ゼータ)星とε(エプシロン)星を結んでできる小さな“∧”の形を、空から翼をたたんで一気におりてくる鷲の姿と見たてて名づけられたものです。ですから、ロマンチックという点では、ベガの中国名「織女星」や日本名の「織り姫」の七夕伝説のよび名のほうがずっとその輝きに似つかわしいといえるでしょう。

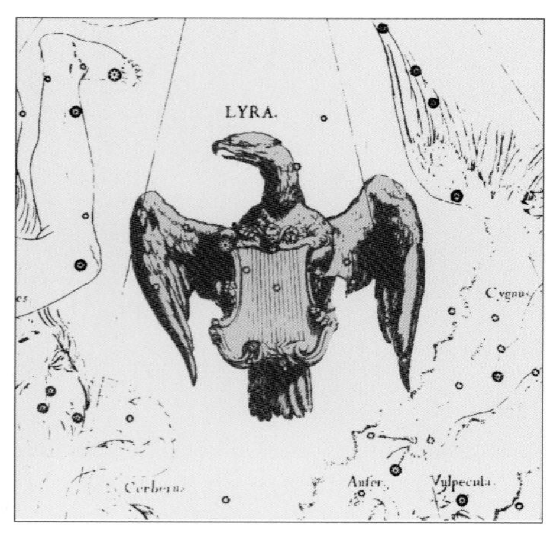

▲ヘベリウスの星図に描かれていること座

▲江戸時代の七夕風景

●牽牛(けんぎゅう)と織女の七夕伝説

７月７日の夜、織女星と牽牛星の２つの星が年に一度のデートを楽しむ七夕伝説はあまりにも有名で、あらためてお話するほどのものでもないかもしれませんが、ひととおりのあらすじをお話しておきましょう。

天帝の娘の織女は、機織(はたお)りに精を出すばかりの生活を送っていました。

娘らしい楽しみをもつでもなく、ただ

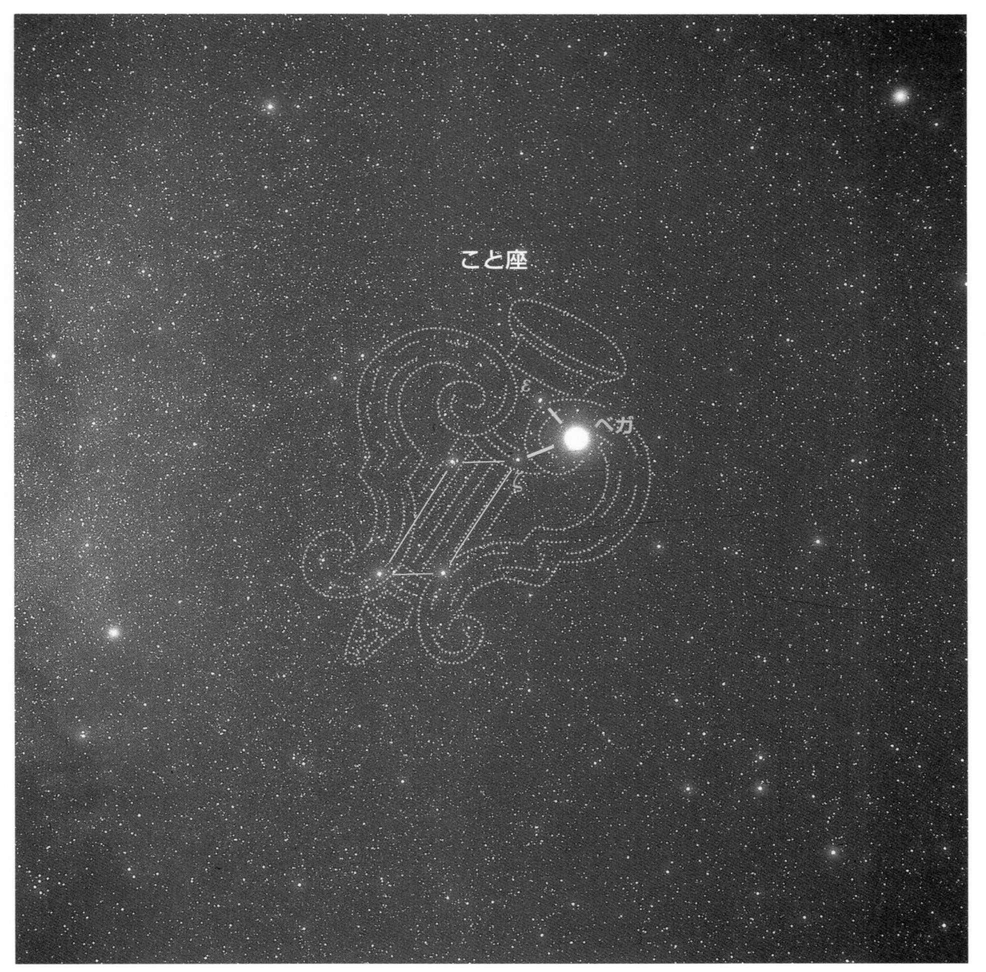

▲**こと座**　ギリシア神話で音楽の名手とされているオルフェウスがたずさえていた西洋の竪琴をあらわしています。ε星とベガ、ζ星を結んだ“∧”の字が落ちる鷲の形です。

仕事ばかりで日々を過ごす織女を不憫に思われた天帝は、天の川の向こう岸で働く凛々しい若者、牽牛とめあわせることにされました。

ところが、いざ一緒にさせてみると、織女と牽牛は新婚のその楽しくも甘い暮らしにひたりっきりで、遊び暮らす日々を送るようになってしまいました。

苦々しく思われるようになった天帝は、二人に命じ、年に一度７月７日の七夕の夜だけ会わせることにして、再びもとのように天の川の両岸に離ればなれに住まわせることにされたのです。

それで二人は、今でも年に一度の逢瀬を楽しみに機織りと牛の世話に精を出しているといわれています。

▲夏の大三角　はくちょう座のデネブ、こと座のベガ、わし座のアルタイルの３個の１等星で形づくる大きな三角形は、夏の星座さがしのよい目じるしになっています。

もし、その大切な夜に、雨が降って天の川が増水すると、カササギが飛んできて、翼をつらね橋となって二人を無事会わせてくれるとされています。

笹竹に願いごとを書いた短冊を吊し、美しい七夕飾りをつくった思い出をもつ人も多く、今も大人気の七夕です。しかし、７月７日ごろは、まだ梅雨の盛りで雨や曇りの日が多く、しかも宵の空では牽牛と織女の２星は東の空に低くさえないので、七夕はやはり旧暦の７月７日のころ楽しむほうが似あっているといえます。それは８月の夏休みのころで、そのころになると織女も牽牛も宵の空の頭上高くなっているからです。ただし、旧七夕の日は年によって日付が変わります。

●オルフェウスの竪琴

ギリシア神話では、こと座の琴は音楽の名手オルフェウスが、父アポロンからさずけられた竪琴とみられていました。

ギリシアの竪琴の名人オルフェウスの琴の音が流れると、人間はもちろん森の動物たちや草花、木々、はては川のせせらぎさえその流れをとめて、聞きほれるほどでした。

そのオルフェウスが、エウリディケを愛して妻に迎えることになりました。ところが、二人の甘く楽しい生活も長く続きませんでした。エウリディケが草むらにかくれていた毒蛇を踏みつけてかまれ、オルフェウスと声をかわす間もなく息絶えてしまったからです。

最愛の妻を失ったオルフェウスは悲しみにくれましたが、なんとしても妻を生き返らせたいと願い、とうとう暗い洞穴をたどってあの世の国へおりて行く決心をかためました。

あの世の国の入り口には、真っ暗な川が流れ、カロンという渡し守が、亡くなったばかりの死人だけを船に乗せ、あの世の国の岸へ渡しているところでした。

カロンは、死んでいないオルフェウスに影があるのを見つけると、渡すのを拒んでいいました。

「おまえは死んでいないな、もどれ、もどれ……」

けれどもオルフェウスの妻をしたう心をこめた琴の音を聞くと黙って船に招き入れ、向こう岸に渡してくれました。

●大王プルトーンとの約束

あの世の国の入り口を守っている、首が３つもはえている猛犬ケルベロスも、オルフェウスの琴の音に吠えるのをやめました。

あの世の国の亡霊たちもその琴の音にさめざめと涙を流し、オルフェウスを見送りました。

やがて黄泉の国の大王プルトーンの前に立ったオルフェウスは、琴を奏でながら訴えました。

「わが妻エウリディケを、もう一度私のもとへおかえしください……」

けれども大王のプルトーンは、きびしい顔でにらみつけ、どうしても首を縦には振りません。

▲にぎやかな仙台の七夕祭り

「黄泉の国の掟を破るわけにはいかぬ、ならぬ、ならぬ、絶対にならぬ……」

しかし、妃のペルセポネが涙ながらに大王を説いたので、さすがの大王の心もとうとう折れ、その願いを入れることにして、亡者の中からエウリディケをよびだすと、オルフェウスに連れ戻すことを許しました。

そして「地上に出るまでけっして妻のほうをふりかえってはならぬぞ」ときびしくいいわたしました。

●消えたエウリディケ

オルフェウスは、妻のエウリディケの気配を後ろに、再び洞穴のけわしい道を地上へと急ぎました。

やがてこの世のなつかしい光と風がほのぼのと洞穴の口から流れこんでくるのが感じられるようになりました。

そのときのことです。オルフェウスはうれしさとなつかしさにたえかねて、エウリディケの方を思わずふりかえってしまったのです。

「あっ」

オルフェウスが小声をあげたのと同時

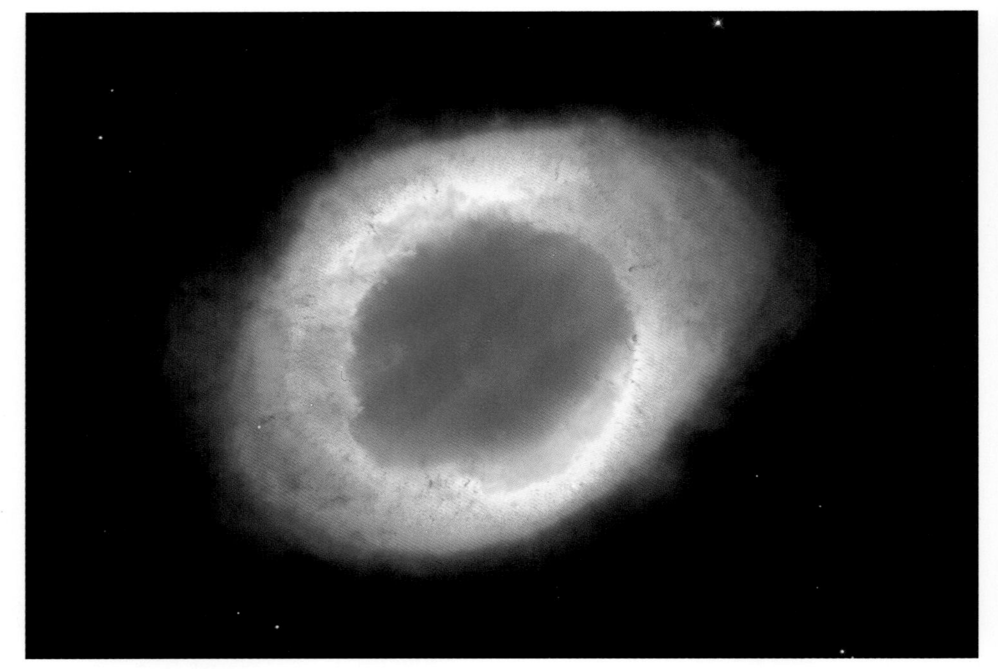

▲こと座の環状星雲M 57　小さな望遠鏡でもリング状の姿がはっきりわかる美しい惑星状星雲で、リングはゆっくり外側にひろがっています。惑星状星雲は、太陽くらいの重さの星の比較的おだやかな死の姿で、太陽の 50 億年後もこんな惑星状星雲となることでしょう。

に、エウリディケの姿は吸いこまれるように今きたばかりの暗い道の奥へ、煙のようにかき消えてしまったのです。

オルフェウスは驚き悲しみ、妻の名をよびながらもときた道へとってかえしました。

7日7夜、オルフェウスは川べりに立ち、渡し守のカロンに船に乗せてくれるようにたのみました。

けれども、こんどはいくら竪琴をかき鳴らしても、カロンは耳もかさず船に乗せてくれようとはしません。

オルフェウスは、後悔と絶望のあまり、悲しい琴の音を奏でながら野山をあてどもなくさまよい歩く身となってしまいました。あげくのはてに、祭りで酔ったトラキアの女たちに曲を弾(ひ)けとむりじいされ、これを聞き入れなかったばかりに石で打ち殺され、八つ裂きにされてヘブロス川に投げこまれてしまいました。

あわれに思われた大神ゼウスはその竪琴をひろいあげると、星空にあげ、こと座としました。

静かな夜には、今もエウリディケをしたうオルフェウスの悲しくも美しい竪琴の音が、星空から聞こえてくると伝えられています。

●環状星雲M 57

こと座でのいちばんの見ものといえば、なんといってもβ(ベータ)星とγ(ガンマ)星のほぼ中間あたりにある環状星雲M 57でしょう。ドーナツ星雲ともよばれるようにぽっかり丸いリング状の形は、小さな望遠鏡でも見ることができます。

太陽くらいの重さの星の最期は、星の外層部分のガスがゆっくり離れてひろがり、こんな惑星状星雲の姿を形づくると見られています。今から50億年後の太陽も惑星状星雲となると考えられていますので、M 57を見ながらはるかな太陽の将来像に思いをはせてみるのも興味深いことでしょう。

▲小望遠鏡で見た環状星雲M 57

●ダブル・ダブルスター

こと座ではもう一つベガのそばにあるε星にも注目してみたいところです。よほど目の鋭い人にはこの星は肉眼でも二重星に見えるかもしれませんが、双眼鏡ならららくらく分かれて見えます。ところが、望遠鏡で見ると、それぞれがまた二重星のペアとわかってさらに興味深さが増します。ε星は二重の二重星ということで、「ダブル・ダブルスター」のよび方で親しまれている星なのです。

ε^1星とε^2星の間隔は208秒角と大きく離れていますが、ε^1星は5.0等と6.0等のペアが2.6秒角、ε^2星は5.2等と5.5等のペアが2.3秒角でならんでいます。どちらも連星で、ε^1星は1200年、ε^2星は600年の周期でめぐりあっています。

▲双眼鏡で見たε^1星とε^2星のペア

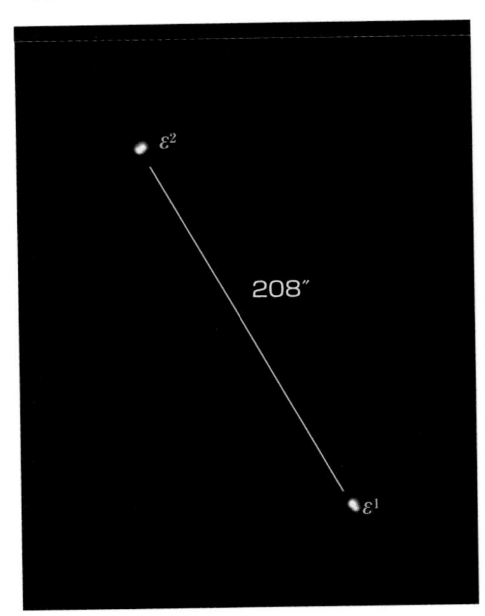

▲望遠鏡で見たダブル・ダブルスター

わし座

Aquila(Aql)　鷲座：Eagle

概略位置：赤経19ʰ30ᵐ　赤緯＋2°
20時南中：9月10日　高度：57度
面積：652平方度
肉眼星数：116個
設定者：プトレマイオス

●飛ぶ鷲アルタイル

夏の宵のころ、頭上に横たわる天の川の東岸に輝く七夕の牽牛星がわし座の１等星アルタイルです。両脇にβ星とγ星の２つを従えて一直線にならぶようすは、オリオン座の三つ星やさそり座のアンタレスをはさむ３つの星に似ていて、非常によく目につきます。

中国では、アルタイルと両脇の３つの星を、肩にかついで打ち鳴らす細長い太鼓の形と見て「河鼓三星」などとよんでいました。その「河鼓三星」をアラビアでは、翼を広げて砂漠の空を悠然と舞う鷲の姿に見たて「飛ぶ鷲」という意味のアルタイルの名をこの１等星につけてよんでいました。そして織女星ベガのほうは「落ちる鷲」という意味の名でよびました。ベガとすぐ近くの小さな２つの星を結んで、翼をたたんで急降下する鷲の姿に見たてたものです。洋の東西を問わずアルタイルとベガはなにかと一対の星と見られていたことがわかります。それにしても、アルタイルとその両脇の星３つだけで鷲の姿と見ていたのですから、現在の広いわし座にくらべると、かつてのわし座がずいぶん小さな星座として見られていたことがわかります。

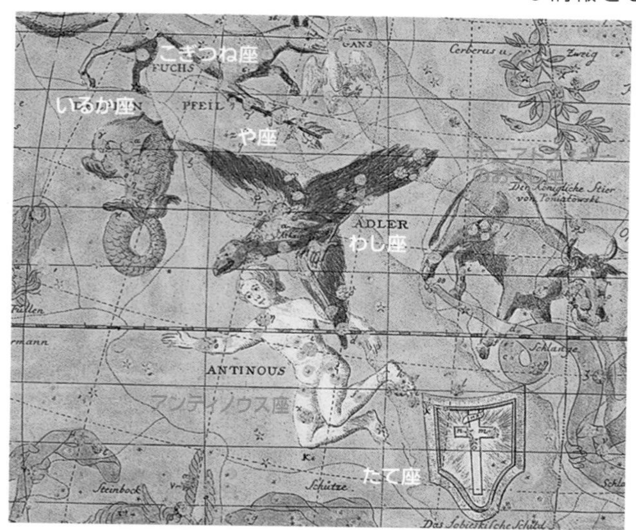

▲**わし座付近の星座**　アンティノウス少年やポニアトフスキーのおうし座など、今はない星座が描かれています。

●鷲の正体はさまざま

ギリシア神話では、この鷲は大神ゼウスとともにいて、その身辺を離れず、雷電の矢をたずさえている大きな黒鷲とされています。そしてゼウスの使いをしながら、毎日下界を飛びまわっていろいろな情報をゼウスに伝える役目をしていたといわれます。別の神話では、大神ゼウスがオリンポスの宮殿で開かれる酒宴の席でお酌をする役目をさせるため、美少年ガニメデスをさらってきたときに変身した姿だともされています。

わし座の古星図に鷲が少年をさらうように描かれたものがありますが、この少年は、ローマの皇帝ハドリアンに愛された美少年アンティノウスの姿で、17世紀にケプラーがアンティノウス座として独立させましたが、今は廃れてなくなっています。

▲わし座　アルタイルは七夕の彦星で、0.0 等の織り姫星ベガより少し暗めの 0.8 等星です。表面温度は 8250 度と高く、直径は太陽の 1.9 倍ほどですが、秒速 200 キロメートルの猛スピードでぐるぐる自転しており、重ね餅のように平べったい形をしているとみられています。ちなみに太陽は秒速 2 キロメートルでおよそ 27 日がかりでゆっくり一回転しています。

はくちょう座

Cygnus (Cyn) 白鳥座：Swan

概略位置：赤経20ʰ30ᵐ　赤緯+43°
20時南中：9月25日　高度：90度
面積：804平方度
肉眼星数：262個
設定者：プトレマイオス

●北十字の輝き

夏から秋にかけての宵のころ、頭上には、ほのぼのと天の川がかかり、その流れをはさんで七夕(たなばた)の織女(しょくじょ)星ベガと牽牛(けんぎゅう)星アルタイルの２星が輝き、これとはくちょう座のデネブの３個の１等星を結んでできる“夏の大三角”が見えています。

この大きな三角形の中に首を突っこむようにして飛ぶのがはくちょう座で、尾に輝くデネブから描く大きな十文字は、ひと目でそれとわかるほどみごとなものです。

南半球にかかる有名な南十字星に似ているところから、こちらは“北十字星”ともよばれていますが、南十字よりはるかに大きく印象的な十字の姿で、天の川を飛ぶ白鳥の姿もすぐに思い浮かべることができます。キリスト教星座などでは、その十字の形から、ずばり「キリストの十字架(か)」とよばれ、キリスト教星図にも大きな十字架の星座として描かれていま

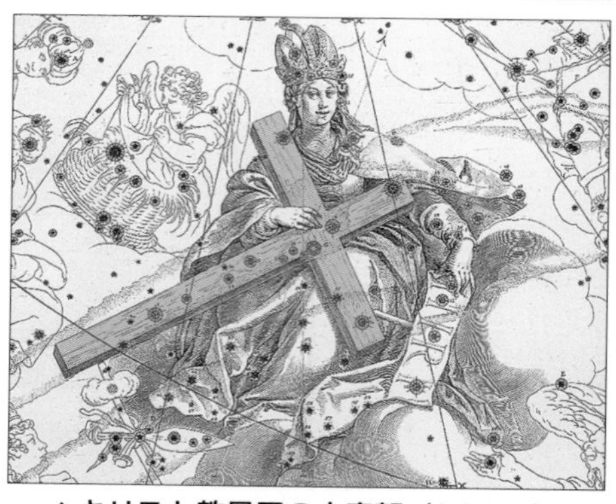

▲キリスト教星図の十字架（1627年、シラーの星図）

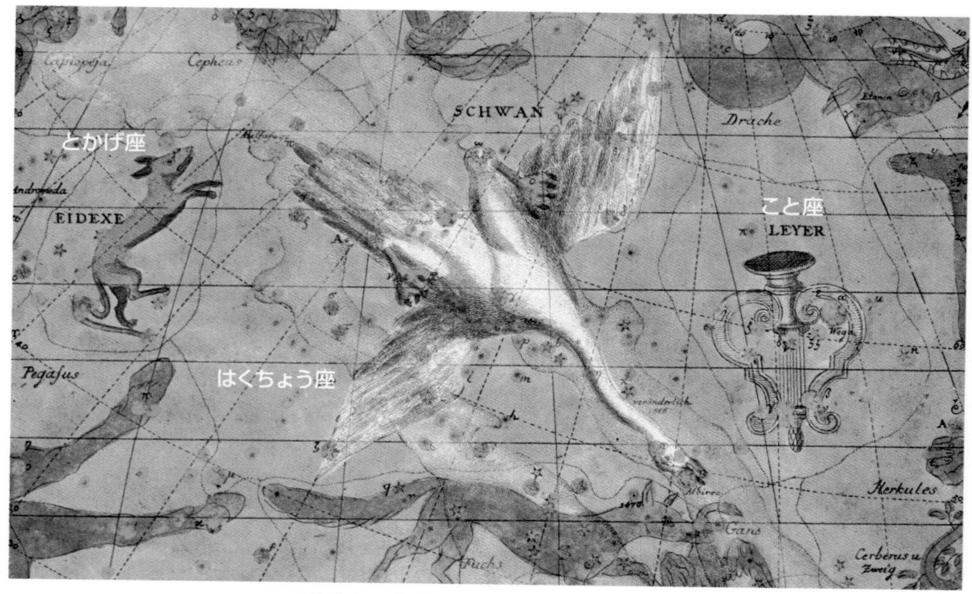

▲はくちょう座とこと座（ボーデの古星図）

▲東の空にのぼった夏の大三角　七夕の織女星ベガまでの距離は 25.3 光年で、牽牛星アルタイルまでの距離は 16.8 光年と近いのですが、はくちょう座の尾に輝くデネブは 1424 光年もの遠方にあります。この美しい三角形を立体的に思い浮かべてみると、デネブの方でおそろしく奥にひっこんだ三角形だとわかります。7 月 7 日の宵のころ、七夕の 2 星は東の空にまだこんなに低くしか見えません。七夕はやはり旧暦の七夕の日に祝うほうがよさそうです。なお、デネブの日本のよび名では、京都や兵庫の日本海側の地方で「あとたなばた」「ふるたなばた」などがあります。

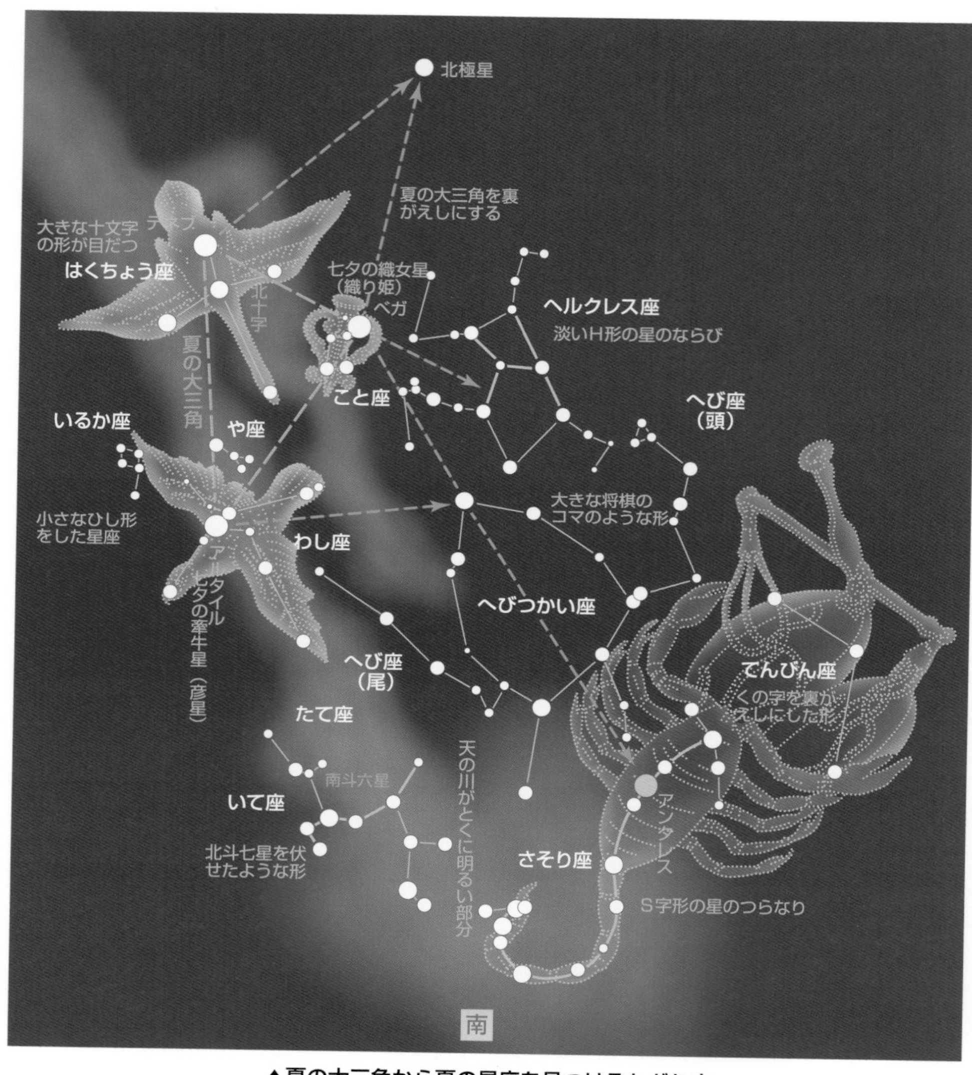

▲夏の大三角から夏の星座を見つけるたどり方

す。十字架のイメージは、とくに12月の宵のころ北西の空へ大きくまわりこみ、地平線にまっすぐ立つような形になるとさらにはっきりしてきます。

宮沢賢治の作品『銀河鉄道の夜』は、この十字架のはくちょう座を始発駅として、はるか南十字星へと旅をする物語で、大小2つの十字を結びつけた印象的な筋立てとなっています。

●白鳥の正体

この白鳥の正体については、じつにさまざまな説があって、いまひとつはっきりしていません。たとえば、太陽神アポロンの子のファエトンが日輪の馬車を無理に走らせ、誤ってエリダヌス河に転落して死んだとき、ファエトンの親友キュクノスが悲しみのあまり、いつまでも天の川の中をさがし、そのようすをあわれんだアポロンがキュクノスを白鳥の姿に変え星座にしたといわれるものです。

また一説には隣りのこと座の竪琴（たてごと）の持ち主の楽人オルフェウスが白鳥の姿となって、こと座のすぐそばに星座としておかれたのだとも伝えられます。

しかし、一般的には大神ゼウスが化身した白鳥とされています。

●レダの生みおとした2つの卵

ギリシアのスパルタ王テュンダレオスの王妃レダは、たいへんな美女として知られていましたが、大神ゼウスがそのレダを見そめてしまったことからややこしいことになりました。

大神ゼウスは一計を案じ、愛と美の女神アフロディテに手伝ってもらうことにしました。その計画というのは、アフロディテの化けた鷲に、白鳥に化けた大神ゼウスが追われ、レダのひざもとに逃げてくるというものでした。

鷲に変身したアフロディテと白鳥に変身したゼウスの迫真（はくしん）の演技は大成功をおさめ、美しいレダは、鷲に追いつめられた白鳥をあわれに思い、白鳥を抱き寄せると、これをかくまってやりました。

大神ゼウスの化身の白鳥が飛び去ると、レダ王妃は大きな2つの卵を生みおとしました。

この2つの卵からは、それぞれ双子が生まれました。一方の卵からは、ふたご座のカストルとポルックスの男の双子が、

▲**北アメリカ星雲 NGC7000**　距離2000光年のところに浮かぶ50光年ほどのひろがりをもつ散光星雲で、肉眼でもデネブのそばにごく淡く見えています。

もう一方の卵からは、あのトロイア戦争の原因となった美女ヘレンとクリュタイメストラという女の双子が生まれたのです。

●白鳥の尾に輝くデネブ

白鳥に変身した大神ゼウスの姿がはくちょう座というわけですが、その尾のところに輝く1等星デネブは、その位置どおりのよび名で「白鳥の尾」からきたもので、もともとはアラビア語の「めんどりの尾」を意味しています。

このデネブの正体は、1424光年のところに輝く青白色の超巨星で、その重さは太陽の20倍、表面温度は1万度を超えています。もし、この星を七夕（たなばた）の織女（しょくじょ）星ベガのところにもってきたら、−7等星という半月ちかくの明るさになって見えるというのですからたいへんなものです。夏の大三角のうちでは、ひかえめの

▲網状星雲 NGC6992 ～ 6995　太陽の重さの 25 倍もある大質量星が、2 万年前にⅡ型の超新星の大爆発を起こしたその残骸で、直径 100 光年の球状にひろがったものの弧の一部分です。距離 1600 光年のところにあって秒速 80 キロメートルのスピードで膨張を続けています。中心に残された中性子星らしいものも見つかっていますが、まだ確定はされていません。

1.3 等星に見えるこのデネブの実態がいかにすごいものであるかがおわかりいただけることでしょう。

●北アメリカ星雲と網状星雲

白鳥の尾に輝くデネブのすぐ近くに注目すると、なにやらぼうと淡い光芒があることに気づくことでしょう。

もちろん、夜空がよほど暗く澄んだ場所でないと見えないものですが、北アメリカ大陸そっくりな形をしていることでおなじみの「北アメリカ星雲」です。

天王星の発見で知られるW・ハーシェルが 1786 年にその存在に気づいたのが最初で、1890 年マックス・ウォルフが初めて写真に撮影し、北アメリカの地図そっくりなところからこう名づけたものです。

満月 3 個分ものひろがりがありますが、淡いので北アメリカの形はつかみにくいかもしれません。肉眼でもメキシコ付近のにょろにょろのびた印象はわかります。もう一つ興味深い見ものとしては、白鳥の翼のε星の近くにある「網状星雲」があります。超新星爆発の残骸としておなじみのものですが、全体に球状にひろがったベールのような淡い光芒のうちの一部分 NGC6992 ～ 6995 を双眼鏡なら見ることができます。

もちろん、これもごくごく淡いものなので、北アメリカ星雲と同じく夜空の暗く澄んだ場所でというのが肉眼で見るための条件となります。一方、写真的にはあんがいとらえやすく、明るめの標準レンズを使いデジタルカメラで10秒から30秒間くらいの露出で、三脚に固定しての簡単な写し方でも、小さいながらもその姿をとらえることができます。

●ブラックホール候補X -1

超新星残骸といえば、超重量級の星がその生涯の最期(さいご)を超新星の大爆発で終わった後に残されるブラックホールが、白鳥の長くのびた首の途中のη(エータ)星の近くにあります。HDE226868という9等の青色巨星のまわりをめぐる小さな伴星(ばんせい)がそれです。もちろん、ブラックホールなので望遠鏡で見ることはできません。あくまでその候補にすぎないのですが、主星の影響の受け方を詳しく見ていると、明らかに伴星はブラックホールとしか思えないのです。

伴星のブラックホールからは光も出てこられないので、その姿を直接見ることはできませんが、HDE226868星は、

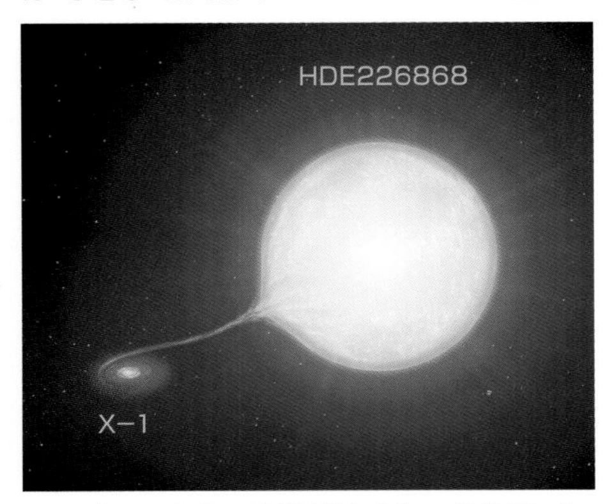

▲ブラックホール候補はくちょう座X–1のイメージ　主星から物質が引き寄せられブラックホールにのみこまれていっています。小さいくせにこんな力持ちの天体はブラックホールしか考えられないのです。

▲二重星アルビレオ

9等星なので小さな望遠鏡でも見ることができます。話題のブラックホール候補がめぐる星として注目してみるのも興味深いことでしょう。

●二重星アルビレオと61番星

白鳥の十文字の先端、つまり、白鳥のくちばしに輝くβ星アルビレオの名の意味はよくわかっていませんが、色の美しい二重星として、一度は望遠鏡でそのようすを目にしてほしいものといえます。

宮沢賢治の『銀河鉄道の夜』の中にも登場するこの星は、オレンジ色の3.1等星とエメラルド色をした5.1等星の2つが34.0秒角の間隔でぴったりよりそう色彩の美しいペアで、天上の宝石にたとえられています。

二重星といえば白鳥の翼が大きく開いたその中ほどにある61番星も見のがせません。このペアは5.2等と6.0等の星2つが722年でめぐりあう連星ですが、1838年ドイツのベッセルによって初めて恒星の距離が11光年と測定された歴史的な星なのです。現在の精度の測定でも11.4光年とわかっていますが、両者の間隔はアルビレオと同じくらいの30.3秒角なので、小望遠鏡でも2つに見えます。

や座

Sagitta (Sge)　　矢座：Arrow

概略位置：赤経$19^{h}40^{m}$　赤緯$+18^{\circ}$
20時南中：9月12日　高度：73度
面積：80平方度
肉眼星数：28個
設定者：プトレマイオス

●ひと目でわかる小星座

小さな矢の形をあらわしたや座は、夏の大三角のうち北十字形をしたはくちょう座のくちばしの少し南よりに位置していて、夏の宵にはほとんど頭上のあたりにやってくる星座です。

全天で３番目という小さな星座ながら、主だった４個の星が天の川の中ではっきりした一文字を描いていて、ひと目でそれとわかります。

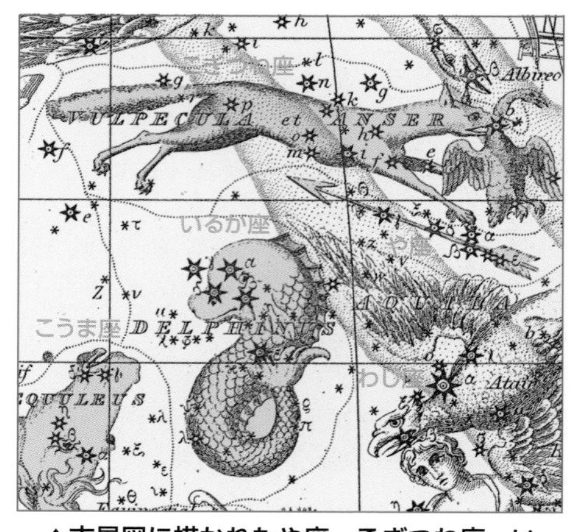

▲**古星図に描かれたや座、こぎつね座、いるか座、こうま座など**　いるか座とや座の写真は 72 ページにあります。

●黄金の矢と鉛の矢

このや座の持ち主については、さまざまにいわれていますが、よく知られているのは、愛の神エロス、つまりキューピットの名でおなじみの神がたずさえていたとするものです。

エロスは軍神アレースと愛の女神アフロディテ、つまりビーナスの子で、まるまる太ったバラ色のからだには翼があり、いつも矢筒を下げ弓を携えていました。

▲**や座の球状星団M 71**　明るさは８等級。

問題はエロスの持つ矢で、神通力のある黄金の矢で射られると人間や神はもちろん、あの大神ゼウスでさえ恋心を起こしてしまうといわれました。

一方、エロスの持つ鉛の矢で射られると、炎のような恋もいっぺんに冷めてしまうというものでした。

エロスはこの矢でオリンポスの神々の間をさんざんいたずらし、悩ませて歩いたといわれます。

●小さな球状星団M 71

や座の中ほどにM 71 という小さな球状星団があります。天の川の中にある小さなもので、小さな望遠鏡ではぼんやり丸く星雲状の光芒（こうぼう）にしかわかりませんが、視野の中のたくさんの微光星とともに見えるのが印象的です。

こぎつね座

Vulpecula(Vul) 小狐座：Fox

概略位置：赤経20ʰ10ᵐ 赤緯＋25°
20時南中：9月20日 高度：80度
面積：268平方度
肉眼星数：73個
設定者：ヘベリウス

●こぎつね座とがちょう座

こぎつね座は、はくちょう座のすぐ南に接し、や座のすぐ北にある横長の星座です。しかし、いちばん明るい星が4.5等星で、あとはこれより暗い星ばかりですから目立たないのも当然といえます。

この星座は、17世紀にヘベリウスがもともと星座のなかったところに設定し、彼の死後、1687年に出版された著書の中の星図に描かれていたものです。

そのときの星座名は「小狐と鵞鳥」、または「鵞鳥をもつ小狐」というものでした。ヘベリウスによれば、「近くに鷲や禿鷹（はくちょう座のことです）などがあるのだから、鵞鳥を口にくわえた狐の姿はこの位置に最も似つかわしいものではなかろうか……」というものでした。

▲小さな望遠鏡で見たあれい状星雲M 27

いったいどう想像すればそんな姿がここに描き出せるのかわかりませんが、いつしか鵞鳥のほうは星座名から消え、単に「こぎつね座」とだけよばれるようになりました。

●あれい状星雲M 27

その形が鉄亜鈴に似ているところから「あれい状星雲」の名で知られるみごとな惑星状星雲M 27は、星座の中ほどにあります。丸いせんべいを両端からかじり取ったような形は、ごく小さな像ながら双眼鏡でもわかります。

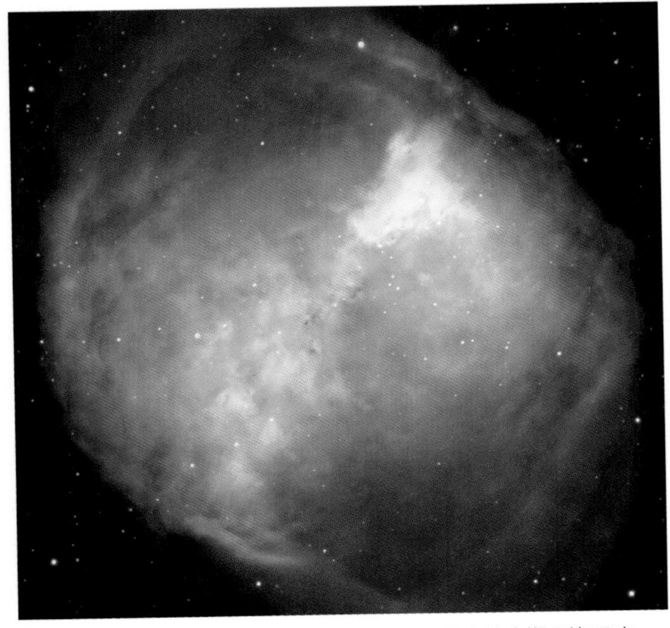

▲惑星状星雲M 27　太陽くらいの重さの星の終末期の姿です。

いるか座

Delphinus(Del) 海豚座：Dolphin

概略位置：赤経20ʰ35ᵐ　赤緯＋12°
20時南中：9月26日　高度：67度
面積：189平方度
肉眼星数：41個
設定者：プトレマイオス

●目につく小さな菱形(ひしがた)

夏の宵の頭上にかかる夏の大三角の中ほどをほのぼのと天の川の光芒(こうぼう)が流れていますが、その東岸に輝くわし座の１等星アルタイルの近くに、いるか座の小さな姿が見えています。しかし、小さいながらもいるか座は、２世紀のプトレマイオスの48星座の中にもちゃんと入っていて、歴史の古い星座なのです。

ギリシアに面した地中海はもともとイルカの多く見られるところで、イルカは昔から神聖な動物と考えられていました。これは船乗りたちに航海の季節を教えたのと、海神ポセイドンの使いと信じられていたからです。そして、死者の魂を運ぶとも信じられ、そんな理由から、天の川の近くにこの星座がおかれたのでしょう。

ギリシア神話では音楽の名人アリオンが音楽祭での優勝賞金を得ての帰りの船で、悪人たちの手にかかって殺されそうになったとき、海に飛びこんだアリオンを助け、島に送りとどけたのがこのイルカだといわれています。

小さな望遠鏡で目を向けてみたいのはγ(ガンマ)星で、オレンジ色の4.5等星と青緑色の5.4等星２つがぴったり寄りそった美しい二重星だとわかります。

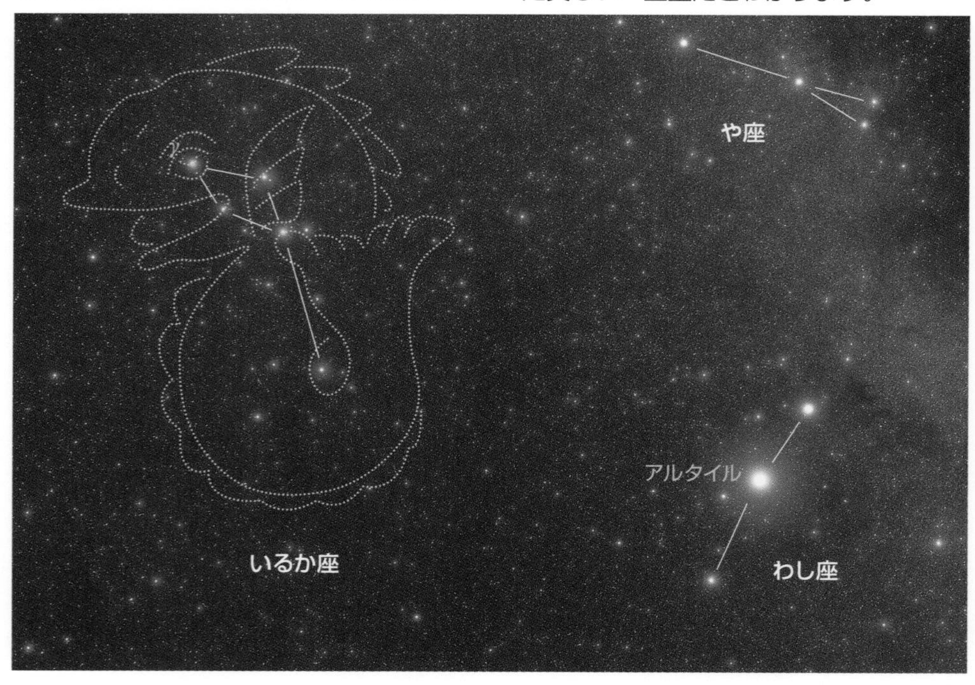

▲いるか座のアップ　わし座の１等星アルタイルの近くで菱形に小さくまとまった星のならびは一目でそれとわかるほどです。や座も見つけやすい星座です。

みなみのかんむり座

Corona Australis (CrA)　南冠座：Southern Crown

概略位置：赤経18^h30^m　赤緯$-41°$
20時南中：8月25日　高度：14度
面積：128平方度
肉眼星数：41個
設定者：プトレマイオス

●南の冠と北の冠

夏の宵、南の空低く見えるいて座のさらに南に接するこの星座は大きなものではありませんが、小さな星をつらねて描く半円形が意外によく目につくあんがいお気に入りの人の多い星座です。

みなみのかんむり座に対し、春から初夏にかけて頭上高くかんむり座がありますが、このほうは「北の冠(かんむり)」とよばれています。ぐるりと円形を描くという点で、南の冠も北の冠も共によく似ています。事実、ギリシアの天文詩人アラトスも、北の冠とともに２つの冠を詩(うた)っています。

▲みなみのかんむり座　いて座の前足のところに接する小さな半円形を描く星座です。ヘベリウスのこの星図は天球を裏から見た“鏡像”のように描かれています。

▲いて座とみなみのかんむり座　南斗六星のすぐ南にある小さな半円形はとてもよく目につきます。古くギリシア時代にはこの冠は「南のリース」、つまり草花で作った輪ともよばれていました。

とかげ座

Lacerta (Lac)　蜥蜴座：Lizard

概略位置：赤経22h25m　赤緯+43°
20時南中：10月24日　高度：90度
面積：201平方度
肉眼星数：65個
設定者：ヘベリウス

●ヘベリウスの新設した小星座

夏のはくちょう座からつらなる天の川が、秋の淡い天の川へとかわろうとするあたりに、半ばその天の川の中に埋もれるようにして、この小星座はあります。

もう少し具体的には、天馬ペガスス座の前足の北あたりと見当づけるのがわかりよいかもしれませんが、5個ばかりの4等星がギザギザの淡いW字形に折れ曲がっているのが目にとまります。

これがとかげ座の姿をあらわしているのですが、この星座を新設したヘベリウスは、「いもり座」というよび名も考えていたといわれますから、実際に夜空の暗い場所で、淡いギザギザの星のつらなりを目をこらして見つけたとしても、トカゲの姿を連想するのはいささかむずかしいかもしれません。こんなわけで、とかげ座を見つけだすのは、夜空の明るい都会では無理といえます。

●とかげ座またはいもり座

とかげ座を新設したポーランドの天文学者ヘベリウスの死後、1687年に刊行された彼の星図に描かれていたとかげ座の姿は下の星図にあるように、トカゲ（LACERTA）ともイモリ（STELLIO）とも書かれていて、どちらともとれそうなイメージの絵姿が重ねられています。どちらでもよいということなのでしょうが、ごく小さな星のつらなりから、この姿を想い描くのはむずかしいといえます。

なお、かつてドイツのボーデは、このとかげ座の一部を削り取って「フリードリッヒの栄誉（えいよ）座」というプロイセン国王の星座を設定したことがありました。また、フランスのロワイエは、このとかげ座のあたりに「王笏（おうしゃく）・正義の手座」というルイ14世をたたえるための星座を設定しました。王笏とは帝王がもつ杖のようなもので、王権の象徴となるものです。

もちろん、この種の星座は長続きせず、現在は存在していません。

ロワイエは、こんな新星座もつくりましたが、天文学者ではなく、王付きの建築家だった人物です。

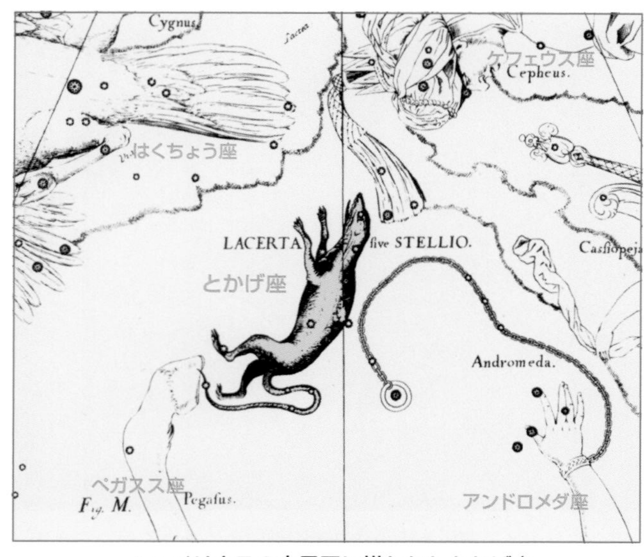

▲ヘベリウスの古星図に描かれたとかげ座

秋の星座

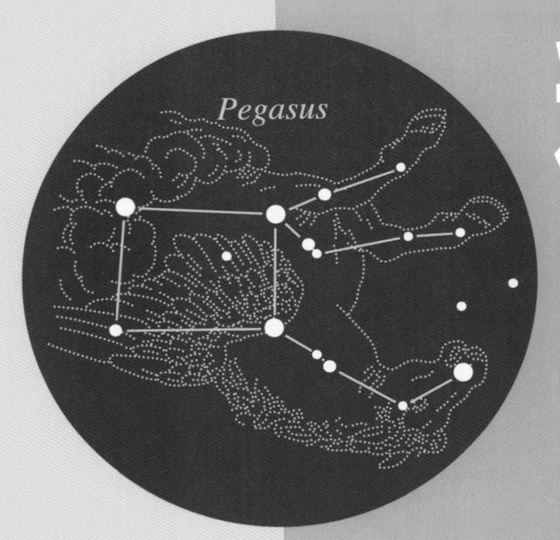

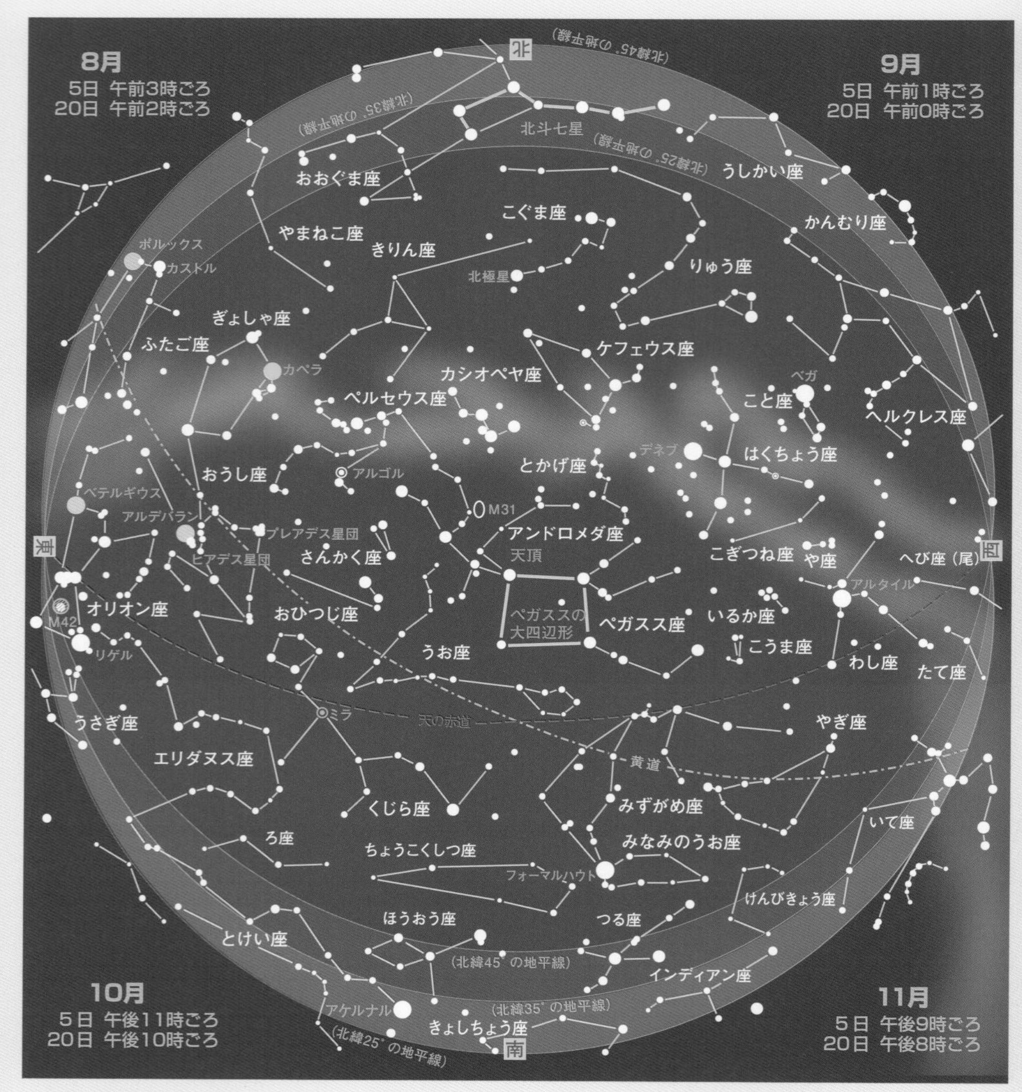

●星座神話絵巻を楽しもう

明るい星が少なく、その姿が見つけにくいものが多いというのが秋の星座の特徴です。星空も地上のさみしげな秋景色と似ているというのもおかしなものですが、星座神話を読みすすめながら見あげると、秋のさみしげな星空のイメージとはまるで反対に、手に汗にぎる大スペクタクルシーンが展開され、見あきないすばらしい星空となります。

秋の星空は、古代エチオピア王国（現在のものとちがいます）にまつわる、たった一つの星座神話から成り立っており、登場人物や動物たちが大活躍して見せてくれるからです。もちろん、それは星座を知っているものだけが味わえる秘かな楽しみといえるものです。

●登場順に見つけだそう

さて、物語がある以上、その展開順、つまりその登場順に星座の姿を見ていくというのがよいでしょう。北の空ではケフェウス国王とその王妃のカシオペヤです。美しい娘アンドロメダ姫が、お化けくじらにひとのみにされようとしたとき、天馬ペガススで駆けつけたのがペルセウス王子です。というわけで秋の夜長の淡い星座ウオッチングもまんざらではありません。

こぐま座
きりん座
北極星
りゅう座
カシオペヤ座
ぎょしゃ座
ケフェウス座
カペラ
はくちょう座
とかげ座
デネブ
アルゴル
アンドロメダ座
M31
ペルセウス座
プレアデス星団
おひつじ座
さんかく座
おうし座
ペガススの
大四辺形
こうま座
うお座
いるか座
ペガスス座
黄道
天の赤道
ミラ
みずがめ座
くじら座
みなみのうお座
ちょうこくしつ座
やぎ座
フォーマルハウト
ろ座
つる座
けんびきょう座
エリダヌス座
ほうおう座
南

▲秋の宵の南の空　頭上高く星座を真四角に仕切るようなペガススの大四辺形が見えています。この大きな四辺形の各辺をあちこちに延長すると、秋の淡い星座たちの位置の見当がつけやすくなります。また、南の空低く秋の夜の唯一の１等星フォーマルハウトもあんがい目につきます。南の中天に立ちはだかるくじら座の巨体の心臓の位置に輝く赤いミラは、肉眼で見えることも見えないこともある変光星なので、要注意の星といえます。

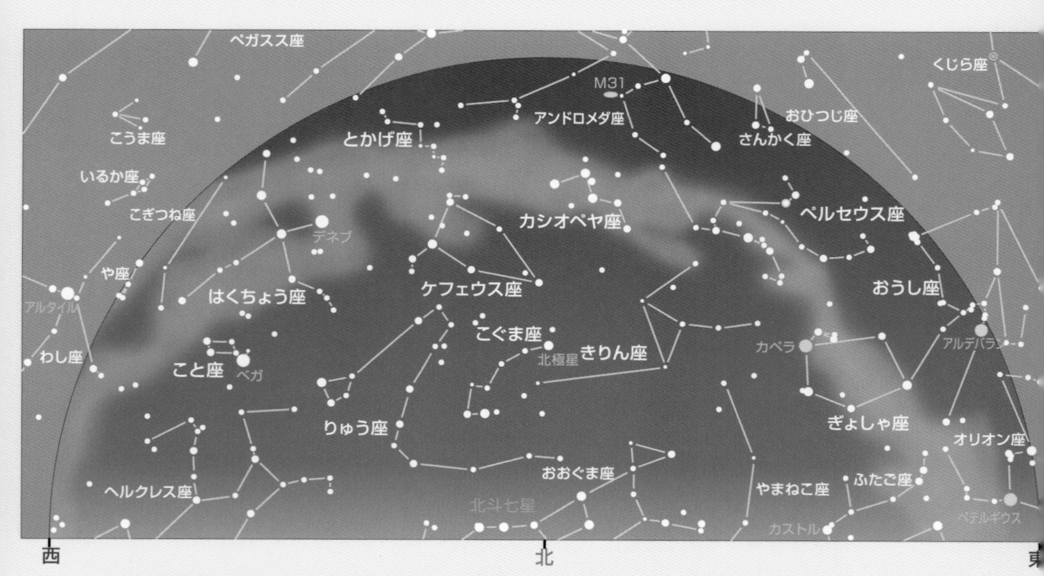

▲秋の宵の北の空　真北の空の目じるし北極星を見つけだしたり確認したりするのに役立ってくれる北斗七星が、北の地平線低く見つけにくくなっています。そのかわりの役目を果たしてくれるのが、カシオペヤ座のW字形で、秋の宵の空で北の空高くのぼって見ごろとなっています。秋の日暮れは早いので、北西の空には夏の居残りの星座が見え、北東の空からは早くも冬の星座たちが姿を見せはじめています。

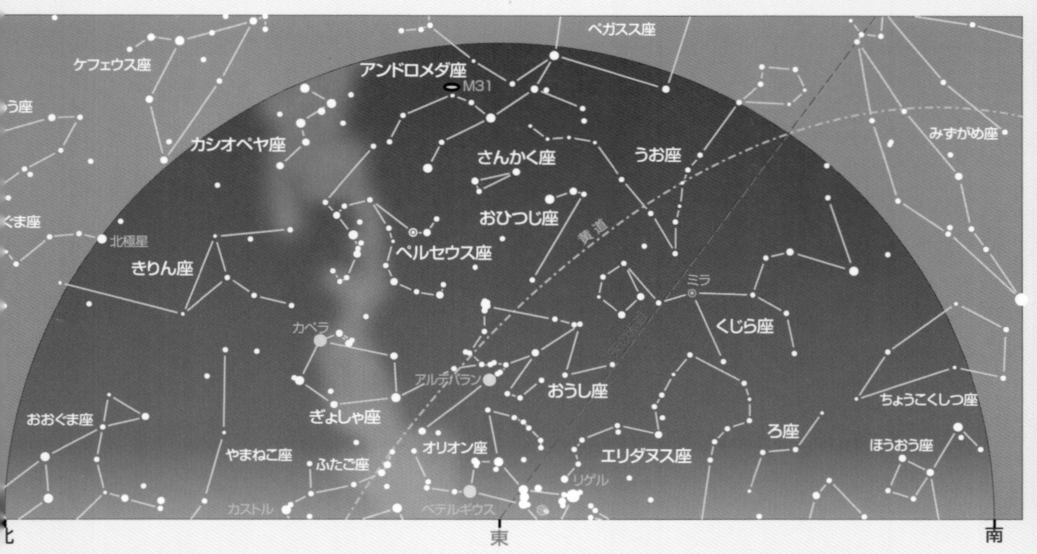

▲秋の宵の東の空　秋の星座神話劇の登場人物たちが東の空高くのぼって今が見ごろとなっています。それに続いて冬のにぎやかな星座たちも姿を見せはじめていますが、目につくのはおうし座のプレアデス星団（すばる）の星の群れでしょう。まだ厳寒の季節には間がありますが、プレアデス星団や真東からのぼりはじめたオリオン座などの姿を見ると、思わずぶるっと身ぶるいして気がひきしまるのを覚えさせられることでしょう。

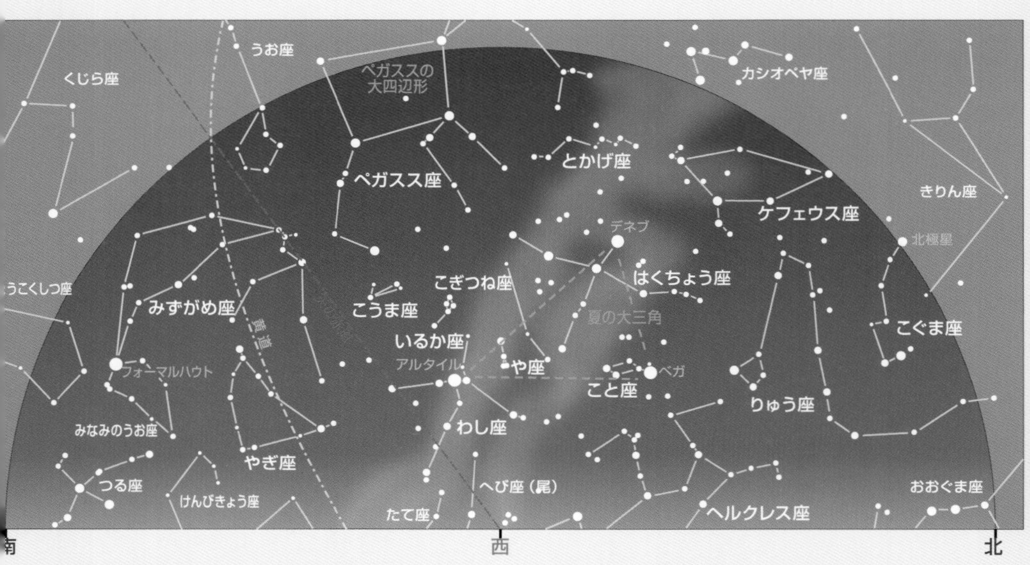

▲秋の宵の西の空　日暮れの早まった秋の西空では、まだ夏の名ごりの夏の大三角などが見え、夏の星座のにぎやかさがそのまま味わえます。暑かった夏も去って秋の澄みきった大気の下では、天の川などはむしろ夏のころより、かえってよく見えたりすることがあるくらいです。明るい夏の天の川は、しだいに淡くなって秋の北の空高くへとつながっていきますが、このようすは夜空の澄んだ郊外でないと見にくいかもしれません。

カシオペヤ座

Cassiopeia (Cas)　カシオペヤ座：Cassiopeia

概略位置：赤経1ʰ00ᵐ　赤緯＋60°
20時南中：12月2日 高度：(北)65度
面積：598平方度
肉眼星数：153個
設定者：プトレマイオス

●W字形の星座

秋の日暮れのころ、北の空を見上げると、街中の夜空でさえ、明るい５個の星がギザギザのW字形にならんでいるのが目にとまります。くっきりしたW字というよりは、やや両足の開いたM字形といったほうがよいかもしれませんが、これが古代エチオピア王国の王妃カシオペヤの姿をあらわしたカシオペヤ座です。

このW字形は、北極星から距離にして30度くらいしか離れていませんので、一年中北の空のどこかしらに見えていて、真北の目じるしの北極星を見つけるよい手がかりとなってくれています。

とくに、秋の宵のころは、もう一つの北極星を見つけだす目じるしとしておなじみの北斗七星が、北の空低く下がって見つけにくいので、北の空高くのぼったカシオペヤ座のW字が大いに役立ってくれるというわけです。

▲カシオペヤ王妃を描いた星座絵

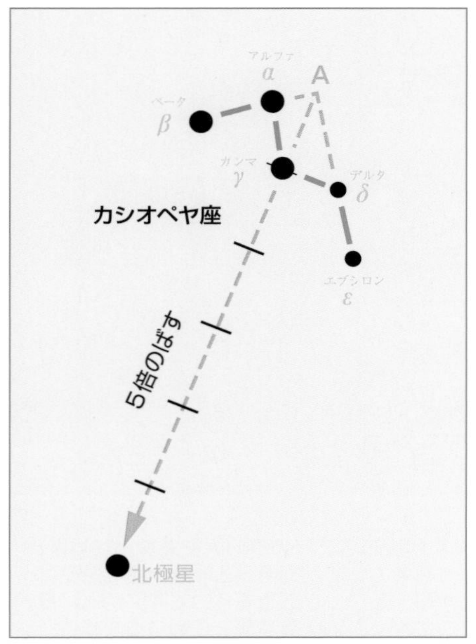

▲カシオペヤのW字から北極星を見つける

●北極星の見つけ方

カシオペヤ座のW字形を使って北極星を見つける方法はじつにさまざまありますが、最もよく知られているのは、左の図のような方法でしょう。

まずW字形のうちのβ(ベータ)星とα(アルファ)星を結んで、α星側に延長し、もう一つε(エプシロン)星とδ(デルタ)星を結んでδ星側に延長していきます。するとその両者がA点で交わります。そのA点とW字の中ほどのγ(ガンマ)星を結んで、その長さをγ星側、つまり、北側に５倍

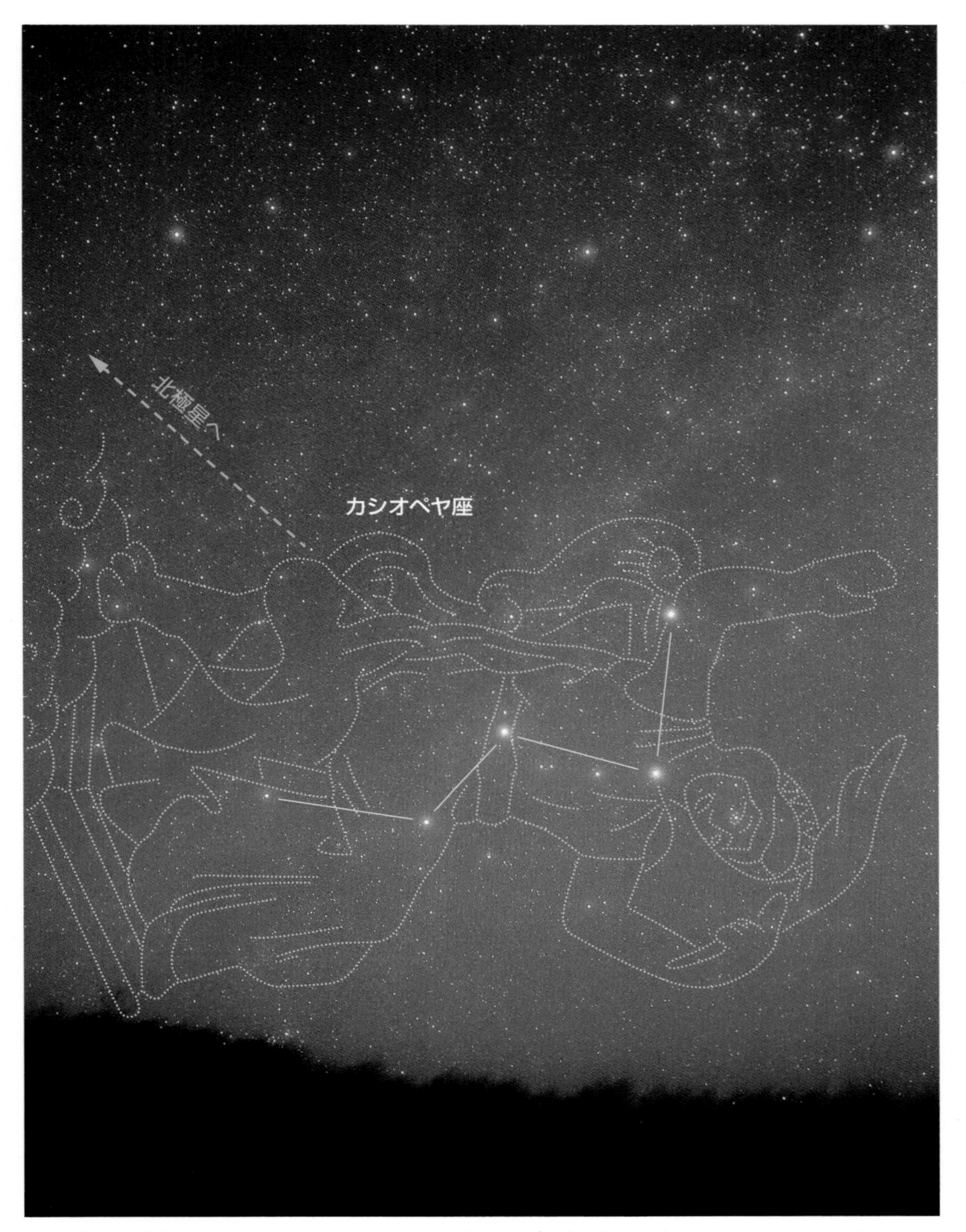

▲北東の空低くのぼりはじめたカシオペヤ座の W 字形　北極星を見つけるよい目じるしになってくれるカシオペヤ座のW字形も、北斗七星が高くのぼって見やすいころには北の地平低く下がって見つけにくくなります。北の地平低く逆さまだったカシオペヤ王妃のW字形の姿が、北東の空へそろそろのぼりはじめるのは、夏の宵のころからとなります。

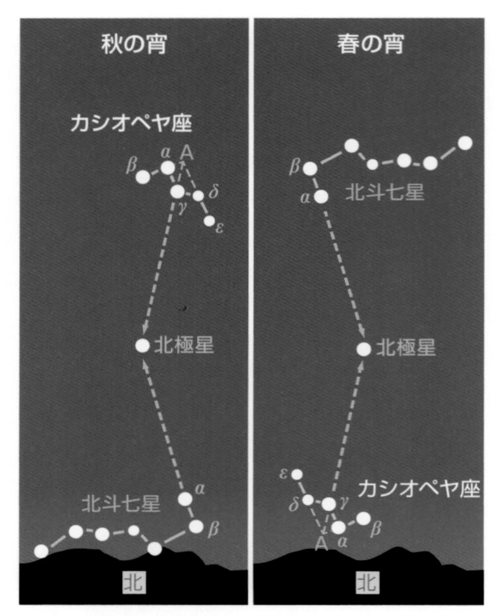

▲北極星の見つけ方 秋の宵は北斗七星が北の地平線低く下がって見つけにくいので、高く昇ったカシオペヤ座のW字からA点とγ星の間隔を5倍延長して北極星を見つけるようにします。

たどっていくというものです。

言葉での説明では、少々ややこしく聞こえますが、図のようにたどり方を実際にやってみれば、あんがい簡単な方法だとわかります。もともと北極星は2等星の明るい星で、この付近には北極星のほかに目だつ星もないので、そんなに厳密にたどってみるまでもなく見つけられ、この方法くらいでじゅうぶんといえます。

●高言のむくい

古代エチオピア王国の王妃カシオペヤは、たいへんな器量自慢で、とくに娘のアンドロメダ姫の美しさは、「海に住む妖精ネレイドの50人姉妹たちとてかないますまいよ……」と高言してしまいました。これが海の神ポセイドンの怒りを買い、アンドロメダ姫を海魔ティアマトの生贄（いけにえ）に捧げなければならなくなってしまいます。その危機はペルセウス王子の勇敢な救出劇で脱することができるのですが、その一部始終は86ページでお話してありますので、そのほうをお読みいただくとして、高言のむくいでカシオペヤ王妃は、椅子にしばりつけられたまま空にあげられ、北の空をぐるぐるめぐりながら、一日に一度は逆さまにつるされる運命になってしまったといわれます。

たしかに、カシオペヤ座のW字形は、一年中北の空をめぐり、その位置によってW字形になったりM字形になったりして傾きを変化させて見えています。そのため、W字形はじつにさまざまなものに見たてられてきました。日本の場合では、イメージそのままに「角（かど）ちがい星」、“M”を2つの山が重なった姿とみて「山形（やまがた）星」、“W”を船の錨の形と連想しして「錨（いかり）星」などとよんでいる地方がありました。このほかアラビアなどでは、足を折り曲げてすわるラクダの姿にみたといわれます。

●ティコの新星

星空はいつ見あげてもかわらないように見えますが、ときには新星や彗星があ

▲カシオペヤ座にあらわれた1572年の超新星

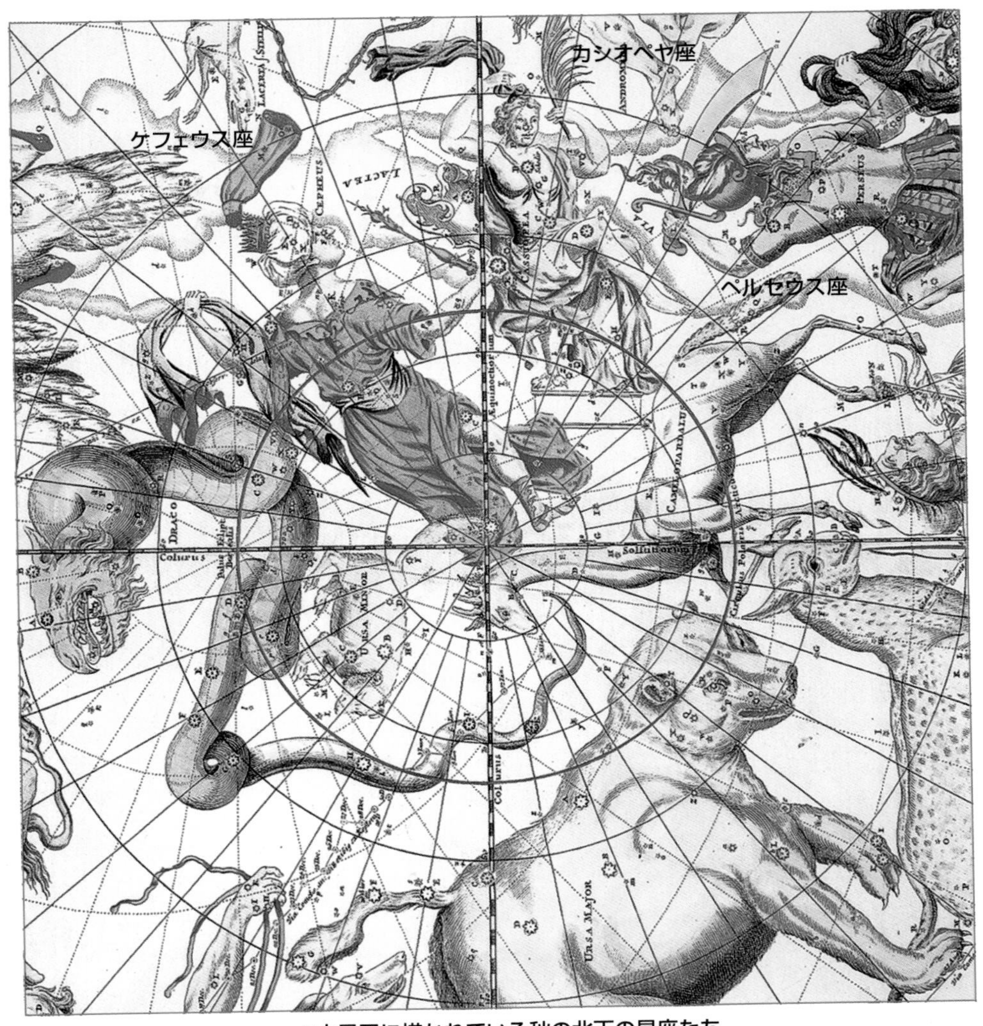

▲古星図に描かれている秋の北天の星座たち

らわれて人々を驚かすことがあります。

このカシオペヤ座での最大の異変は、今からおよそ450年前の1572年11月11日の晩に起こりました。

W字のすぐ近くに昼間でも見えるというとんでもない明るさの“超新星”があらわれたからです。

当時のデンマークの天文学者ティコ・ブラーエが詳しく観測したところから「ティコの新星」とよばれるようになったもので、最大光度は－４等星で、昼間の空に肉眼で17日間も見えたといわれています。

秋の天の川の中にひたるカシオペヤ座のW字付近では新星の出現があるかもしれず要注意領域といえましょう。

ケフェウス座

Cepheus (Cep)　ケフェウス座：Cepheus

概略位置：赤経22ʰ00ᵐ　赤緯＋70°
20時南中：10月17日 高度：(北) 55度
面積：588平方度
肉眼星数：148個
設定者：プトレマイオス

●北の空の淡いとんがり屋根の五角形

秋の宵の北の空を見上げると、夏のはくちょう座から続く天の川は、そのままカシオペヤ座のW字形のひたる秋の天の川へとつらなっていますが、その途中、やや北よりのところに、５個の淡い星でつくる五角形が、北極星の方にとがった部分を向け、逆さまに立っているのが見えます。

この五角形は、子どもがよく描くとんがり屋根の家に似た形といったイメージの星のならびで、これが古代エチオピア王国——といっても現代のエチオピアとは関係がありません——の国王ケフェウスの姿をあらわしたケフェウス座です。

ケフェウス座は北極星の近くにあるため、とくに秋の星座とかぎらず一年中いつでも見ることのできるものですが、見ごろは、宵のころ北の空高くかかる秋のころなので、やはり秋の星座として見るのがよいといえます。それに、すぐ隣りのカシオペヤ座とともに秋の星座神話劇の最初の登場人物でもあり、この点からも秋の星座としてまず目を向けなくてはならないものでもあります。

▲星座絵にあるケフェウス座の姿

●ケフェウス座δ（デルタ）星の変光

たしかにケフェウス座は、86ページにもあるように、秋の夜空を彩る一大ロマンの登場人物の一人ですが、物語の中では大した役割を果たしているわけでもありません。しかし、現代の天文学では、宇宙のはるか遠方の距離を測る“ものさし役”として重要な役割を果たしている「ケフェウス座δ星型変光星」の代表とされるδ星の存在が光っています。

明るさを変える変光星は大まかに分けて、規則正しく変光するものと、不規則に変光をくり返すものとに分けることができますが、このケフェウス座δ星は、星自

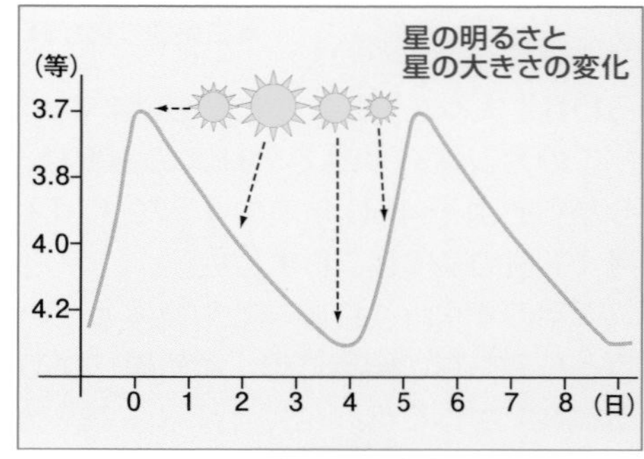

▲ケフェウス座δ星の変光のようす

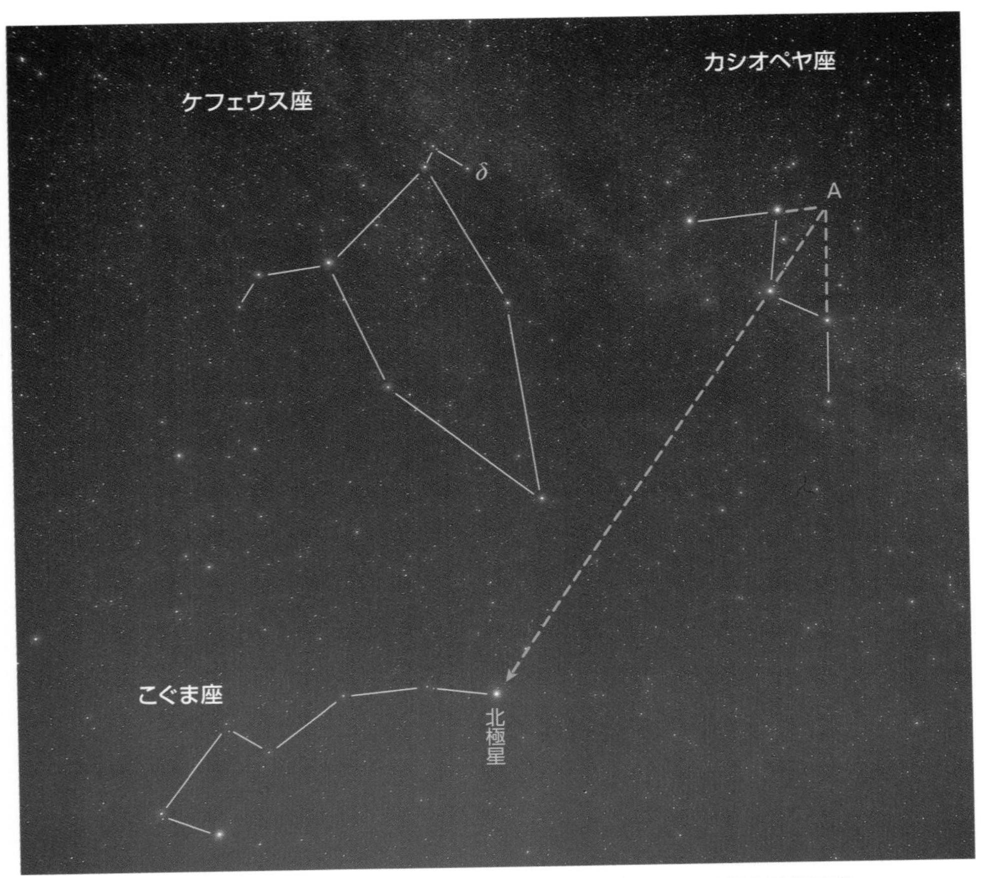

▲ケフェウス座とカシオペヤ座　古代エチオピア王家の国王と王妃の星座です。

身が脈を打つように大きくふくらんだり、小さく縮んだりしながら、5.366日の周期で3.48等から4.37等まで規則正しく変光をくり返している規則変光星です。

興味深いことに、ケフェウス座δ星と同じタイプの変光星は、変光周期が同じなら、ほんとうの明るさもみな同じという性質があり、これを利用すれば、その変光星までの距離を知ることができるようになるのです。つまり、変光の周期がわかると、その変光星のほんとうの明るさはただちに導きだせ、実際に観測した変光星の見かけの明るさとくらべてみれば、その変光星がどれくらい離れたところにあるのか、正確な距離がたちまち割りだせるというわけです。

こうしてアンドロメダ座大銀河M 31の中に含まれるケフェウス座δ星型の変光星などの変光ぶりを観測することによって、それが銀河系のはるか外側遠くにあることなどが明らかになったのです。つまり、ケフェウス座δ星型変光星は、明滅する宇宙の灯台の光信号というわけなのです。

アンドロメダ座

Andromeda (And) アンドロメダ座：Andromeda

概略位置：赤経$00^{h}40^{m}$　赤緯＋38°
20時南中：11月27日　高度：90度
面積：722平方度
肉眼星数：149個
設定者：プトレマイオス

●秋の星座絵巻の主人公

他の季節なら、それぞれの星座について神話が一つ二つあるというのがふつうです。ところが秋の星座にかぎっては、たった一つの物語に登場する人物や動物たちに星空の大半を占められ、星座絵巻がくりひろげられているのです。

ですから、秋の星座を見あげるときには、古代エチオピア王家にまつわる神話の展開順にたどれば、星座めぐりがより魅力的になるというわけです。

その順序は、まず北極星に近いケフェウス座とW字形のカシオペヤ座、頭上の天馬ペガススの大四辺形と頭を接するアンドロメダ座、その足下に近い秋の天の川に横たわる勇士ペルセウス座、そしてずっと南の空に目を転じてくじら座を見るというふうになります。しかし、その多彩な登場人物たちの中でのハイライトは、なんといっても物語のヒロイン、アンドロメダ座でしょう。

秋の宵、頭上にかかるペガススの大四辺形の左上隅の星から北東に向かって開く２列の星のつらなりがＶ字形を横に寝かせたような形にならぶのが、古代エチオピア王国の王妃カシオペヤの虚栄心の犠牲となって、海の海獣ティアマトの生贄に捧げれたアンドロメダ姫が、海岸の岩に鎖でつながれた姿をあらわしたアンドロメダ座です。

▲アンドロメダ姫の救出（チェリーニ作）

●カシオペヤの高慢

アンドロメダ姫は、古代エチオピア王家のケフェウス王とその妃カシオペヤ王妃との間に生まれた美しい王女でした。母親のカシオペヤは、娘アンドロメダのなみはずれた美しさはもちろん、自分自身の美しさも自慢でならず、ことあるごとに「私の娘ほど美しい姫がどこの国におりましょうや」などといいふらし、あげく「海のニンフ（妖精）ネレイドの50人姉妹たちだとて、私の娘の美しさの足下にもおよびますまい……」と口をすべらしてしまいました。

ネレイドというのは、海の神ポセイドンの孫娘たちで、50人もいて、海底の宮殿で踊り暮らしている海のニンフたちのことです。

なにしろ、このニンフたち

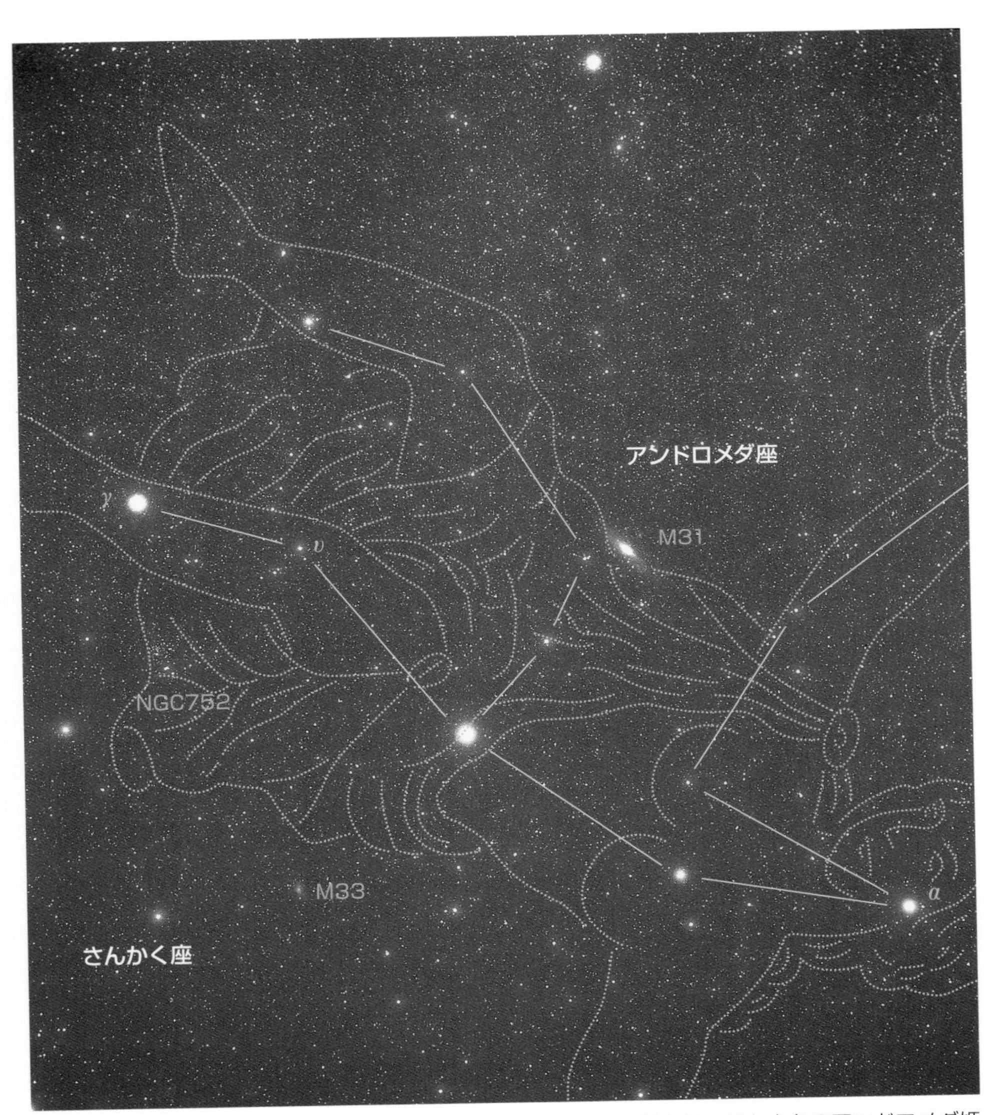

▲アンドロメダ座　アンドロメダ姫の姿は、ペガススの大四辺形のうちの左上角のアンドロメダ姫の額に輝く星から北東に横に寝かせたV字形に開く星のならびで描きだされます。この額に輝くα星の名は「アルフェラッツ」で、その意味はなんと“馬のへそ”というものです。美しい姫の額に輝く星としては、なんともつや消しな名ですが、これはもともとこの星がペガスス座のものであったことを示しているものです。また、中国では、うお座からアンドロメダ座にかけ、小さな星をつらねて奎宿（けいしゅく）、つまり豚座としました。アンドロメダ姫の腰のあたりにぼんやり肉眼でも細長く見えるアンドロメダ座大銀河M 31 の光芒を豚の鼻に見れば、真上から見たまるまる太った豚のりんかくのように見えなくもありません。小望遠鏡での見ものとしては、γ（ガンマ）星アルマクがあります。オレンジ色の 2.3 等星と青緑色の 4.8 等星の 2 つが 9″.7 離れてならぶ美しい二重星のペアです。なお、υ（ウプシロン）星には惑星が 3 個以上まわっていることが明らかになっています。

▲アンドロメダの救出　ペルセウス王子の大活躍のようすが絵巻ふうに描かれています。

も自分たちほどの美女ぞろいはこの世にいないと思いこんでいましたから、カシオペヤ王妃の高慢な自慢話を耳にすると、がまんならず、おじいさんのポセイドンにいいつけてしまいました。

かわいい孫娘たちの悪口をいわれ、年甲斐もなく腹を立てたのがポセイドンです。

「カシオペヤの不埒（ふらち）者め、よーし、い

（ピエロ・ディ・コジモ画）

まにみておれ……」

●海獣ティアマトの出没

それからというもの、ポセイドンはエチオピアの海岸にお化けくじらティアマトを送って、いろいろないやがらせをはじめました。くじらといってもなみのくじらではありません。恐ろしいカギ爪（づめ）の

フェウスが神におうかがいをたてると、それは王妃カシオペヤの娘自慢の高言を耳にして怒った海神ポセイドンのしわざで、それをなだめるには「王女アンドロメダを怪物くじらティアマトの生贄(いけにえ)に捧げるしかない」とのお告げです。

▲アンドロメダ姫の救出

●海岸につながれた姫

この神のお告げが人々の間にもれてしまったから大変です。人々は王宮に押し寄せると、アンドロメダ姫を海岸にひきずっていき、その両手に鎖(くさり)をかけ、海岸の大岩につなぐと、そのままいちもくさんに逃げだしていってしまいました。

アンドロメダ姫が生きた心地もなくぐったりしていると、やがて海面が荒々しく波立ちはじめ、波間から真っ赤な口を開けた見るも恐ろしげなお化けくじらが姿をあらわし、白い泡をはきかけながら近づいてきました。くじらといってもそれは名ばかりで、両手がはえ、その指先にはカギ爪がついているというのですからたまりません。

王女はあまりの恐ろしさに思わず叫び声をあげ、目をつむりました。……と、そのときのことです。馬のいななきとともに羽音高く天空から舞いおり、この化け物くじらに立ち向かった勇敢な若者がいました。

はえた手が２本あり、鋭い歯のはえた口から海水を吸ったりはいたりするだけで大津波が起こるという化け物くじらのティアマトです。

それからというもの、エチオピアの国では、にわかに大津波が押し寄せて人家を押し流したり、お化けくじらに子どもたちがさらわれたり、牛や馬が海にひきずりこまれたり、恐ろしい出来事が続き人々を悩ませるようになりました。

「これはいったいどうしたことだ……」原因もわからぬままに心配した国王ケ

それは髪の毛がすべて蛇という女怪メドゥサを退治し、その血が岩にしみたところから躍り出た翼のはえた天馬ペガススにうちまたがり、メドゥサの生首を皮袋に入れ、故郷へ持ち帰る途中のペルセウス王子でした。

ペルセウスは、アンドロメダ姫の叫び声で下界の恐ろしい出来事を目にして、雲を蹴散らし駆け下りてきたのです。

●石くじらとなり果てて

化け物くじらも、その気配を察し、ペルセウスの姿が海面に映ったと見るやふりかえりざまに大きな口を開けてペルセウスをひとのみにしようと身構えました。

このとき、ペルセウスはすばやくメドゥサの首を皮袋から取りだすと、化け物くじらの目の前に突きつけました。なにしろ、その顔を見たものは恐ろしさのあまり、たちまち石になってしまうというメドゥサの首ですからたまりません。

「ギャッ」と異様な叫び声をあげると、化け物くじらは“石くじら”となりはて、そのままぶくぶくと海底深くしずんでいってしまいました。

アンドロメダ姫は、こうして無事救いだされました。ところが、その美しさにすっかり魅せられてしまったのがペルセウスです。うれし涙で出迎えるケフェウス王と妃のカシオペヤに願い出ていいました。

「アンドロメダ姫をぜひ私の花嫁に申し受けたいのですが……」

ケフェウス王もカシオペヤ王妃もそしてアンドロメダ姫も、命の恩人であるし、態度も凛々しい勇士ペルセウスをすっかり気に入り、異論のあろうはずもありません。この申し出を快く承知しました。

●結ばれた姫と王子

しかし、ややこしい問題が一つありました。じつは、アンドロメダ姫には、すでに王の弟でフィネウスという婚約者があったのです。

フィネウスは、アンドロメダ姫が海岸に鎖につながれたときは助けだす勇気もなかったくせに、いざアンドロメダ姫とペルセウス王子が結ばれることになるとくやしくてたまりません。部下をひきつれると、王宮での結婚の祝いの席になだれこみ、強引にアンドロメダ姫を奪いかえそうとしました。

けれども、ペルセウス王子は少しもあわてず、皮袋からメドゥサの首をわしづかみにすると高々とかかげました。

これにはさすがのフィネウス一党もたまらず、剣をふりあげたまま石と化してしまったのでした。

ペルセウス王子は、アンドロメダ姫をつれて母の待ちわびるセリフォス島へ帰りましたが、そこでの一騒動のことは94ページでお話してあります。

ペルセウスとアンドロメダ姫との間には、たくさんの子が生まれましたが、英雄ヘルクレスはその曾孫にあたります。

●アンドロメダ座大銀河M 31

月のないよく晴れた晩、アンドロメダ座の姿をたどってみると、アンドロメダ姫の腰のあたりに、なにやらぼうと青白く小さな雲の一片のような淡い光芒を見つけることができます。

これが秋の夜空のいちばんの見ものアンドロメダ座大銀河M 31の姿です。

▲アンドロメダ座大銀河 M31　私たちの銀河系からは 77 度も傾いた斜めの方向から見ているため、細長くのびた楕円形に見えますが、真上からは円形の美しい渦巻をもつ銀河として見えることでしょう。ちなみに、銀河系はこれとはちがう棒渦巻銀河のタイプらしいといわれます。

私たちからの距離230万光年、人類の先祖たちが人間への進化をはじめつつあるころ、この銀河を発した光を今目にしているのだと思えば、また格別の感慨(かんがい)もわいてくることでしょう。

肉眼では少々たよりない見え方かもしれませんが、双眼鏡を向けると、中心の明るい楕円形の姿がはっきりして、銀河系と同じような数千億個の星が渦巻いて群れる銀河らしいイメージがうかがえるようになってきます。しかもすぐそばにM32とM110という小さなお伴(とも)の楕円銀河さえ見えているのに気づくことでしょう。まさに人間が目にできるこの世の中で最大のスケールのものを見ているという痛快さが味わえることでしょう。

ところで、アンドロメダ座大銀河M31の大きさは20万光年もあります。つまり、直径10万光年の私たちの銀河系よりひとまわり大きく、銀河系の方向に秒速300キロメートルのスピードで現在接近中です。このままいけば、太陽が寿命を終える50億年後のころには、両者は衝突し合体して、より大きな楕円銀河に姿を変えることになるかもしれません。

▲アラビアの古星図にあるアンドロメダ座
矢印の先にあるのがM31です。

▲双眼鏡で見たM31のイメージ

秒速300キロメートルといえば、東京と大阪間を2秒もかからず通り抜けてしまう速さなので、たいへんなスピードと思われるかもしれません。しかしM31の直径は20万光年もあり、自分の直径ぶん光が移動するのでさえ20万年もかかるのですから、秒速300キロメートルのスピードなど宇宙では知れたものということになります。むろんそうはいっても、銀河系とM31の距離は230万光年で、銀河系を23個一列にならべるとM31にとどいてしまう近さですから、宇宙ではお互いそう遠く離れている距離でもありません。宇宙での交通事故ともいえる銀河どうしの衝突、合体という大事件もそんなに珍しいことではなく、銀河系とM31の衝突のシナリオの可能性もかなり高いものともいえるわけです。

ペルセウス座

Perseus (Per)　　ペルセウス座：Perseus

概略位置：赤経3ʰ20ᵐ　赤緯＋42°
20時南中：1月6日　高度：（北）83度
面積：615平方度
肉眼星数：158個
設定者：プトレマイオス

● 3 列の星のカーブ

古代エチオピア王家にまつわる星座神話の登場順にたどってみるというのが、秋の星座さがしの楽しみですが、その中で勇士ペルセウス王子の登場は、いちばん最後で、星空でもそのとおり、ペルセウス座は秋の終わりごろの宵の頭上高くかかります。

ペルセウス座は、ちょっと目にはその姿がたどりにくいように見えますが、ばくぜんと見ると星のならびが３つのカーブからなっているのがわかります。

大まかにいいあらわせば、“人”の字形になっているわけです。

一つのカーブは北側にはねたカーブ、まん中は足下にのびるカーブ、３つ目は変光星アルゴルにのびるカーブ、これら３つの曲線をつかまえられれば、退治した女怪メドゥサの首をわしづかみにし、長剣を振りかざす王子のイメージはすぐに浮かびあがってきます。

●ペルセウスの献上品

若者ペルセウスは、あるとき、島の王ポリデュクテスの酒宴の席に招かれました。貧しいペルセウスには、他の招待客のように王に献上するものが何一つありませんでした。あざけりの目がペルセウスに向けられたとき、ペルセウスは胸をはり、こういい放ちました。

「メドゥサの首を献上いたしましょう」

王は日ごろからペルセウスをこころよく思っていなかったので、調子にのったこの申し出に思わずニヤリとしました。

▲ボーデの古星図に描かれたペルセウス座

メドゥサというのはゴルゴンの三姉妹の一人で、髪の毛の一筋一筋がすべて生きた蛇で、その顔を見た者は、恐ろしさのあまり、たちまち石と化してしまうという怪物です。とても太刀打ちできる相手ではないと思えたからです。

ペルセウスは、アテナ女神に祈り、「楯（たて）をピカピカにみがき、メドゥサの顔をこれに映しながら首をはねよ」との教えを受けました。

途中、ヘスペリデスの園の金のリンゴを守っている三姉妹に会うと、彼女たちはよろこんで空を飛ぶことのできるサンダルと、首を入れる皮袋、かぶれば体が見えなくなるという“かくれかぶと”まで手渡してくれました。

●メドゥサの首

ゴルゴンの三姉妹たちは、海辺の岩に爪をひっかけたまま眠りこけていました。ペルセウスは楯に映る三姉妹の中からメドゥサを見つけだすと、用心深く足音を

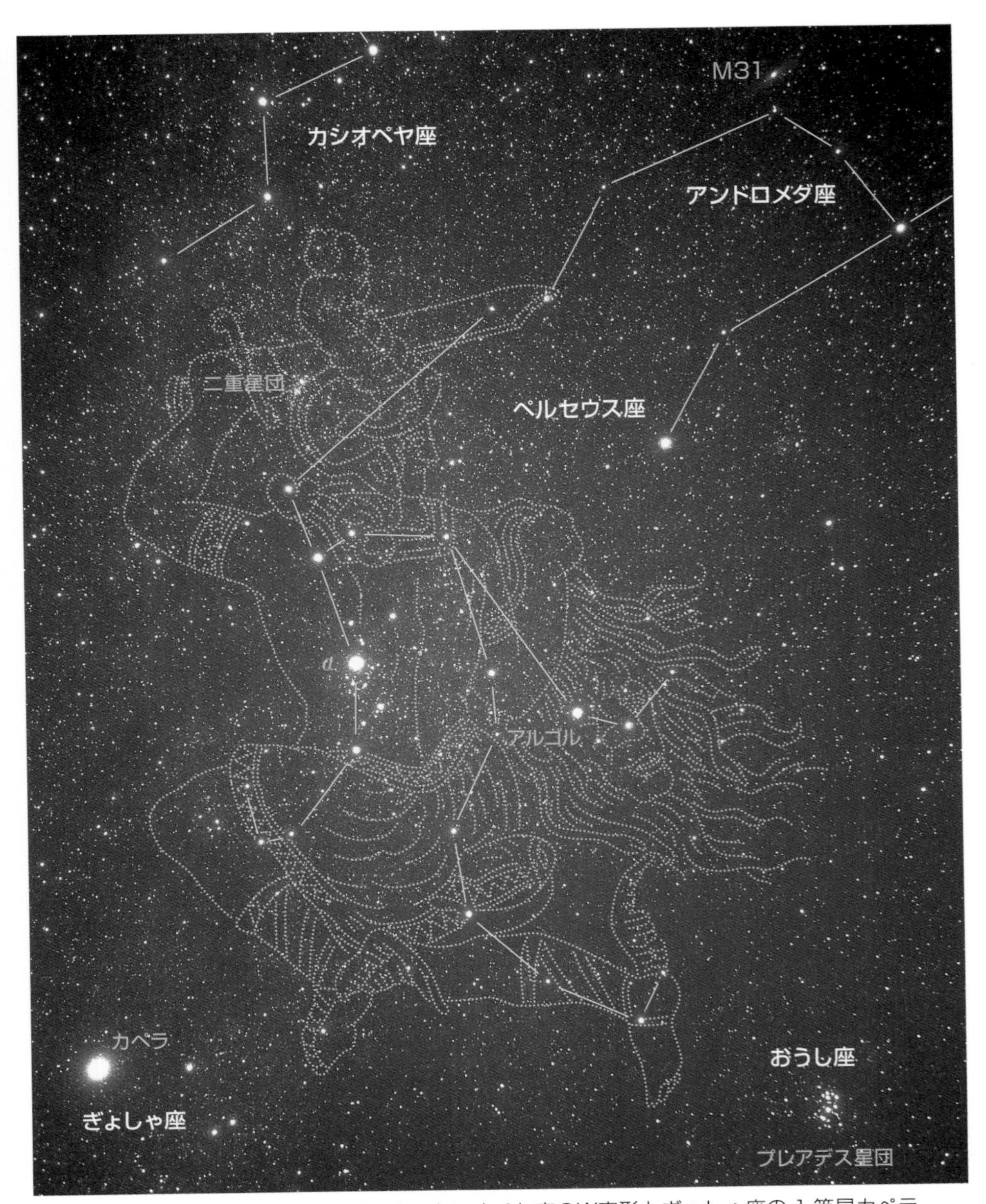

▲ペルセウス座　星座のひろがりは、カシオペヤ座のW字形とぎょしゃ座の１等星カペラ、おうし座のプレアデス星団の間ということで見当がつけられます。ペルセウス座の姿は大まかには“人”の字形にならんだ３列の星のカーブの重なりで描きだされますが、中国では、それぞれのカーブのようすを風をはらんだ船の帆と見たてて「天船」とか、舌を巻いた形と見て「巻舌」などとよんでいました。α星のあたりでごちゃごちゃ星がにぎやかなのは、550光年のところにある50個ばかりの若い星たちからなる散開星団だからです。

▲アンドロメダとペルセウス　ポンペイの壁画に描かれたもので、海岸の岩に鎖でつながれたアンドロメダ姫をお化けくじらから助けだしたペルセウス王子の姿です。ペルセウスはその手に退治したメドゥサの首をもっています。そして、左下隅には、その顔を目の前に突きつけられて石くじらになってしまったお化けくじらの姿があります。なお、メドゥサの額に輝くアルゴルは、「悪魔の星」のよび名にふさわしく、太陽の直径の 3.2 倍の青白い星と 3.7 倍の黄色の暗い星の 2 つが、約 1000 万キロメートルへだててまわりあうため、明るさが変化して見える食変光星です。

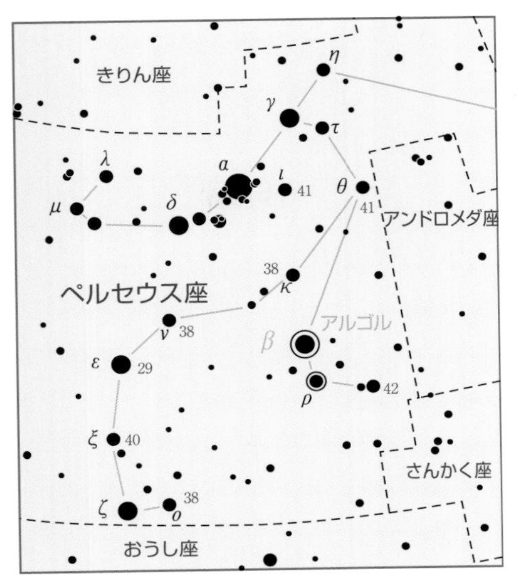

▲アルゴル観測用の変光星図　数字は星の光度で、29 は 2.9 等のことです。

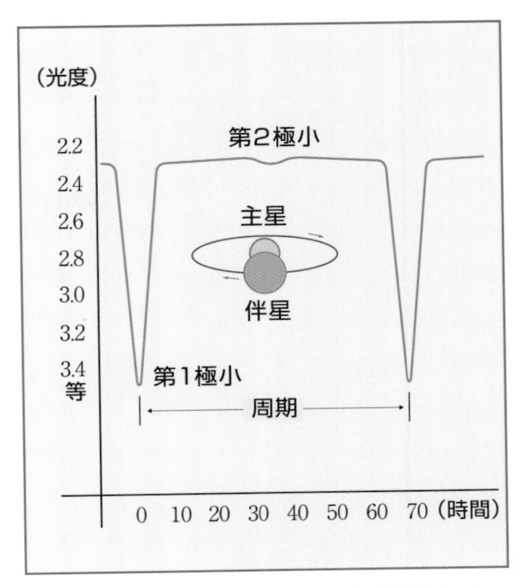

▲アルゴルの変光曲線　極小時間はわずか 15 分しか続きません。

しのばせ、近づいていきました。

すると、わずかな物音に気づいて髪の毛の蛇たちがいっせいに目を覚まし、鎌首（かまくび）をもたげました。もちろん、メドゥサ本人も気づいて、真っ赤な両眼をカッと見開きましたが、その瞬間、ペルセウスの剣がひらめき、メドゥサの首は胴を離れ、ころがり落ちました。

メドゥサの首が切り落とされたとき、その血が岩にかかると、中からヒヒーンと高くいないて、翼のはえた天馬（てんば）ペガススが飛び出してきました。

ペルセウスは、さっそく天馬にまたがり、空へ飛び立ちました。

残った二人のゴルゴンの姉妹は、目を覚ましたもののすべてあとの祭りです。おまけに、かくれかぶとをかぶったペルセウスの姿はどこにも見あたりません。ただ、歯ぎしりをしてくやしがるばかりです。

●悪魔の星アルゴル

星座絵には、メドゥサの首をつかみ、長剣を振りかざすペルセウスの姿が描かれていますが、メドゥサの額のところには変光星アルゴルが輝いて、まさにそのイメージにぴったりといえます。

アルゴルは「悪魔の頭」という意味の名ですが、そのアルゴルが 2 日と 20 時間 59 分の規則正しい周期で 2.1 等から 3.4 等まで明るさを変える変光星だと気づいたのは、天文学者モンタナリたちでした。しかし、ずっとそれ以前、ギリシアやアラビアでその変光が気づかれていて、その位置にふさわしい「ゴルゴンの頭」と名づけられていたのではないかとみる人たちもあります。

それはともかく、アルゴルが明るい星と暗い星の 2 つがめぐりあい、日食のように相手をかくしたり、かくされたり

▲ペルセウス座の二重星団　わずか 0.5 度の間隔でならぶ 2 つの散開星団で、星の数 200 個の NGC869 は 7170 光年、150 個の NGC884 は 7500 光年のところにあります。

して明るさを変える食変光星だと明らかにしたのは、耳も口も不自由なＪ・グッドリックというイギリスの天文青年で、1782 年のことでした。

●アンドロメダ姫の救出

さて、ペルセウス座の星座神話はまだ続きます。天馬ペガススにまたがった勇士ペルセウスは、王にメドゥサの首を献上すべく王宮への帰りを急ぎました。

その途中、ふと下界を見下ろすと、あわれ海岸の岩に鎖でつながれた美しいアンドロメダ姫が化け物くじらに襲われようとしているではありませんか。

ペルセウスは、とっさに空から舞いおりて化け物くじらにメドゥサの首を突きつけ、石くじらにしてしまうと海底深くしずめてしまいました。このあたりの詳しいお話は 86 ページにありますが、ペルセウスが救い出したこのアンドロメダ姫こそ、古代エチオピア王家の王女だったのです。ペルセウスは、ケフェウス王とカシオペヤ王妃に、アンドロメダ姫との結婚を許してもらうと、彼女と連れだって故郷の島へと向かいました。

●的中した予言

ペルセウスが王宮へ帰り着いてみると、母ダナエの姿が見あたらないばかりか、母を守ってくれているはずのディクテュスの姿もありません。じつは、二人とも島の王ポリデュクテスの乱暴を逃れるため、祭壇の奥に身をひそめていたのでした。

それを耳にして怒ったペルセウスは、足音も荒々しく王宮に乗りこむと、悪王ポリデュクテスをはじめ、そのとりまき

▲**散開星団M 34**　およそ60個の星の集まりで、双眼鏡でも見えます。距離1430光年のところにあります。

の臣下たちに言い放ちました。

「それ、お望みのメドゥサの首だっ」

ペルセウスが高々とかかげたメドゥサの首に思わず見入ってしまった彼らは、たまらずみなその場で石と化してしまったのでした。

その後、ペルセウスは、母ダナエと妻アンドロメダをともなって、祖父アクリシオス王に会いに故国アルゴスに戻ってきました。ところが、アクリシオス王は、かつて神のお告げで「孫に殺されるだろう」といわれ、ダナエ母子を箱に閉じこめ海へ流してしまった前歴をもっていましたので、これにはびっくり仰天（ぎょうてん）、テッサリアへ逃げだして行ってしまいました。

ところが後に競技会の円盤投げに参加したペルセウスの手元が狂い、秘かに見物中のアクリシオス王に当たるという大事件が起こり、神のお告げどおりになってしまったのでした。

ペルセウスは運命を深く悲しみ、祖父を手厚く葬ったといわれます。また、アンドロメダとの間には、たくさんの子をもうけましたが、豪勇ヘルクレスはペルセウスの曾孫（ひまご）にあたっています。

●美しい二重星団

ペルセウス座とカシオペヤ座の間の秋の天の川の中で、ペルセウスが振りかざした長剣の柄のあたりに、2つの散開星団がぴったり寄りそった「ペルセウス座の二重星団」があります。肉眼でもわかるところから、hとχ（カイ）と星の記号がつけられていますが、望遠鏡では、やや低倍率気味にしてみると、2つの星団が同じ視野内に見え、銀砂をまいたようなすばらしい光景を目にすることができます。

また、ペルセウス座の足下には、カリフォルニア星雲とよばれる赤い散光星雲があり、天体写真ファンの人気を集めています。しかし、肉眼では見ることができません。

▲**カリフォルニア星雲NGC1499**　視直径が145×10分角、つまり満月の3倍少々もある細長い散光星雲ですが、写真で写したときのみこんなにあざやかな形を見せてくれます。北アメリカのカリフォルニア州の形に似ているのでこの名があります。距離2300光年。

ペガスス座

Pegasus (Peg)　　ペガスス座：Winged Horse

概略位置：赤経22ʰ30ᵐ　赤緯＋17°
20時南中：10月25日　高度：72度
面積：1121平方度
肉眼星数：169個
設定者：プトレマイオス

●ペガススの大四辺形の利用法

秋の宵、頭上あたりに目を向けると、明るさのそろった４個の星が夜空を真四角に仕切るように大きな四辺形をつくっているのが目にとまります。

この四辺形が「ペガススの大四辺形」とか「秋の大四角形」などとよばれる秋の星座さがしのよい指標になってくれる星のならびです。

秋の夜空の星座や星々は暗くて淡いものが多いため、とくに街の中では見つけにくいものですが、このペガススの大四辺形の各辺をあちこちに延長すると、秋の星や星座の位置の見当がつけやすくなり、なにかと便利です。

たとえば、α星とγ星を結んだ線を底辺とする二等辺三角形を南側につくると、その頂点にうお座の２匹の魚のうち、西の魚が小さな円形にならんで形づくられているのを見つけられるといったぐあいです。その具体的な方法のいくつかは次ページの図のとおりですから、実際に

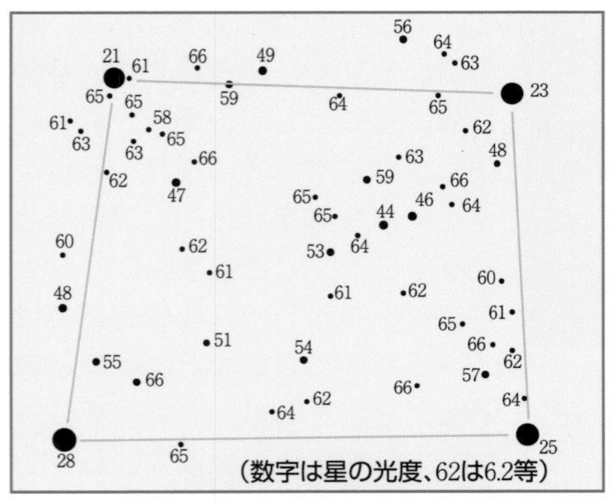

▲ペガススの大四辺形の中の星

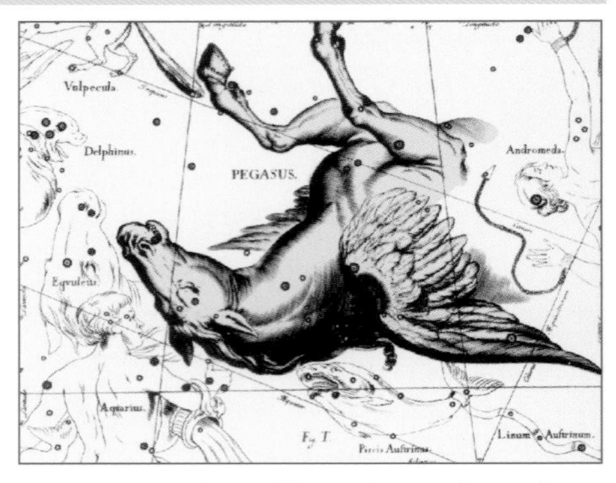

▲ヘベリウスの星図にあるペガスス座

やってごらんになると要領がよくわかり、ペガススの大四辺形の便利さが実感できることでしょう。

●大四辺形の中の星の数

ペガススの大四辺形は、秋の大四角形ともよばれるように、星の淡い秋の星座の中にあっては思いのほかよく目につき、日本でも「枡形星（ますがたぼし）」などとよぶ地方もありました。

ちょっと目には、その枡形の大きな四辺形の中には星がぜんぜんないように見えますが、あらためてよく見ると、あんがい淡い星が見えているのにも気づかされます。そこで目だめしに、その中の星の数を数えて見るというのも興味深いでしょう。まず、見える星をスケッチします。そして、左の星図と見くらべ、実在する星かどうかを確認するのがよいでしょう。

●天界に駆（か）けのぼった天馬（てんば）

ペガススの大四辺形は、翼のはえた天馬ペガススの胴体を形づくる部分ですが、

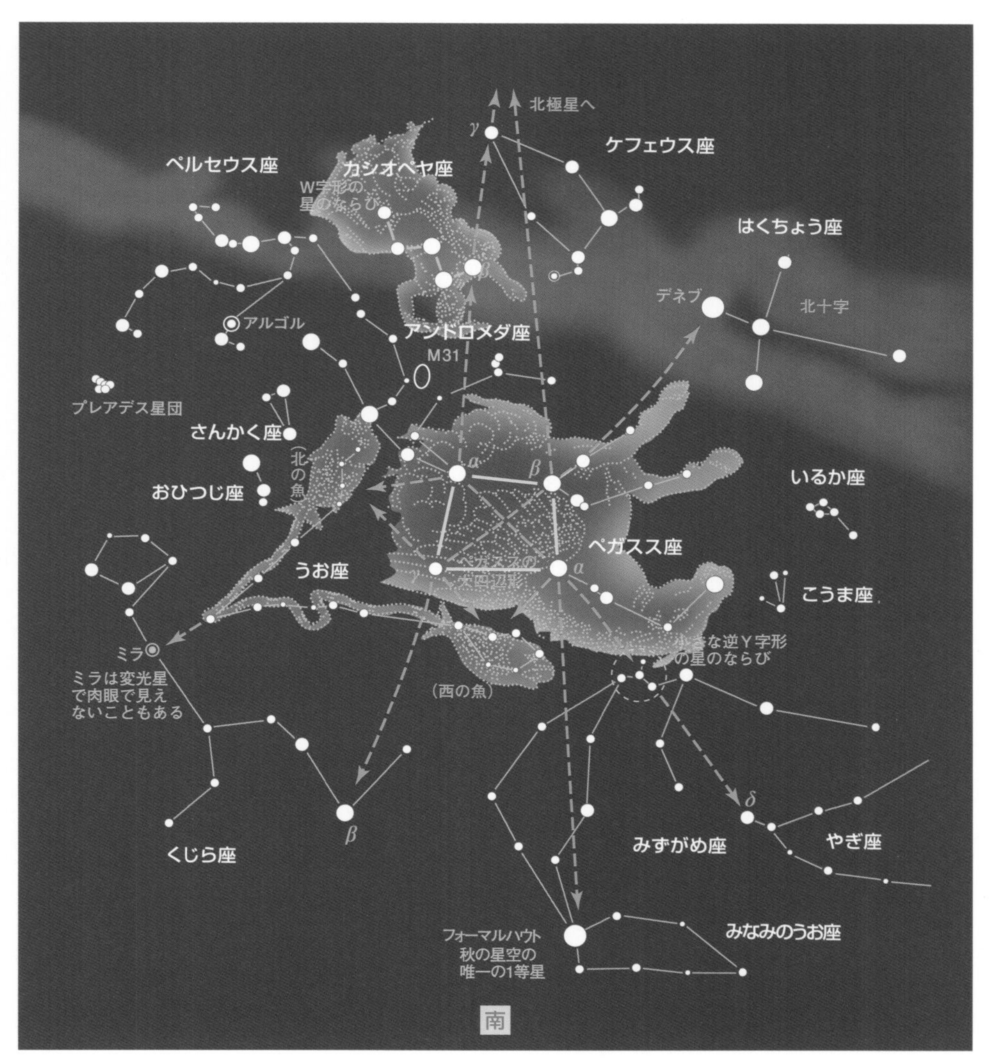

▲ペガススの大四辺形の利用のし方

この空を飛べる馬は、勇士ペルセウスが妖怪メドゥサを退治し、その首を切り落としたとき、ほとばしる血が岩にしみ、そこからヒヒーンといなないて飛びだしてきた天馬とされています。

雪のように白く、銀色の翼をもつペガススは、その美しい翼をひろげて自由に大空を飛ぶことができ、ペルセウス王子とともに、海岸の岩に鎖(くさり)でつながれたアンドロメダ姫をお化けくじらの危機から助けだすことになります。その神話は86 ページに詳しくお話してあります。

その後のペガススは、ベレロフォーンという勇敢な若者とともに、怪物キメー

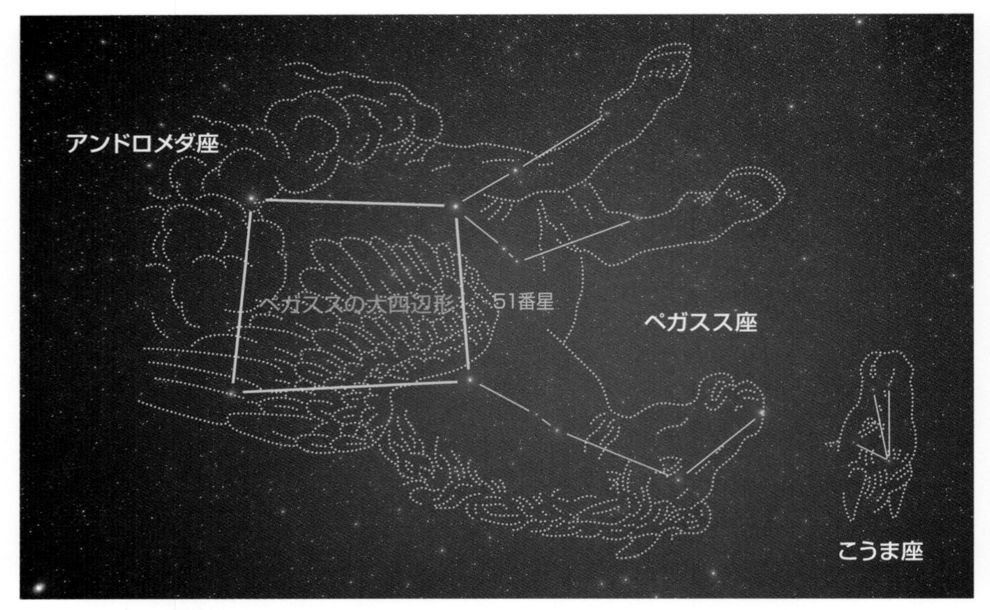

▲ペガスス座とこうま座　天馬ペガススの後ろ下半身は雲にかくれているとされています。こうま座は顔の部分だけが出ている小さな星座です。なお、ペガスス座の51番星には惑星がまわっていることが明らかになっています。

ラ退治に出かけていくことになりました。キメーラというのは、首がライオンで体が山羊（やぎ）、尾が蛇で、口から火を吹くという、とんでもない怪獣で、町や村のあちこちで大暴れをくり返していました。

ベレロフォーンは、アテナ女神の力をかり、ピレネーの泉に水を飲みにきた天馬ペガススをつかまえました。空から矢を射かければ、さすがのキメーラも退治できるにちがいないと考えたからです。

ねらいどおり、天馬ペガススにまたがったベレロフォーンに、天から矢を射かけられてはキメーラもたまりません。あっさり退治されてしまいました。

ところが、ベレロフォーンは、自らの武勇におごり、ペガススとともに天界まで駆（か）けあがろうとしました。驚いた大神ゼウスは、一匹のアブを放つとペガススの脇腹をチクリと刺させました。びっくりしたペガススは、ベレロフォーンを地上に振り落とすと、そのまま天に駆けのぼり、星座になったといわれます。

▲球状星団M15　ペガススの鼻先にあり、双眼鏡でもぼんやりした姿がわかります。

こうま座

Equuleus (Equ)　小馬座：Colt

概略位置：赤経21^{h}10^{m}　赤緯+6°
20時南中：10月5日　高度：61度
面積：72平方度
肉眼星数：15個
設定者：プトレマイオス

●あんがい目につきやすい小星座

古星図には、ペガスス座のすぐ鼻先にこれと重なるように、小さな馬の顔が描かれています。

ごく小さな淡い星で描きだされた星座ですが、天馬ペガススといるか座の間で見なれてしまえば、あんがい目につきやすいものといえます。

それだけに古くから知られていた星座で、プトレマイオスの48星座中にもちゃんと加えられています。

しかし、実際には、それよりずっと古く、ギリシアの天文学者ヒッパルコスによって設定されたものとも伝えられています。それも、かつてはいるか座の一部とされていたものを独立させたものらしいともいわれています。

●ペガススの弟馬？

この小さな馬の星座は、ペガススの弟馬にあたるケレリスの姿で、伝令神ヘルメスが乗馬の名人ふたご座のカストルに与えたものとされていますが、このほかにもその正体についてはいろいろいわれていてはっきりしません。

なにしろ、頭だけしかない星座ですから、星座名のほうもかつては「馬の一部」とか「馬の頭」、「第一の馬」などとさまざまによばれていたといわれます。

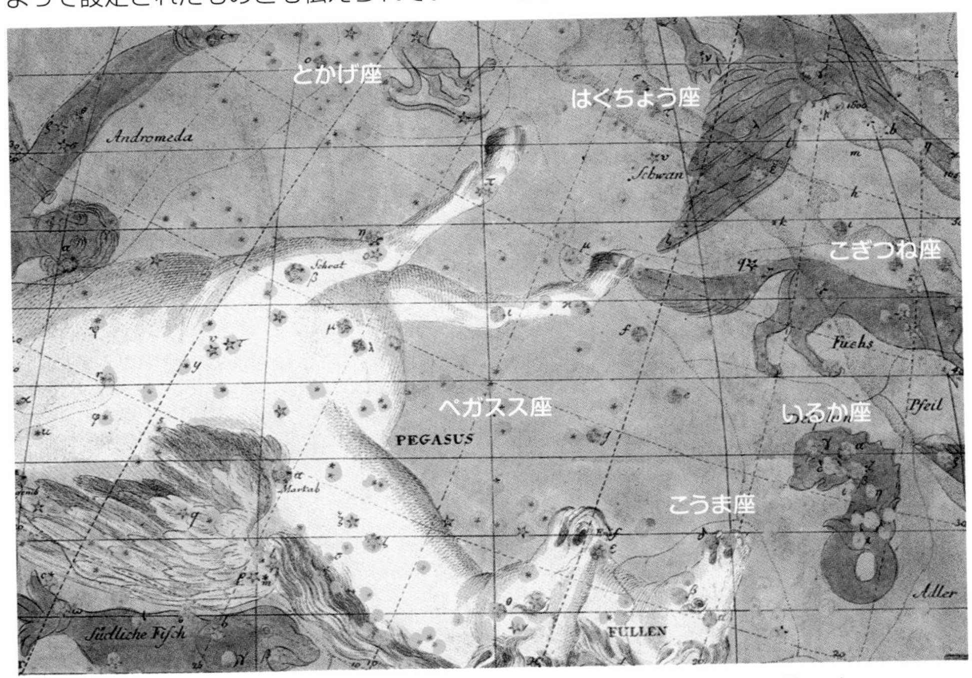

▲**ペガスス座とこうま座**　ボーデの古星図に描かれている２頭の馬の姿です。

くじら座

Cetus (Cet) 　**鯨座：Whale**

概略位置：赤経1^h45^m　赤緯−12°
20時南中：12月13日　高度：43度
面積：1231平方度
肉眼星数：178個
設定者：プトレマイオス

●巨体を横たえるお化けくじら

秋の夜長の楽しみは、なんといっても古代エチオピア王家に伝わる星座神話でしょう。その星座神話に登場する人物や動物たちが大絵巻を展開するように星空全体に描きだされているのですから、おみごととしかいいようがありませんが、物語の唯一の悪役として登場する、カギ爪(づめ)のはえた両手をもつお化けくじらのティアマトが、晩秋の真南の宵の空に大きな顔をして巨体を横たえているのはおもしろいところといえます。

くじら座は大きいわりに明るい星もなく、ちょっと目にはたどりにくいかもしれませんが、ていねいに星を結びつけてみると、海獣の姿のできのよさにあらためて感心させられることでしょう。

●万物の根元の水の精

くじら座のひろがりは東西で50度、南北で25度というもので、これは全天で4番目という大きなものです。

どの古星座絵を見ても、私たちがホエール・ウオッチングでその姿に接して親しみをおぼえる鯨(くじら)とは大ちがいで、両手のはえた、いささか人相（?）のよろしくない奇怪な鯨の姿に描かれているのがふつうです。

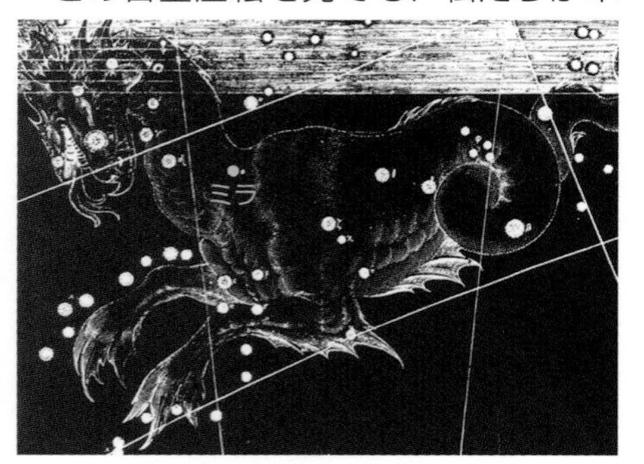

▲両手のはえたお化けくじら座

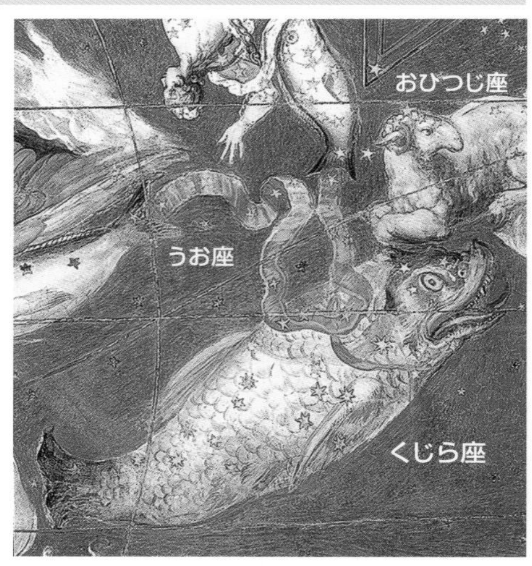

▲くじら座　巨大魚のように描かれています。

じつは、くじら座になっているのは、ユーフラテス川のあたりの創造神話に伝えられているティアマトという悪のかたまりのような怪物がモデルになったものと考えられています。しかし、それは後の話で、実際にはアッシリアなどで万物の根元とみられた水の精とされ、この世に最初にあらわれたものの一つとされています。

●心臓に輝く不思議なミラ

くじら座のハイライト的な天体は、なんといっても、その心臓のところに輝くミラです。およそ332日の周期で、2

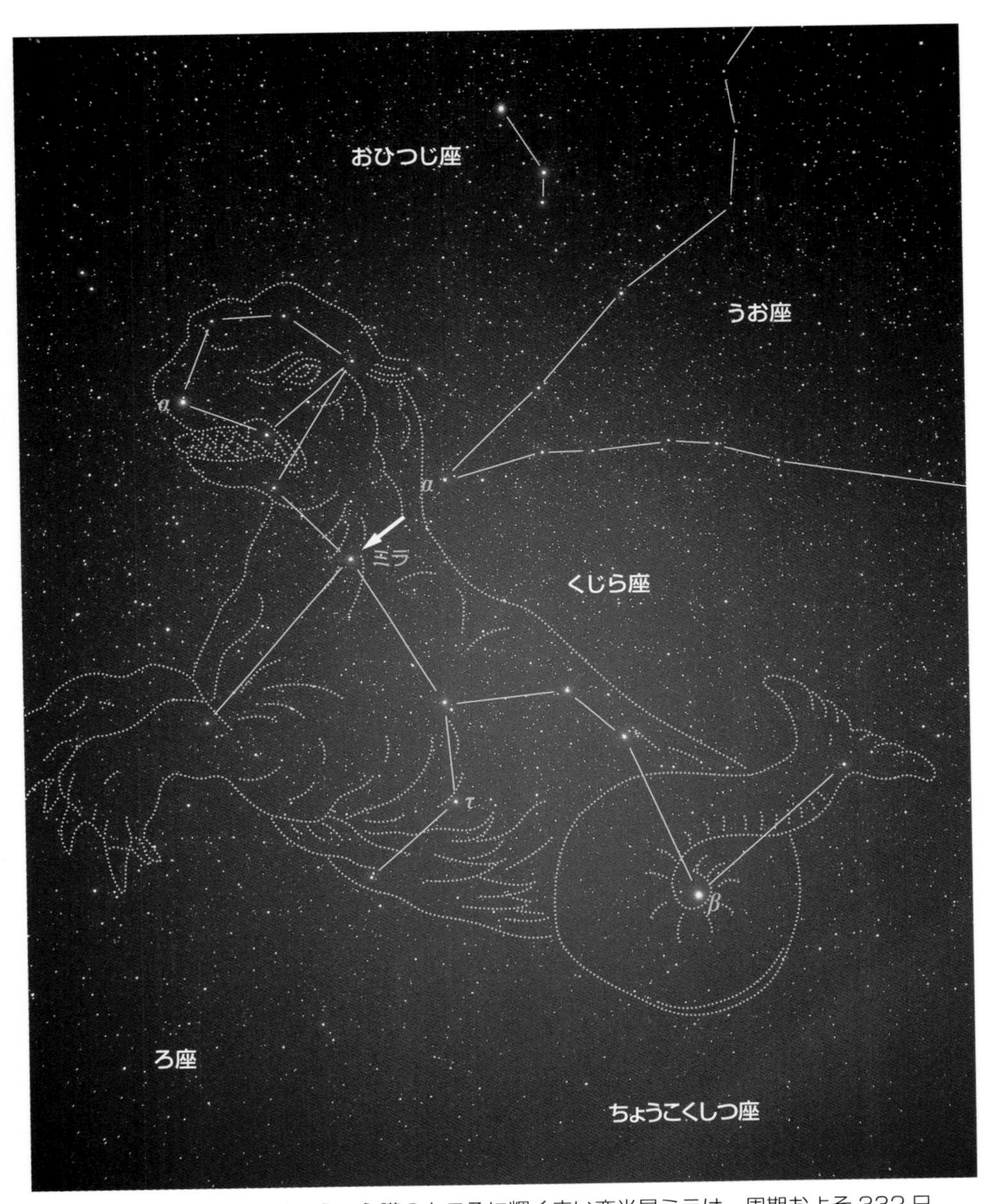

▲**くじら座**　お化けくじらの心臓のところに輝く赤い変光星ミラは、周期およそ 332 日なので、最も光度が明るくなる極大日は 1 年ごとにおよそ 1 か月ずつ早まっていくことになります。周期も明るさも極大ごとにばらつきがあり、これがミラの光度目測の観測をする人たちの魅力となっています。お化けくじらの胴体のところにある 3 等の τ 星は、11.9 光年の近さにある太陽とよく似た星で、かつて宇宙人さがしの“オズマ計画”の目標星の一つとなった星です。最近は惑星をもつ恒星も数多く見つけられ、宇宙人との交信の試みが大まじめにいろいろ検討され、実施されつつあります。

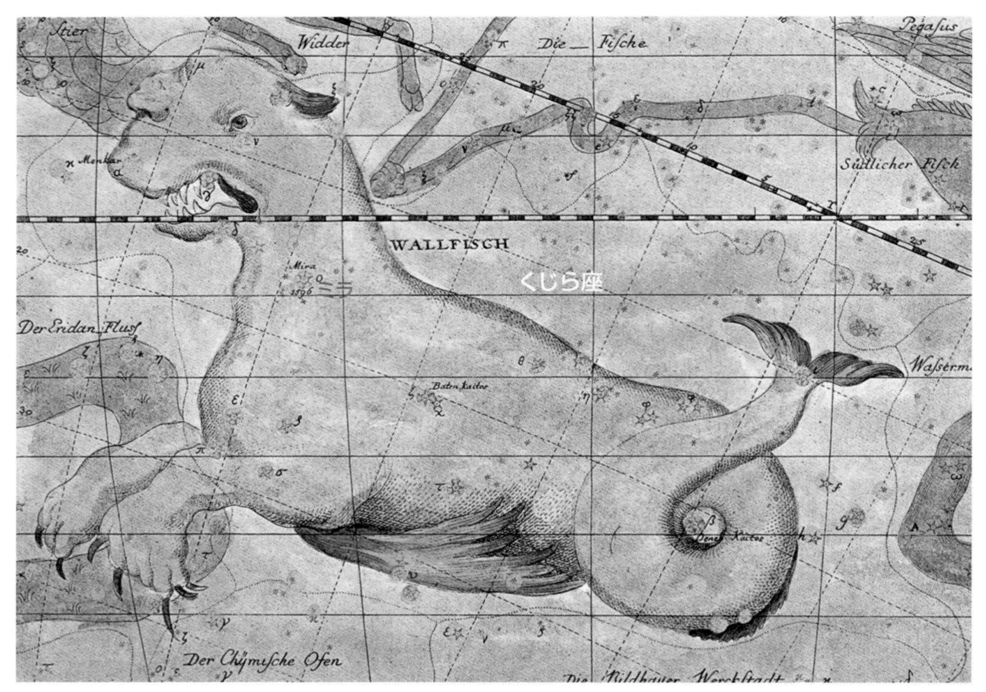

▲ボーデの古星図に描かれたくじら座

等星から10等星まで大きく明るさを変える長周期変光星で、あるときには肉眼ではっきり見えるのに、またあるときはそこにまったく姿が見えないという奇妙さで、まさにお化けくじらの心臓の位置に輝くにふさわしい星といえます。その

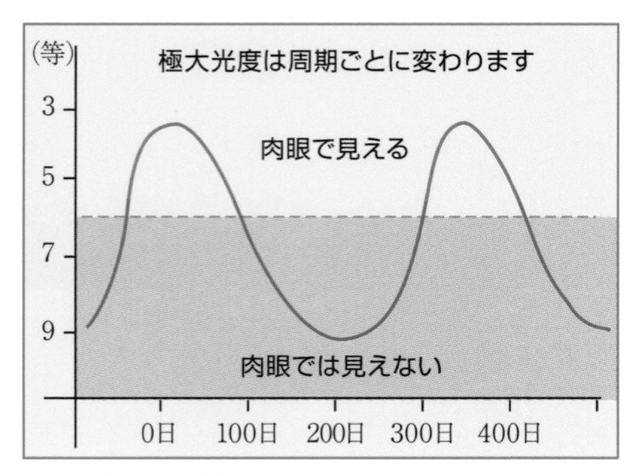

▲ミラの変光のようす 6等星より暗くなると、肉眼では見えなくなります。

名のミラというのも「不思議なもの」という意味でヘベリウスが名づけたものです。

ミラがこのように大きく変光する原因は、年老いて太陽の直径の570倍にも大きくふくらんだ赤色超巨星のミラ自身が、大きくなったり小さくなったり不安定に脈動することによるものです。もう一つ風変わりなのは、このミラのすぐそばには太陽と地球間の70倍ほどの距離をへだててめぐる白色矮星（はくしょくわいせい）の伴星がまわっていることです。このほうがミラより一足早く進化して死に、小さな白色矮星になりはててしまったとみられています。

●星占いで運命を予言

肉眼光度になるミラなので、中国や韓国では、その存在は早くから知られてい

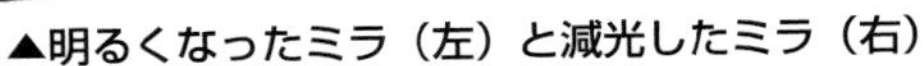

▲明るくなったミラ（左）と減光したミラ（右）

たと伝えられていますが、ミラが変光星第一号の存在としてはっきり認められたのは、今からおよそ400年前の1596年のことで、そんなに古いお話ではないのです。気づいたのはドイツの牧師ファブリチウスでした。

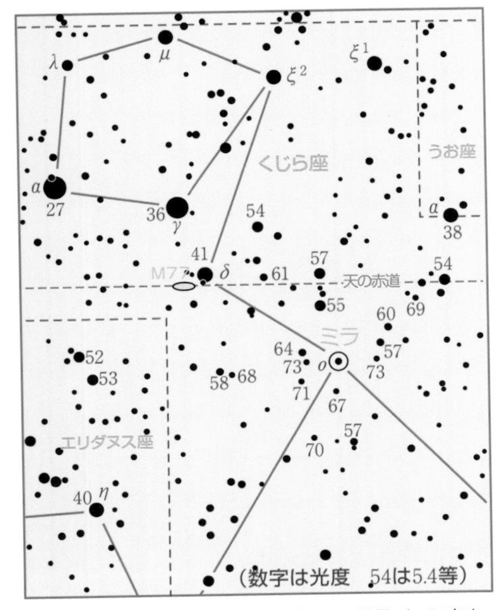

▲ミラ付近の星の光度　近くの明るさの変わらない星と比較しながら明るさを目測していくと、光度変化のようすがよくわかります。

彼は最初、1596年8月13日の明け方、木星を見ようとして見なれないミラの存在に気づきましたが、13年後の1609年2月に再び明るくなっているのを目にして驚いたといわれます。

ところが、ミラの発見者ファブリチウスは、占星術にこりにこっていて、自分の死ぬ日をいいあててしまったというおかしなエピソードをもつ人物なので、余談ながらそのお話もしておきましょう。

彼は自分の厄日を5月9日と星占いで信じ、その日がくると一日中家に閉じこもって外に出ないよう心がけていました。夜中、何ごともなく、一日が過ぎたとひと安心、ほっとして外に出たとたん、何者かにクワで一撃され、53歳の生涯を閉じてしまいました。

教会の説教で、自分や教区の農民たちのガチョウが次々に盗まれていることを説明、「次の日曜日、星占いでその犯人の名前を明らかにしてみせるつもりです……」といったため、待ち伏せしていたガチョウ泥棒の農夫に、クワの一撃のもとに殺されてしまったのでした。

やぎ座

Capricornus (Cap)　　山羊座：Goat

概略位置：赤経20^h50^m　赤緯−20°
20時南中：9月30日　高度：35度
面積：414平方度
肉眼星数：79個
設定者：プトレマイオス

●牧神パン

やぎ座の山羊(やぎ)は、ふつうの山羊と大ちがいで、頭はたしかに山羊ですが、尾の部分が魚になっているというなんとも奇妙な“魚山羊”の姿をしているものです。

この山羊は、もともとは森と羊と羊飼いの神パンの姿だとされています。

パンはいつも森や谷川に住むニンフたちを追いかけては遊び暮らしてばかりいるという、いたってのんきな遊び人のような神でした。

そのパンがあるとき、水のニンフのシュリンクスに恋心を抱き、彼女を追いかけまわしたことがありました。

シュリンクスが川の岸辺に追いつめられ、困りはてていると、川の神がシュリンクスを岸辺にそよぐ一本の葦(あし)に変えてしまいました。パンは、それがシュリンクスの葦とは知らず、その中の１本を折って笛をつくり、それからというものその葦笛を吹いて踊り遊んでいました。

●魚山羊に変身したパン

神々がナイル川の岸辺で、にぎやかな酒宴を開いたときもパンは大よろこびで

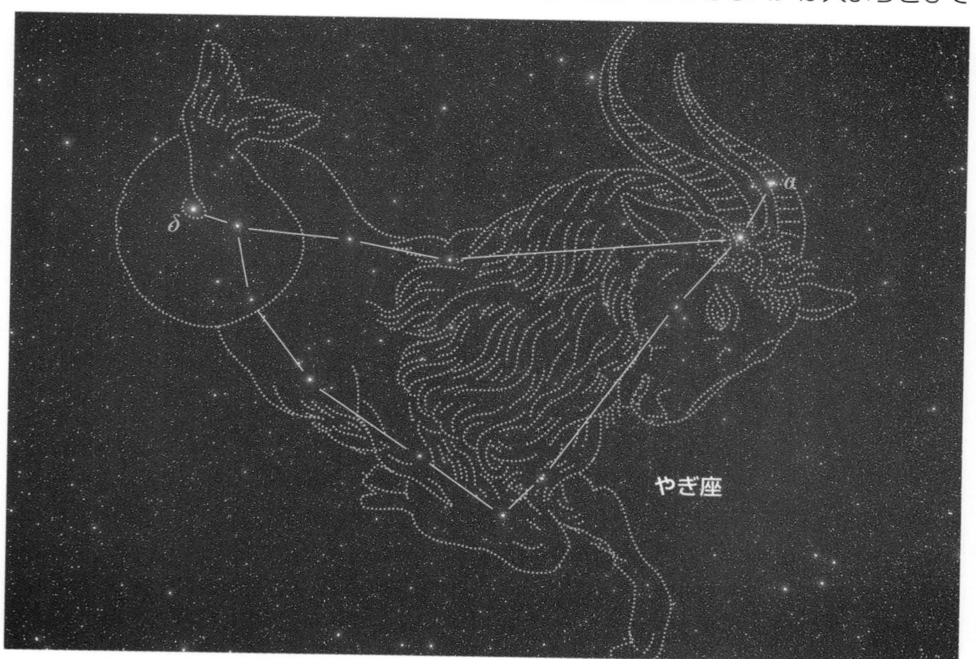

▲やぎ座　小さな星が逆三角形につらなるようすは意外によく目につきます。人の笑った唇のようなこの逆三角形は、ギリシア時代には人間が昇天するときの入り口とみられ、「神々の門」ともよばれていました。魚山羊のδ星の近くは、1846年フランスのルベリエとイギリスのアダムスが計算で予言した海王星が、ドイツのガルレによって発見された歴史的なところです。

出かけ、得意の葦笛を吹き、みんなをよろこばせませした。

ところが、その席へ突然大暴れして飛びこんできた者がいました。大神ゼウスさえもてあましたという怪物テュフォンです。

台風の語源ともなったこの怪物の出現に、酒宴の席の神々は大パニックとなり、逃げまどいました。

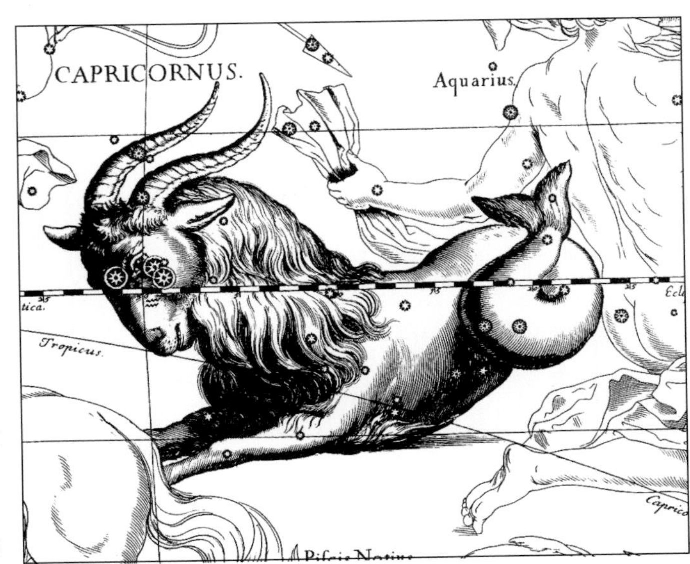

▲ヘベリウスの古星図に描かれたやぎ座 ヘベリウスの星座絵は彩色されていませんが、白黒の線が力強く描かれています。天球儀と同じように、星座絵は裏返しになっています。

驚いたパンも、大あわてで魚に変身するとザブンとばかりナイル川に飛びこみました。ところが、あまりにもあわてふためいていたため、水から出ていた頭は山羊のままで、水につかったしっぽだけが魚という、なんとも奇妙な姿となって逃げることになってしまったのでした。

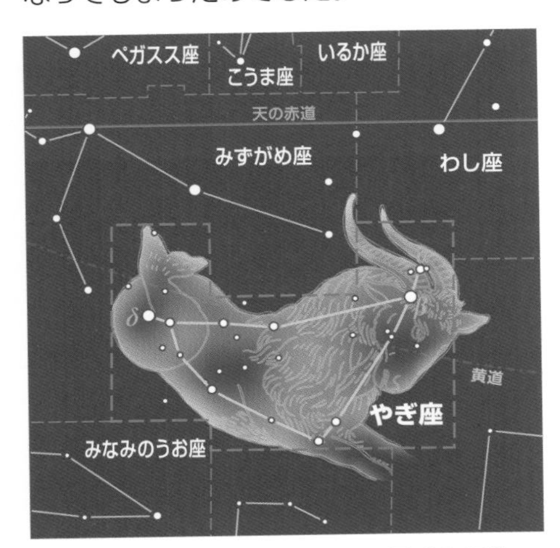

▲やぎ座 12月23日～1月20日生まれの人の誕生星座です。

大神ゼウスは、パンの大失敗の変身ぶりがおもしろいと、そのときの出来事の記念に、山羊の星座をここにかかげたといわれています。

星座のつくられた中近東のあたりでは、やぎ座付近に太陽がやってくると雨期になり、それでやぎ座付近には、うお座など、水にかかわりのあるものが多いのだといわれています。

●肉眼二重星の α 星のペア

2つの星がごく接近しているものを二重星とよんでいますが、やぎ座の頭にある α^1 星と α^2 星もそんなペアの一つです。といっても3.6等の α^2 星と4.2等の α^1 星の間隔は6.3分角、つまり、満月の直径の5分の1くらいも離れていますので、肉眼でも見分けられるほどです。

みずがめ座

Aquarius (Aqr) 水瓶座：Water Bearer

概略位置：赤経22ʰ20ᵐ 赤緯－13°
20時南中：10月22日 高度：42度
面積：980平方度
肉眼星数：165個
設定者：プトレマイオス

●淡く大きくひろがる星座

みずがめ座には目をひく星が一つもないので、秋の宵の南の中天に横たわる水瓶(みずがめ)をかつぐ美少年の姿を見つけだすのは少々やっかいかもしれません。

わずかに目をひく部分は、少年のかつぐ大きな水瓶のところに、小さな星４個でつくるＹの字を伏せたような“人”形で、これと秋の夜空の唯一の１等星フォーマルハウトの間にあるのがみずがめ座、ということくらいで納得(なっとく)するしかなさそうです。さらにそのことを補強する意味で、101 ページのペガススの大四辺形の対角線を利用し、逆さＹ字形の部分の位置をしっかりたしかめるというのがよいでしょう。

▲みずがめ座 １月 21 日から２月 20 日生まれの人の誕生星座です。

▲ワシにさらわれるガニメデス（コレッジオ画）

そんなわけで、街の中の夜空でみずがめ座の姿を見つけだすのは、「なかなかたいへんだ」と初めから覚悟して見てもらうのがよさそうです。

●美少年ガニメデス

ギリシア神話では、みずがめ座で大きな水瓶をもつ少年は、トロイアのイーダ山で羊を飼っていた美少年ガニメデスの姿と見ていました。

ガニメデスは、永遠の美と若さをあらわす金色に輝く身体をしているといわれるほどの美少年で、大神ゼウスはかねがねガニメデスの美しさと凛々(りり)しさが気に入り、目をつけていました。

ちょうどそんなおり、オリンポスの宮

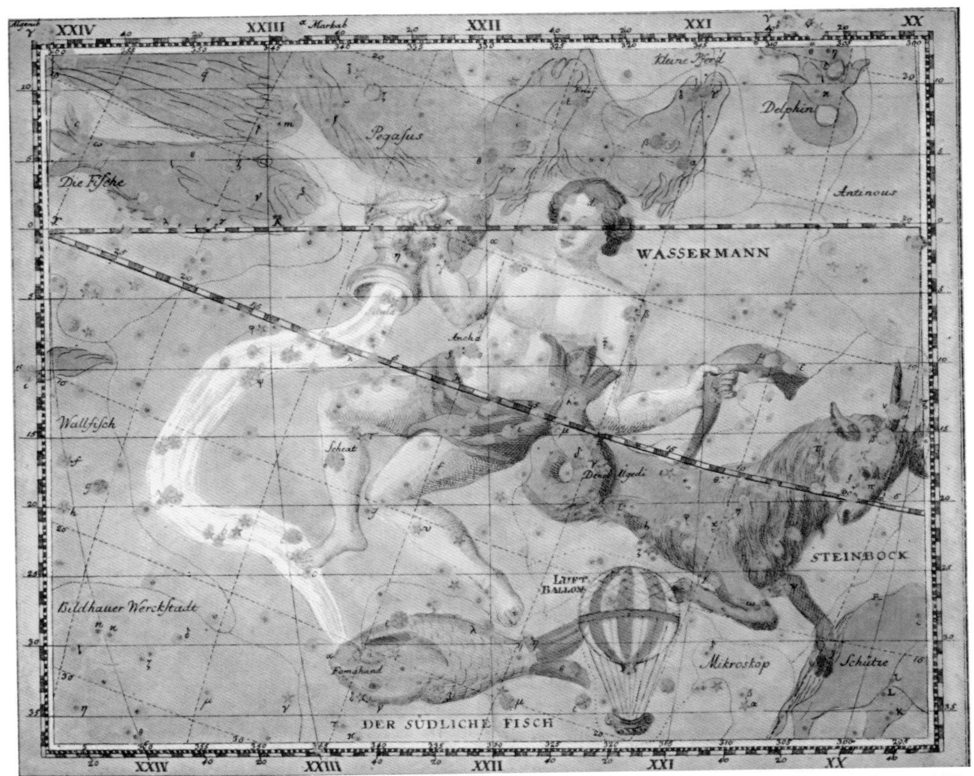

▲ボーデの古星図に描かれたみずがめ座とやぎ座 水瓶から流れる水の先にみなみのうお座の口があり、そこには秋の夜空に唯一の１等星フォーマルハウトが輝いています。みなみのうおの右隣には現在は失われてしまった「軽気球座」が描かれています。星図が描かれた当時、気球は最新の機器でした。

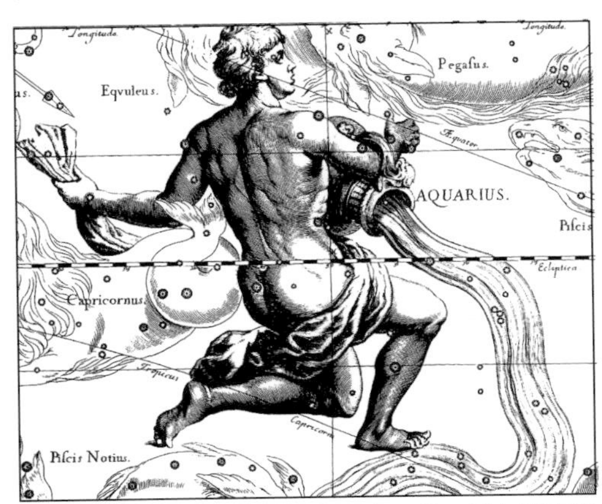

▲ヘベリウスのみずがめ座 上のボーデとは裏返しに描かれていますので、少年の背中の方が表現されていて、あわせて見るとおもしろいでしょう。

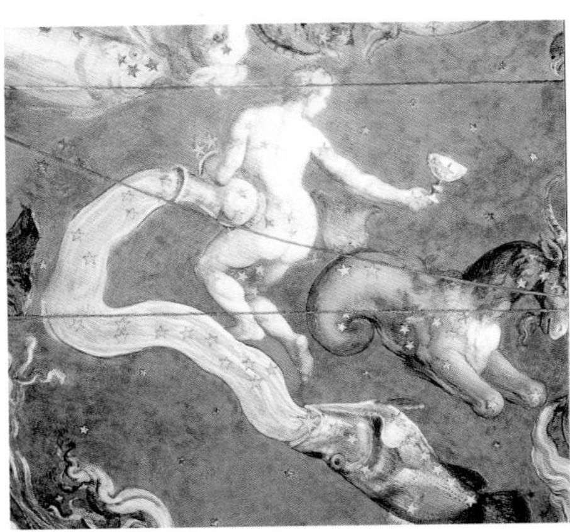

▲ファルネーゼ神殿天井画のみずがめ座 上の図や左の図とは少年の身体の向きがちがい、水瓶の裏側が表現されています。

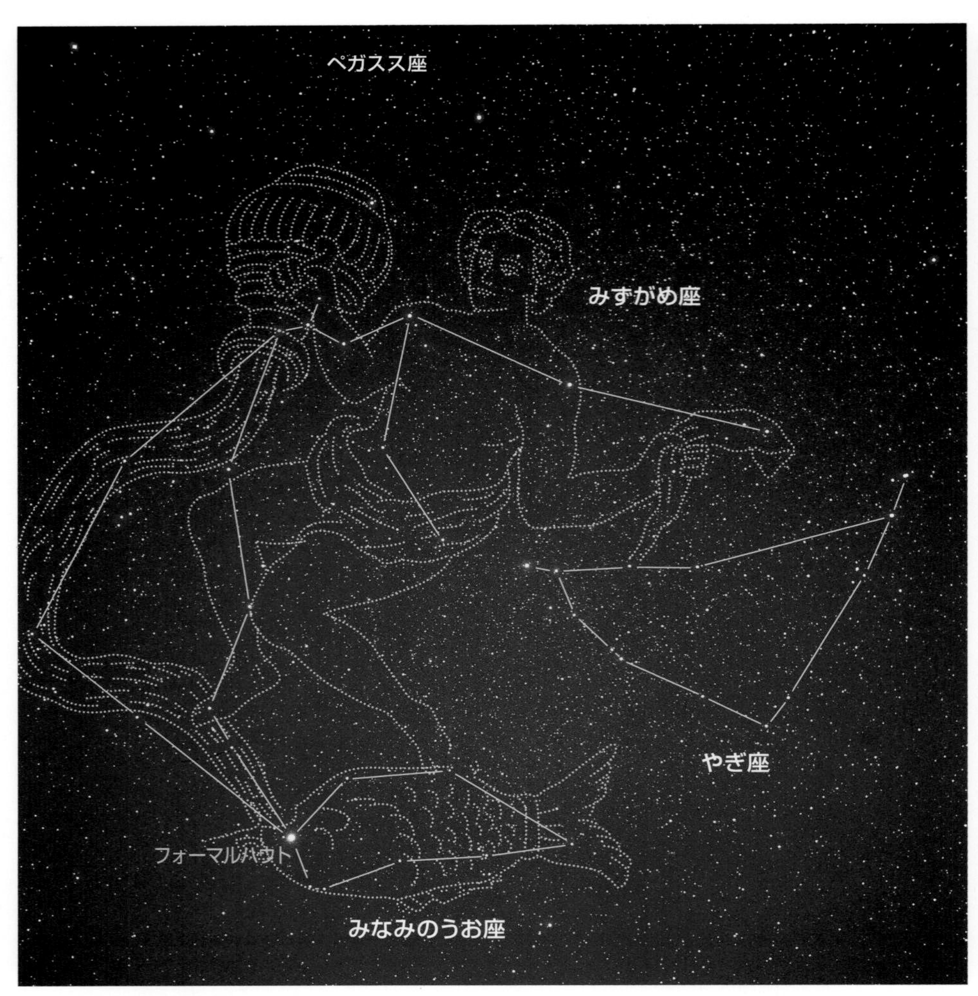

▲みずがめ座とみなみのうお座　大きな水瓶から流れだした水はみなみのうお座の口にそそいでいます。このため両者は一体の星座としてながめたほうがわかりやすいといえます。

殿での神々の酒宴の席で、酒のお酌(しゃく)をする役目をしていた、大神ゼウスとその妃(きさき)ヘラの娘ヘーベが、ヘルクレスと結婚するため、その役目からはずれることになりました。

そこで大神ゼウスは、大きな黒鷲(わし)に変身すると、かねてから目をつけていた美少年ガニメデスをさらってきて、酒宴の席で神々へのお酌をする役目をさせることにしたといわれています。みずがめ座のすぐ西隣りには、わし座があり、そのときの大神ゼウスが変身した黒鷲がわし座になっているともいわれています。古星図には、わし座の大鷲が美少年をさらってくるように描かれたものがありますが、これはふつうアンティノウスとい

▲みずがめ座の惑星状星雲 NGC7293　見かけの大きさが満月の半分ほどもあるリング状の惑星状星雲で、夜空の暗く澄んだ場所では、双眼鏡でも淡く見えます。中央の白い星から放出されたガスがゆっくりひろがっているところで、らせん状の構造に見えるところから「らせん星雲」のよび名もあります。距離 490 光年とごく近くにあります。

う少年の姿とされています。

しかし、なかにはガニメデス少年と重ね合わせてみる場合もあります。

●起源は水をくむ男

ガニメデス少年の姿がみずがめ座になったのは、すぐ西隣りのやぎ座と同じくギリシア時代になってからで、水瓶の起源と意味はもっと別のところにあるのだともいわれています。

みずがめ座の原名アクアリウスは、「水をもつ男」とか「水を運ぶ男」を意味する言葉で、この星座の原型がギリシアをはるかにさかのぼる以前につくられていたことがわかっているからです。

事実、バビロニアの彫刻には、肩に水瓶をかつぐ少年の姿があり、古代エジプトでは、水瓶男が水源に大きなカメを投げ込んで水をくもうとするため、水がどっとあふれ出し、ナイル川が氾濫するのだと信じられていたといいます。

●雨期に関係する星座たち

秋の星座を見わたしてみると、このみずがめ座をはじめ、みなみのうお座、うお座、くじら座、いるか座、半魚の姿のやぎ座など、水に関係する星座がずらりと出そろっていることに気がつきます。

これは星座の発祥の地の中近東あたりでは、太陽がこの付近を通りすぎていくころが、雨期にあたっていたからだろうといわれています。

みなみのうお座

Piscis Austrinus (PsA) **南魚座：Southern Fish**

概略位置：赤経22ʰ00ᵐ　赤緯−32°
20時南中：10月17日　高度：23度
面積：245平方度
肉眼星数：47個
設定者：プトレマイオス

●秋の宵の唯一の１等星

秋の夜空には、明るい星がほとんど見あたらず、一年を通じてもっともさびしい印象を受ける星空です。そんな秋の宵の南の空低く、一つだけポツンと輝く明るい星が目にとまります。秋の夜空では唯一の１等星フォーマルハウトです。といっても全天21個ある１等星の中でのランクは末席に近く、けっして明るい１等星というわけではありません。

秋の夜、がらんとした南の空にたった一つフォーマルハウトが光っているのを見ていると、妙にさみしげな印象を受けるもので、そんなようすから日本では「南のひとつ星」とよんでいた地方もあるくらいです。

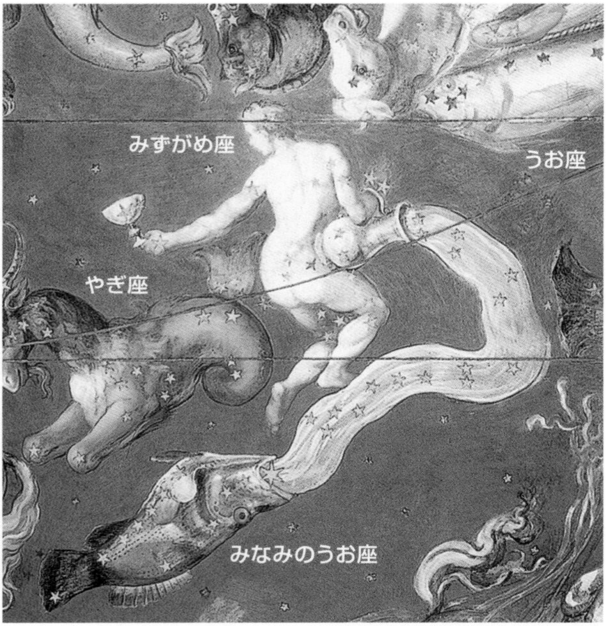

●中国では北洛師門（ほくらくしもん）

フォーマルハウトは、みなみのうお座の口のところに輝いている星です。

そこでアラビア語で魚の口を意味するフム・アル・フートから、こう名づけられたといわれます。

中国では、この星を、昔、長安の都にあった北門の名からとった「北洛師門」とよんでいたと伝えられています。秋の夜にさびしげに輝くこの星にふさわしい感じのするよい名前ですが、じつは、この北洛師門のことがはっきりしていないのです。古い記録に「長安城の北に出づる第二の門を洛城門と曰（い）う」とあるだけなのです。

●フォーマルハウトの正体

太陽から22光年のところにある比較的近距離の星で、表面温度は9300度と太陽より高く、白く輝いて見えます。直径は太陽の1.9倍ほどで、その周囲にチリの環がとりまいているのがわかっています。

秒速７キロメートルのゆっくりしたスピードでわれわれから遠ざかっていますが、２度も離れたところに、フォーマルハウトそっくりな動きをする6.5等星があって、もしかすると伴星なのかもしれません。

▲みなみのうお座　みずがめ座からこぼれ落ちる水を大きな口で呑みこんでいます。

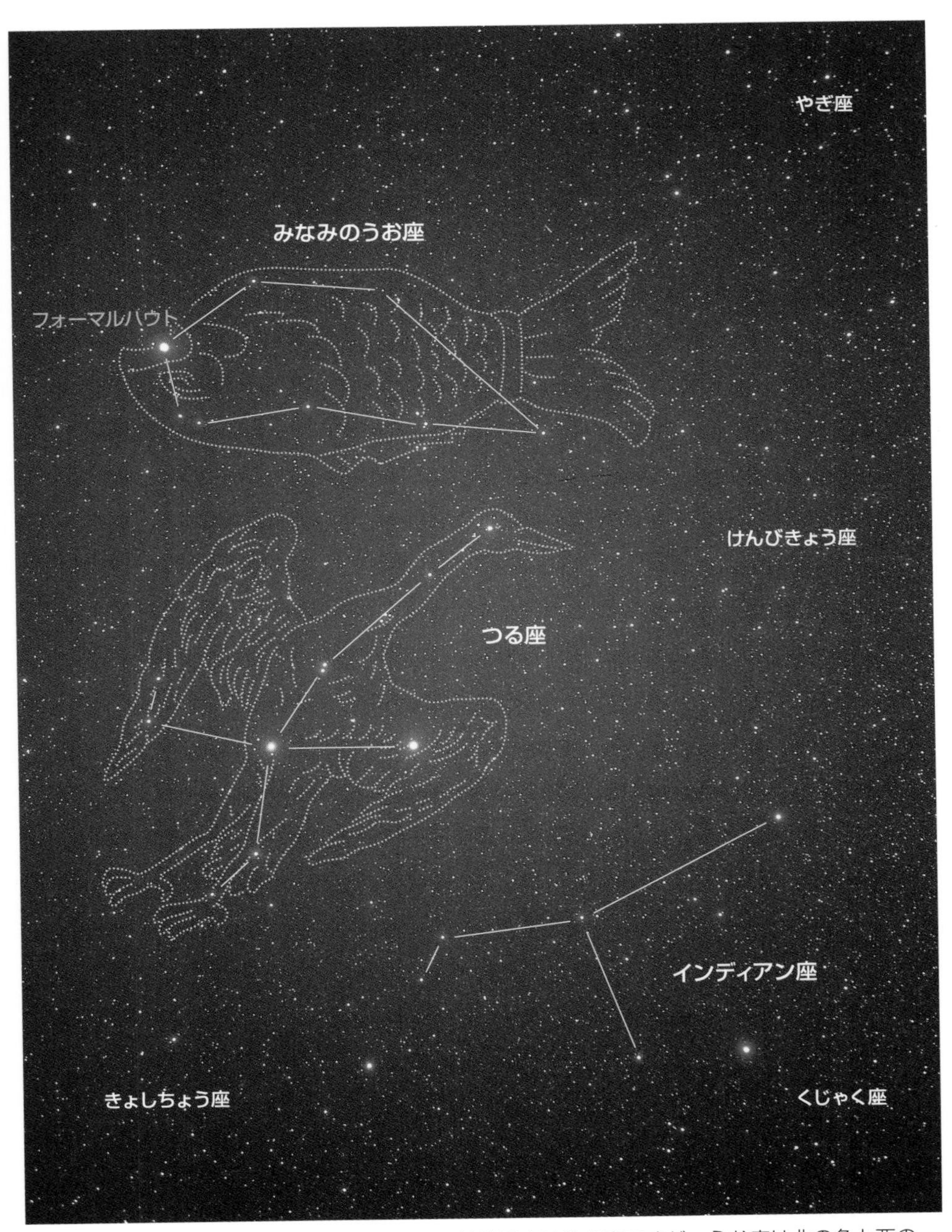

▲みなみのうお座付近　みずがめ座の次の黄道星座はうお座ですが、うお座は北の魚と西の魚の２匹がリボンのようなひもで結ばれた姿に描かれています。そこで、このみなみのうお座は、うお座の２匹の魚の親魚かもしれないとする説もあります。一方、怪物テュフォンに襲われた愛と美の女神アフロディテが、魚に変身して逃げたときの姿とする見方もあります。

さんかく座

Triangulum (Tri)　三角座：Triangle

概略位置：赤経2ʰ00ᵐ　赤緯＋32°
20時南中：12月17日　高度：82度
面積：132平方度
肉眼星数：26個
設定者：プトレマイオス

●頭上の小三角形

秋の宵の頭上高くかかるペガススの大四辺形から、北東にＶ字形に開いて星がつらなる星座がアンドロメダ座です。

そのアンドロメダ座の足下、すぐ南に接する小さな三角形の星座が、その名もズバリのさんかく座です。

３個の小さな星がやや細長めの二等辺三角形をつくるようすは、あまりに単純ではっきりしていて、むしろアンドロメダ座を見つけるより簡単だといえます。

▲さんかく座付近　アンドロメダ座のすぐ南に接するさんかく座は小さな三角形がよく目につき、わかりやすい星座です。そのまたすぐ南のおひつじ座の頭部も似たような星のならびです。

●ギリシア文字の大文字

さんかく座は、だれが見ても三角の形しか思い浮かばないものだったのでしょうか。ギリシア時代からすでにデルトトンとよばれていました。「デルタ座」という意味の名前で、ギリシア文字の大文字のデルタ「Δ」の形からきているものです。

こんなわけで、小さな星座のわりに歴史は古く、プトレマイオスの48星座の中にもちゃんと含まれていました。

ギリシア時代には、デルトトンのよび名のほかに、単に三角形を意味するトリゴノンというよび方もヒッパルコスの時代からあったといわれ、さんかく座の存在が古くから認められていたことがわかります。

また、中世以後のキリスト教では、この三角形の星のならびは、カトリック教会の司教がかぶる三角形の頭巾（ずきん）のようにも見られていて、キリスト教の星座絵などにもそんな姿として描かれています。

▲**双眼鏡で見たM 33のイメージ**　淡く濃淡のある光芒として見えます。

▲**渦巻銀河M 33のアップ**

●美しい渦巻銀河M 33

秋の夜長の見もののうち、なんといっても魅力的なものは、肉眼でもすぐに存在のわかるアンドロメダ座大銀河M 31でしょう。

このさんかく座には、そのM 31に次いで秋の見ものといわれる美しい渦巻銀河M 33があります。M 31の4等級に対し、このほうは6等級ですから、肉眼で見えるかどうかといったところですが、夜空のきれいな場所なら、淡い姿をなんとか見つけだすことができます。

双眼鏡なら、淡くぼんやりひろがった光芒（こうぼう）はすぐ見つけだせますので、双眼鏡で位置の見当をつけておいてから、肉眼で注目して見るというのもよいでしょう。

双眼鏡や小望遠鏡では、星雲状の光芒の中にムラが見え、渦巻の腕を思わせるような印象がうかがえます。その腕にそって点々と赤い散光星雲があることは、写真に写してみるとはっきりしてきます。

うお座

Pisces (Psc)　　魚座：Fishes

概略範囲：赤経00^h20^m　赤緯＋10°
20時南中：11月22日　高度：65度
面積：889平方度
肉眼星数：134個
設定者：プトレマイオス

●淡い星のつらなり

秋の宵の頭上高くペガススの大四辺形が見えています。その大きな四角形の左下角にくい込むように、小さな星を点々とつらねたうお座の姿があります。

その全景はV字形を横に寝かせたような形というか“く”の字を強く押しつぶしたというか、そんな形に星がならんでいるように見えます。

なにしろ、星つぶが淡い星座なので、都会の夜空でその姿をたしかめるのはむずかしいかもしれません。しかし、夜空が暗く澄んだ場所でなら小さな星もわかりますので、ばくぜんと目を向けただけでも点々と星のつらなるうお座の姿はすぐとらえることができるでしょう。つまり、淡いわりに形はよく整った星座で、うお座全体の見つけ方は、北の魚と西の魚の２匹の魚をリボンのようなひもで結びつければよいというわけです。

▲うお座　２月21日から３月20日生まれの人の誕生星座です。

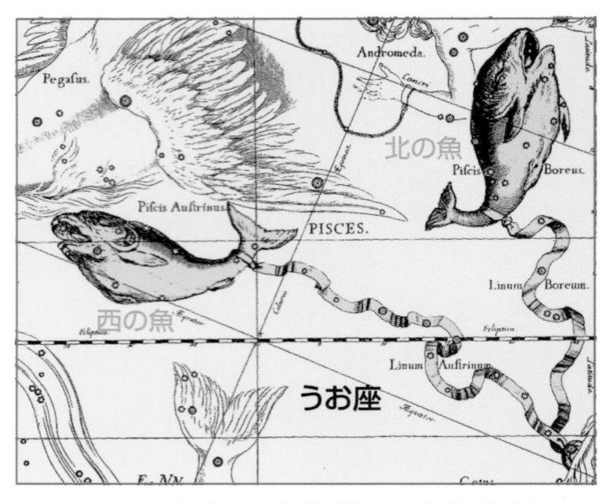

▲ヘベリウス星図に描かれたうお座

● ２匹の母子の魚

ギリシア神話では、この２匹の魚は愛と美の女神アフロディテ（ビーナスともいいます）とその子エロス（キューピットともいいます）母子とされています。

二人がユーフラテス川の岸辺を歩いていたときのことです。

いきなり怪物テュフォンがあらわれ、二人に襲いかかってきました。

母子はびっくり仰天（ぎょうてん）、大あわてで魚に変身すると、川に飛びこみ逃げだしました。アテナ女神はそのようすをおもしろがり、母子の魚の姿を星座にしたといわれています。リボンのようなひもはチグリス、ユーフラテスの両大河をあらわすものですが、２匹の魚が結ばれているのは、母子が離ればなれにならないためだとか、親子の絆（きずな）をあらわしたものだともいわれています。じつは、この神話はみなみのうお座とそっくりですが、うお座

▲バリット星図の秋の星座たち　中央付近にリボンで結ばれた２匹の魚のうお座が描かれています。左上のおひつじ座の上部に描かれた昆虫はかつて「きたばえ（北蝿）座」と呼ばれた星座で、現在はありません。図の下部にはほうおう座とつる座の２羽の鳥の頭が見えています。

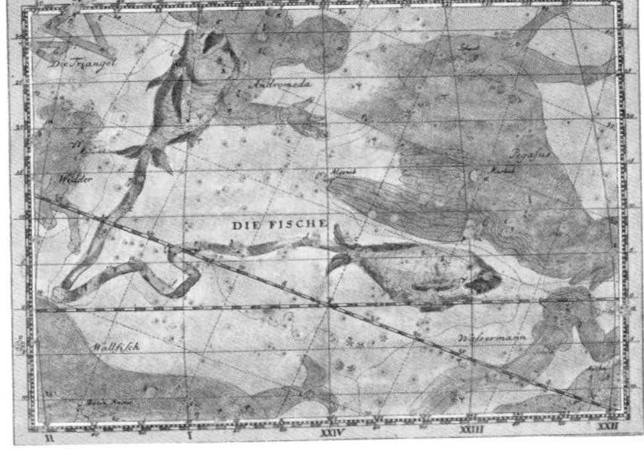

▶ボーデのうお座　ボーデの古星図『ウラノグラフィア』（1801 年刊）の黄道 12 星座を描いたものの１枚で、フラムスチードの『天球図譜』（1727 年刊）を基に彩色したもの。

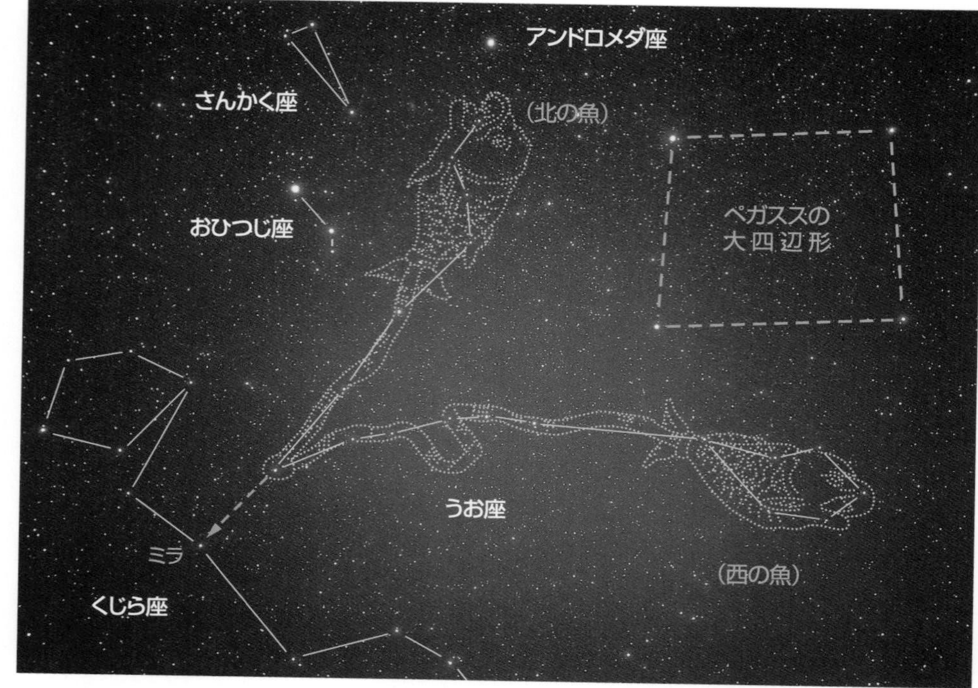

▲**うお座**　２匹の魚がつながった星座で、中国の「双魚宮」のよび名がイメージをよくあらわしています。横に寝かせたＶ字形の先をそのまま延長していくと、くじら座のミラが見つけられます。

の起源そのものは、このギリシア神話よりずっと古いもので、バビロニアやアッシリアでもすでにここに２匹の魚の姿を見ていたとされています。

ところで、108ページのやぎ座の“魚山羊”の姿も怪物テュフォンに襲われた牧神パンが大あわてで変身しそこなって魚山羊の姿になったとされていますが、ギリシア神話の中で大暴れするテュフォンとはいったい何者なのでしょうか。

テュフォンは、まだ天と地が分かれていなかった大昔のころ、大地の神ガイアが、自分の生んだ巨神族の怪物たちが10年間もの争いの後で、大神ゼウスに滅ぼされ、地下へ閉じこめられたのをうらんで、復讐(ふくしゅう)のためにこの世に生み落としたとんでもない怪獣です。頭が100個もあり、すさまじい吠え声をあげ、神々をふるえあがらせたといわれます。

●春分点のある星座

うお座が格別に目をひくほどの明るい星座ではないのに、なにかと話題になるのは、現在の座標の原点となる“春分点”が、西の魚のしっぽの近くにあるからにほかなりません。

春分点というのは、太陽の通り道“黄道(こうどう)”と“天の赤道”がちょうど交わる点で、毎年３月21日ごろの春分の日に、太陽がこの点を通って南半球から北半球へと移っていくことになります。

いいかえれば、春分の日の太陽はここ

に位置して、春のはじまりを告げるやわらかい日ざしを投げかけてくることになるわけです。

春分点は、また天球の目盛り“赤経(せっけい)”の原点となるもので、赤経はここから東まわりに15度角を1時間とし、360度を24時（h）でひとまわりしてここに戻ってくるわけです。

もっとも、春分点はいつもここにじっとしているわけではなく、地球の地軸の首振り運動による歳差(さいさ)のため、毎年角度にして50秒ずつ西の方へじりじりずれていっています。

歳差のことは191ページのこぐま座の北極星の交代や42ページのりゅう座のところで詳しくお話してありますので、そちらを見ていただくとして、この歳差運動のため、今からおよそ640年後には、春分点はうお座からみずがめ座へと移ってしまうことになります。

現在春分点があるのはうお座ですが、

▲アフロディテとエロス母子（アッローリ画）

うお座は黄道第12番目の星座に数えられています。これはバビロニアの時代には、春分点がすぐ東隣りのおひつじ座にあって、うお座は黄道星座の中ではいちばんおしまいの星座にあたっていたことによるものです。それでいわゆる誕生星座とよばれるものが、現在では太陽のいる星座とずれてしまっているわけです。

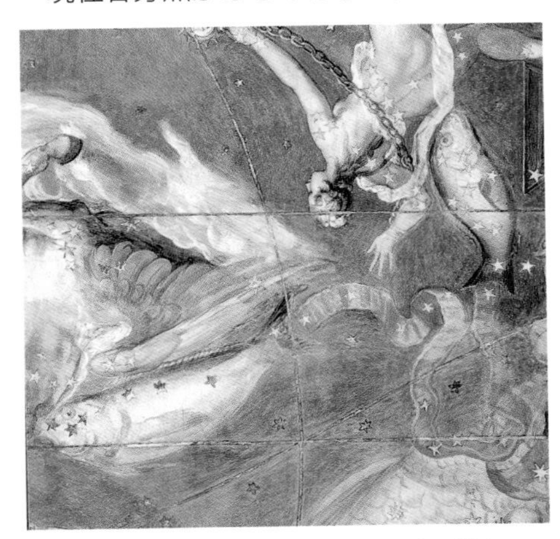

▲うお座の北の魚（右）と西の魚（左）

●リボンの結び目α星は連星

うお座の2匹の魚がリボンで結ばれたちょうどその結び目のところにあるのが、うお座でいちばん目につくα星です。肉眼では平凡な3等星にしか見えませんが、望遠鏡でのぞくと、2つの星がぴったりよりそった二重星であることがわかります。このペアは周期933年でめぐりあう4.2等と5.2等の連星で、2000年に1.83秒角だった角距離が、最接近する2074年にはわずか0″.98にせばまります。好シーイングのとき高倍率で分離にチャレンジしてみてください。なお、この連星はそれぞれが分光連星ですから、実態は四重連星という複雑さです。

おひつじ座

Aries (Ari) 牡羊座：Ram

概略位置：赤経2ʰ30ᵐ　赤緯+20°
20時南中：12月25日　高度：75度
面積：441平方度
肉眼星数：85個
設定者：プトレマイオス

●目につくのは頭部ばかり

秋の宵の頭上高くかかるアンドロメダ座のすぐ南にあるさんかく座は、ごく小さな星座ですが、細長い二等辺三角形の姿がよく目につきます。そして、そのさんかく座のすぐ南よりにも、もう一つこれとよく似た星のならびがあるのも目にとまります。このほうは、やや形のくずれた三角形というよりはむしろ「へ」の字を裏返しにしたような形にならんでいるといったほうがよいくらいですが、これが空飛ぶ金毛の牡羊(おひつじ)の姿をあらわしたおひつじ座の頭にあたる部分です。

これだけで星座絵にあるような、東のプレアデス星団の方をふりかえる牡羊の姿を思い浮かべるのはむずかしいかもしれませんが、とにかく目立つのは頭部の裏返しの「へ」の字の部分しかありませんので、牡羊の胴体は、頭部とプレアデス星団の間に横たわっていると見当づけるしかありません。

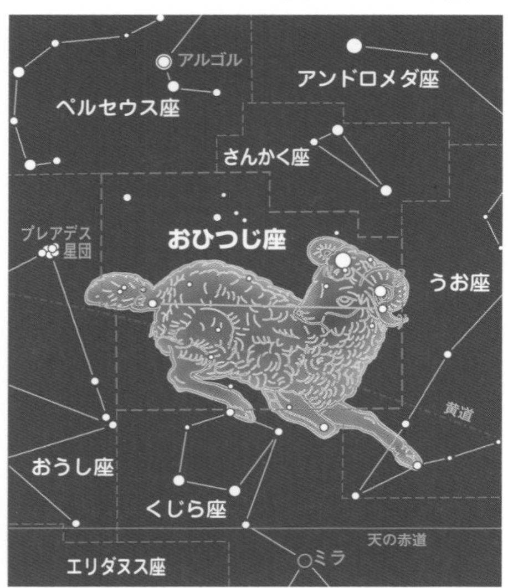

▲**おひつじ座**　3月21日から4月20日生まれの人の誕生星座です。

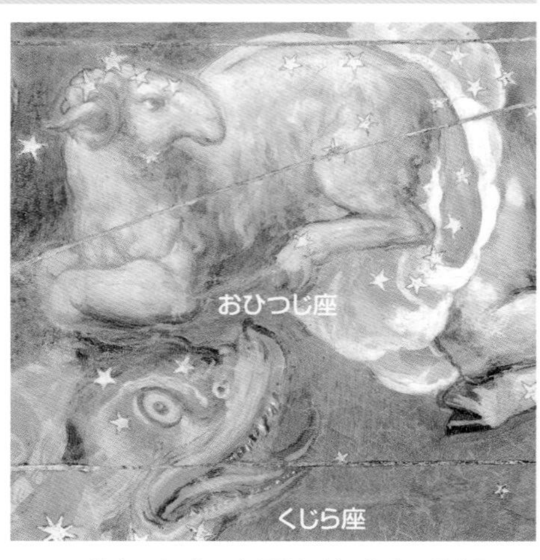

▲**おひつじ座**　左下はくじら座の頭部。

●白羊宮(はくようきゅう)の原点

毎年3月21日ころは春分の日にあたり祝日となります。この日に太陽は、黄道(こうどう)が天の赤道を南から北へ横切って北上していく春分点にやってきて、昼と夜の長さを等しく分けることになります。

その春分点は、現在、うお座の西の魚の近くにあり、春分の日の太陽は、そこにいてやわらかい春の日ざしを投げかけてくれることになります。そのことは120ページのおうし座のところでもお話してあります。ところが、今から2000年以上前のギリシア時代には、春分点はこのおひつじ座にあって、おひつじ座は黄道第1番目の最も重要な星座と

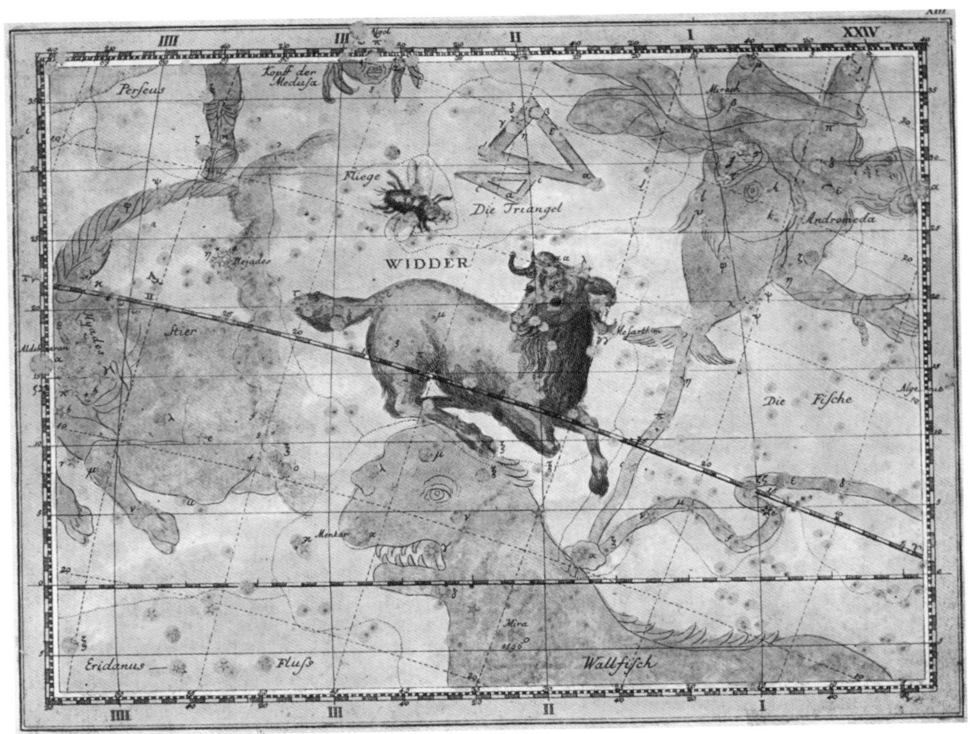

▲ボーデの古星図のおひつじ座 牡羊の上に描かれている「きたばえ（北蠅）座」はバルチウスらによって設定されたもので、フランスのロワイエはここに「ゆりの花座」を描きましたが、どちらも今はありません。

▶ヘベリウスの星図に描かれたおひつじ座 さんかく座の下にある「しょうさんかく（小三角）座」（矢印）はヘベリウスが設定したものですが、今はありません。

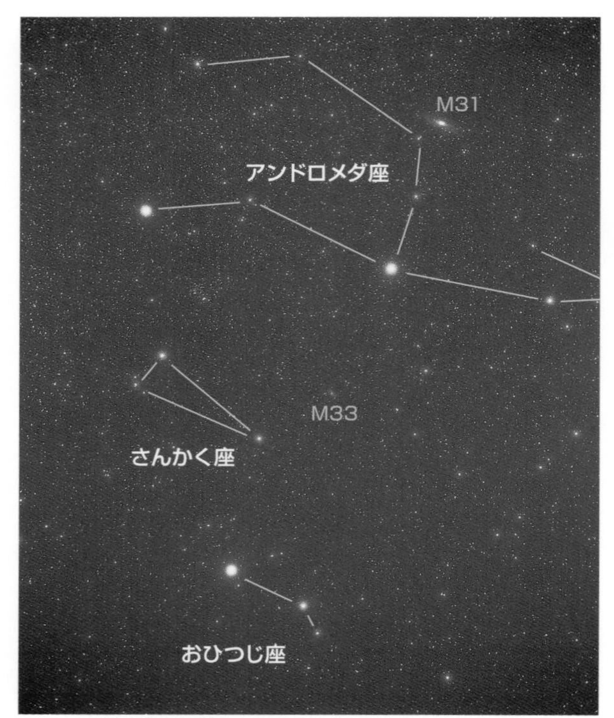

▲おひつじ座　頭部の裏返しの「へ」の字形の小さな星のならびばかりが目につく星座です。

して注目されていました。

春分点は現在ではうお座の西へ移動してしまっていますが、かつて春分点がおひつじ座にあったなごりとして現在でも「白羊宮の原点」とよび、春分点のマークとして羊の頭のイメージをあらわす“♈”を使っているというわけなのです。

春分点がこのように移動していくのが、191 ページのこぐま座や 42 ページのりゅう座のところでお話してある「歳差（さいさ）」のためですが、このことに最初に気づいたのは、ギリシアの天文学者ヒッパルコスでした。彼は紀元前 150 年ごろ、自分で観測した恒星の位置を昔のものと比較して春分点がおうし座から西のおひつじ座に動いていることを見つけ、その移動量を年に 48 秒角と求めました。これは現在わかっている 50 秒角という値と驚くほど一致しています。

●空飛ぶ金毛の牡羊

おひつじ座は、金色の毛をもつ空飛ぶ牡羊（おひつじ）の姿とされ、次のような物語を語り伝えています。

テッサリアの王子アタマスは最初の妻ネフェレーとの間にプリクソス王子とヘレー王女の二人の子をもうけましたが、やがてネフェレーと別れ二番目の妻イーノを迎え入れました。イーノは自分の子が二人生まれてみると先妻の子プリクソスとヘレーがじゃまに思えてしかたがありません。

ある年のこと、イーノは麦の種を火であぶって農民たちにわけ与えました。もちろん、これでは芽が出るはずがありません。その年は大変な凶作となってしまいました。

▲ボーデの古星図のおひつじ座　牡羊の上に描かれているきたばえ（北蠅）座はバルチウスらによって設定されたもので、フランスのロワイエはこの近くにゆりの花座をつくりましたが、どちらも今はありません。

驚いた王が使者をたて神におうかがいをたてると「プリクソス王子とヘレー王女を大神ゼウスの生贄に捧げよ」とのお告げです。この使者もイーノにだきこまれた嘘のお告げを王に知らせたものでした。さらに念入りなことにイーノは、お告げのことを農民たちにもらしたから大変です。飢えに苦しむ農民たちは王宮に押し寄せ、ふたりを生贄にせよと王に迫りました。

国を追われていた母ネフェレーは、大神ゼウスに祈り、助けを求めました。

あわれに思った大神ゼウスは伝令神ヘルメスに毛が金色に輝く空飛ぶ牡羊をプリクソス王子とヘレー王女のところに送らせました。牡羊は、二人を背に乗せると黒海の岸コルキスの国めざし矢のように飛んでいきました。

しかし、あまりに速く高く飛んだため妹のヘレー王女は途中で目がくらみ、ヨーロッパとアジアの境い目にある海峡に落ち、あわれにも溺れ死んでしまいました。そこでこの海はヘレスポントス、つまりヘレーの海と名づけられました。今のマルマラ海のことです。

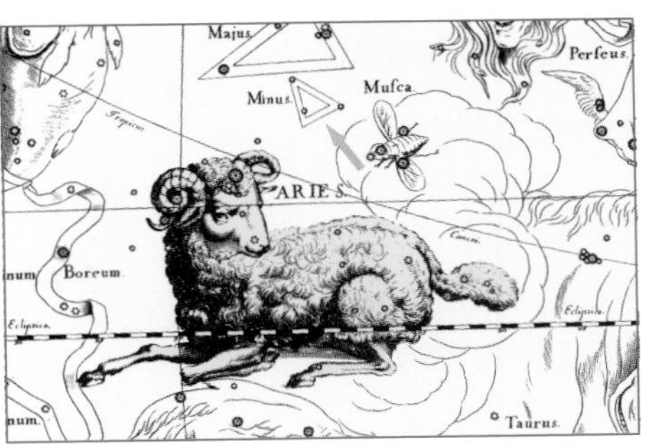

▲ヘベリウスの星図に描かれたおひつじ座さんかく座の下にあるしょうさんかく（小三角）座（矢印）はヘベリウスが設定したものですが、今はありません。

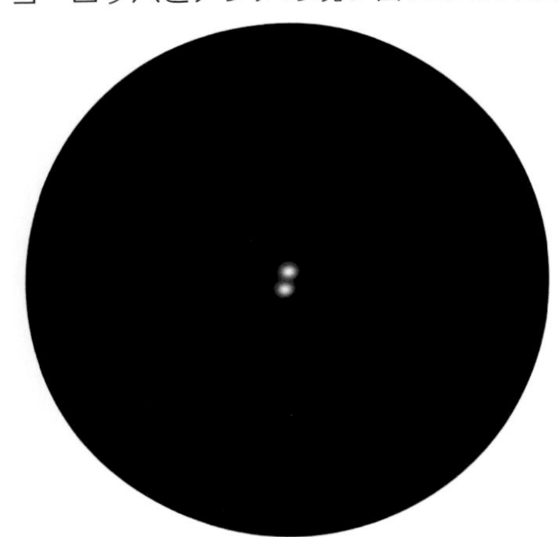

▲おひつじ座γ星　牡羊の頭にある同じ明るさの4.8等星が7.8秒角の間隔にならぶみごとな二重星で、小さな望遠鏡でも楽しめます。1664年イギリスのロバート・フックが小彗星を見ようとしてたまたまこの星を視野に入れ、驚いたといわれます。

プリクソス王子は、ひとりなおも牡羊の背にしがみつきコルキスの国まで運ばれ、国王アイエテースから親切にもてなされ、やがて王女カルキオペを妻に迎えることになりました。

後にプリクソスは、その金毛の牡羊の皮ごろもをアイエテース王に贈り、王はそれを夜も昼も眠らない火竜セゴヴィアに守らせることにしました。

さらにその後、勇士イアソンが、その金毛の牡羊の皮ごろもをとりもどすため、ギリシアの50人の勇士たちとコルキスの国へ向かったのが176ページにあるアルゴ船の大遠征のお話です。

おひつじ座は、この金毛の牡羊の皮ごろもが、大神ゼウスによって星空にかけられ、星座になったものですが、昔、黒海のあたりの川では流れる砂金を牡羊の毛皮で受け止め集めていたといわれています。つまり、砂金のいっぱいついた牡羊の毛は黄金に輝いていたというわけです。

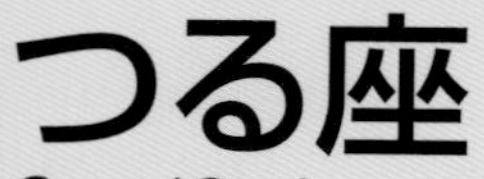

つる座

Grus (Gru)　　鶴座：Crane

概略位置：赤経$22^{h}20^{m}$　赤緯−47°
20時南中：10月22日　高度：8度
面積：366平方度
肉眼星数：56個
設 定 者：バイヤー

●地平低い２つの星

秋の宵の南の空低く、みなみのうお座の口元に、秋の夜空では唯一の１等星フォーマルハウトが輝いていますが、そのさらにずっと南、ほとんど地平線上のあたりにも、東西にならぶ２個の明るい星が見えています。つる座のα星とβ星で、時間とともに地平線上を東から西へ動いていくのがわかります。南天の12星座を設定したケイザーとホウトマンの星座に含まれるのものです。

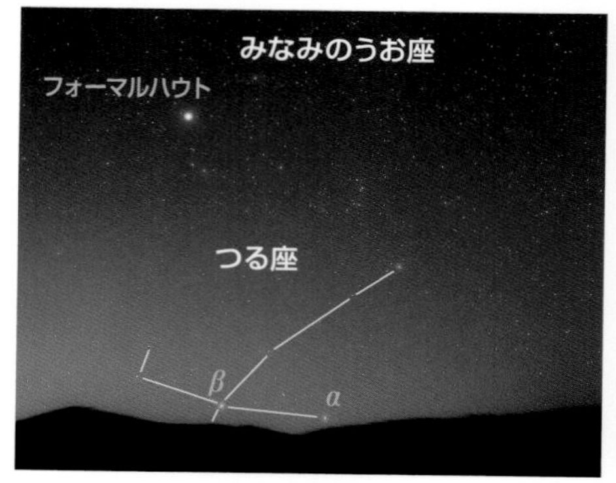

▲**つる座**　南の地平線近く翼をひろげた長い首をのばしています。

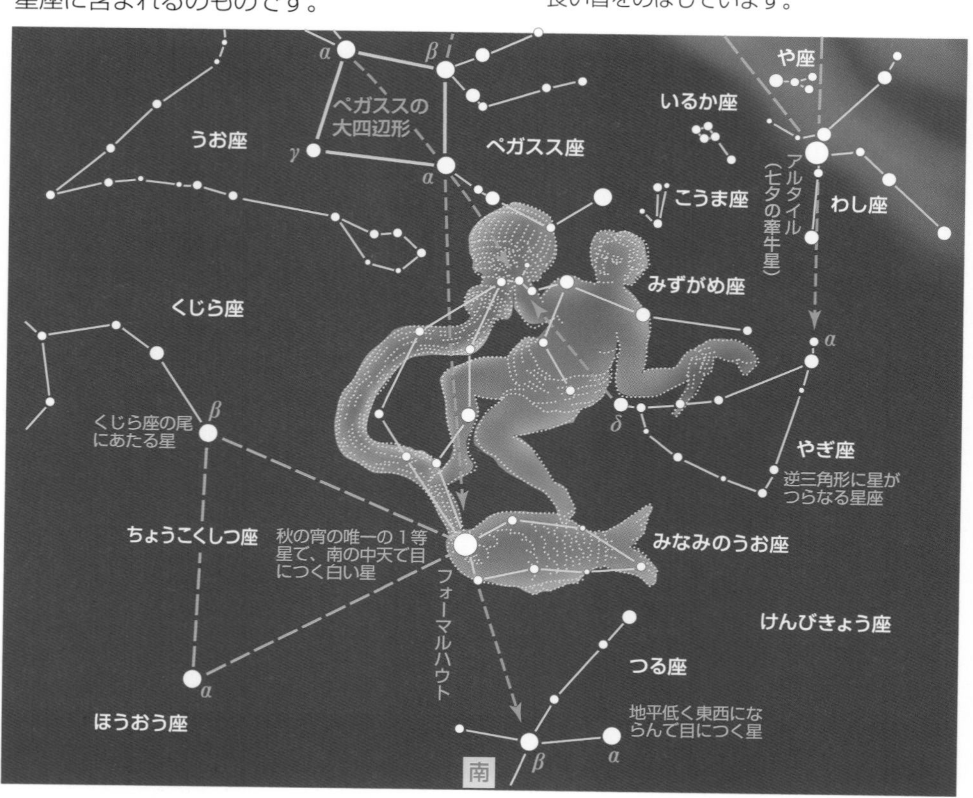

▲**秋の宵の星座の見つけ方**　つる座は１等星フォーマルハウトの南よりで、見当がつけられます。

ちょうこくしつ座

Sculptor (Scl)　彫刻室座:Sculptor

概略位置：赤経00^h30^m　赤緯−35°
20時南中:11月25日　高度:20度
面積:475平方度
肉眼星数:52個
設 定 者:ラカイユ

●南に低い淡い星座

はと座とエリダヌス座の間にちょうこくぐ座という似たようなまぎらわしい名の星座があります（257ページ参照）。

そのちょうこくぐ（彫刻具）座と同様、秋の宵の南の空低くかかるこのちょうこくしつ（彫刻室）座も、同じフランスの天文学者ラカイユが、14の南天の新星座の一つとして設定したものです。

ただし、ラカイユの星座の原名は「彫刻家のアトリエ」といい、木組みの台の上に置かれた人物の胸像とそのわきにある大理石の上に彫刻家の道具らしい木槌（づち）とのみが置かれた星座絵として描きだされています。アトリエのような建物ではなく、その内部のようすを星座としたわけで、絵柄の複雑なわりに星はみな小さく、そのイメージを星をたどって思い浮かべるのは無理といえます。しかし、星座としては意外に大きく、みなみのうお座の1等星フォーマルハウトとくじら座の腹のあたりまで東西方向の横長にのびています。

▲**ちょうこくしつ座**　彫刻家のアトリエのようすを描きだした星座として見えています。

秋の宵の南の空低くくじら座の尾のβ星とみなみのうお座のフォーマルハウト、それに南の地平線上のほうおう座α星の3個の明るい星を見つけ、その3個の星に囲まれた夜空の空白部分のようなところにあると見当をつければよいでしょう。

●意外に見やすい銀河NGC253

ちょうこくしつ座は星座の見ばえがまったくしないものですが、双眼鏡や望遠鏡での見もののほうはいくつかあります。なかでも細長く見えるNGC253銀河が興味深く、双眼鏡でさえ小さな像ながら細長く見えてきます。望遠鏡ならSの字を強く押しつぶしたようなその構造までわかるようになります。

▲**渦巻銀河NGC253**　細長い姿は南の空に低いながらはっきりわかります。

ほうおう座

Phoenix (Phe)　　**鳳凰座：Phoenix**

概略位置：赤経1h00m　赤緯−48°
20時南中：12月2日　高度：7度
面積：469平方度
肉眼星数：69個
設定者：バイヤー

●不死鳥の星座

秋の南の宵の空に大きく横たわるくじら座のずっと南、ほとんど地平線のあたりに燃えさかる火の中でよみがえるほうおう座の姿があります。

南天の星座づくりに活躍したケイザーとホウトマンによって設定され、バイヤーの星図に描きだされたこの星座の原名はフェニックスで、500年ごとに火の中に身を投じ、再びよみがえるという伝説上の不死鳥(ふしちょう)のことです。エリダヌス座の1等星アケルナルの近くにある星座ですが、星が明るくよく形の整ったものです。

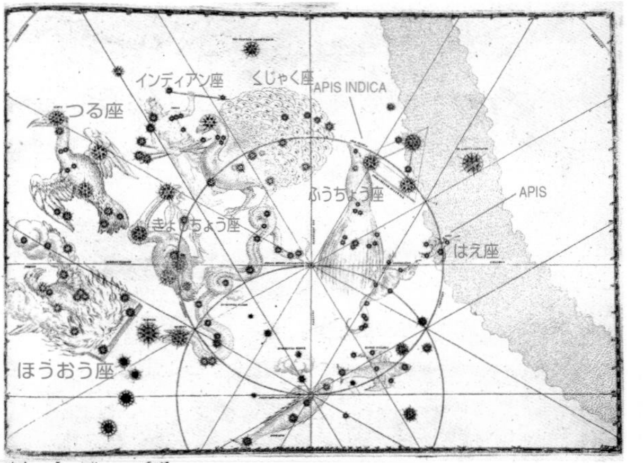

▶バイヤーの星図のほうおう座付近
けんびきょう座やちょうこくしつ座はまだ設定されていません。後にラカイユによっていろいろな南天星座が追加されました。

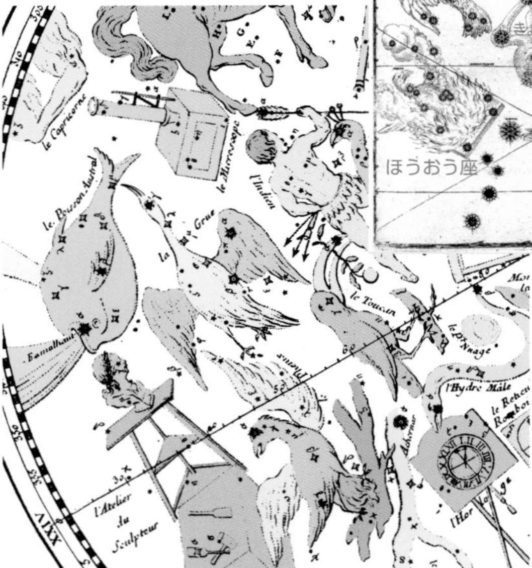

◀ラカイユの南天星図のほうおう座付近
みなみのうお座の右隣につる座、その下にほうおう座、左にラカイユによって設定されたちょうこくしつ座が描かれています。ラカイユ（1713～1762）はフランスの天文学者で、アフリカのケープタウンで観測し、ぼうえんきょう座、けんびきょう座、はちぶんぎ座など、当時新しく発明された器具類の名を主体に14個の星座を南天に設定しました。

冬の星座

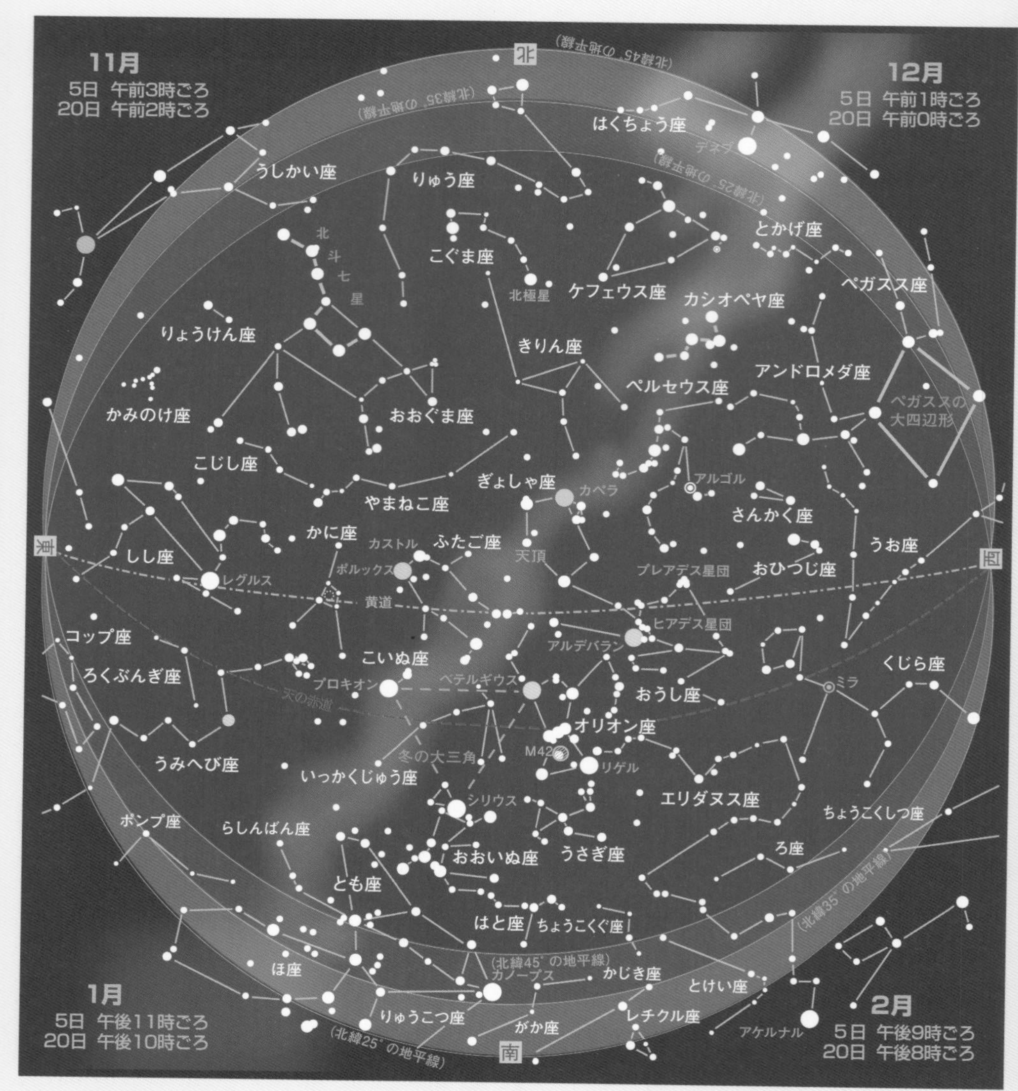

●豪華な冬の星座

北風の吹きぬける戸外に出て夜空をながめるというのは、なんともおっくうなものですが、一年中で最も星の輝きが増し、豪華な星座ウオッチングが楽しめるのが冬ですから、やはり目を離すわけにはいきません。防寒の身支度を万全に思い切って飛びだしてみてほしいものです。

●冬の大三角が目じるし

冬の宵の空では、なんといってもオリオン座の均整のとれた美しい姿が目にとまりますが、そのオリオン座の赤いベテルギウスと真南の空でギラギラ輝くおおいぬ座のシリウス、それにこいぬ座のプロキオンの３個の明るい１等星を結んでできる逆三角形の「冬の大三角」もよく目につきます。この大きな三角形の各辺をあちこちに延長していくと冬の夜空に輝く星や星座たちを次々に確認でき、とても便利に使えることがわかります。

●プレアデス星団の輝き

冬の宵のころ頭上を見あげると、６から７個の小さな星がひとかたまりになってうるんだような輝きを見せているのが目にとまります。おうし座のプレアデス星団で、日本では「すばる」とよばれて親しまれています。

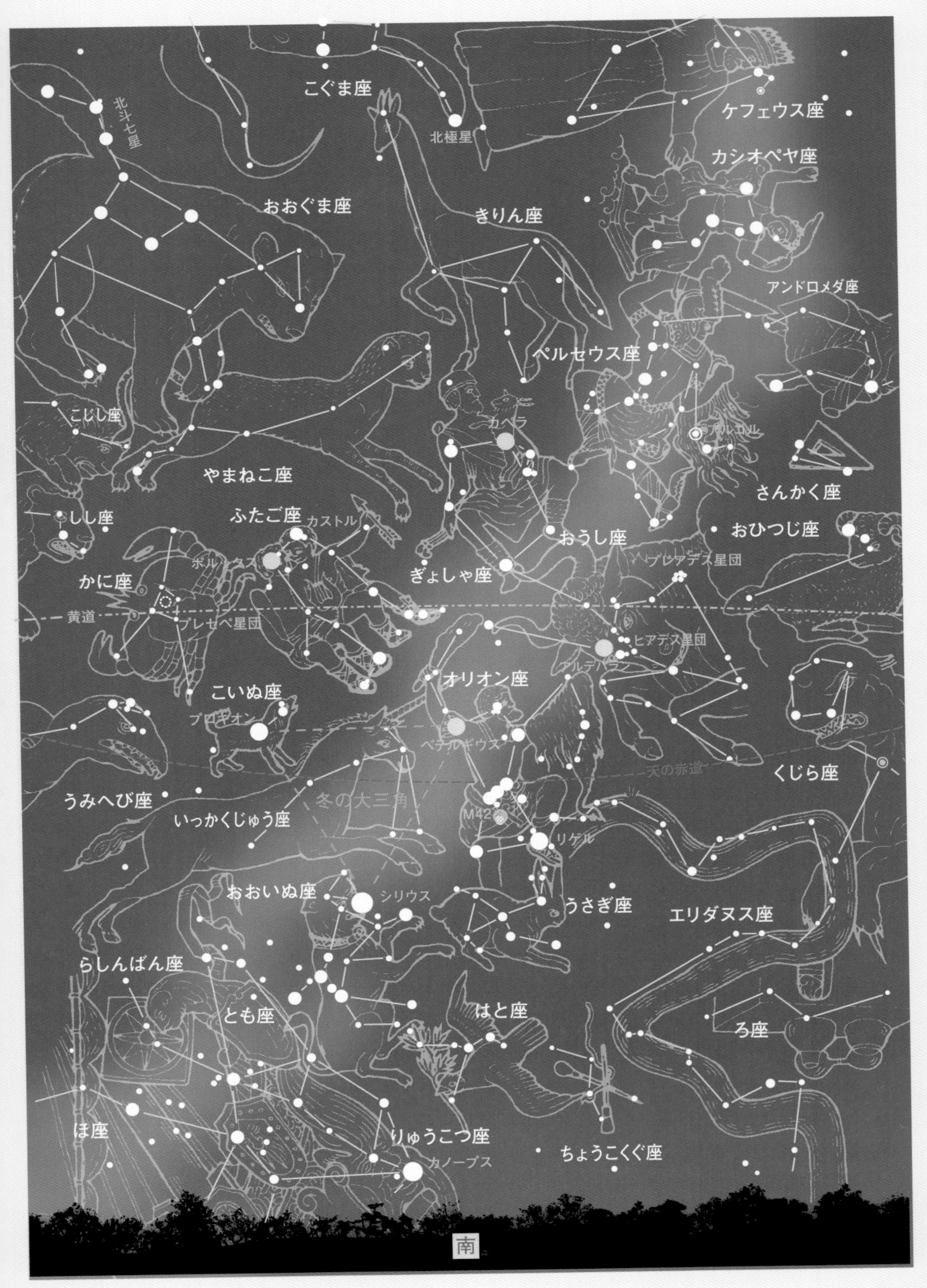

こぐま座
北斗七星
北極星
ケフェウス座
カシオペヤ座
おおぐま座
きりん座
アンドロメダ座
ペルセウス座
こじし座
カペラ
アルゴル
さんかく座
やまねこ座
しし座
ふたご座
カストル
おひつじ座
おうし座
プレアデス星団
ポルックス
かに座
ぎょしゃ座
黄道
プレセペ星団
ヒアデス星団
アルデバラン
オリオン座
こいぬ座
プロキオン
ベテルギウス
天の赤道
くじら座
うみへび座
いっかくじゅう座
冬の大三角
M42
リゲル
おおいぬ座
シリウス
うさぎ座
エリダヌス座
らしんばん座
とも座
はと座
ろ座
ほ座
りゅうこつ座
ちょうこくぐ座
カノープス
南

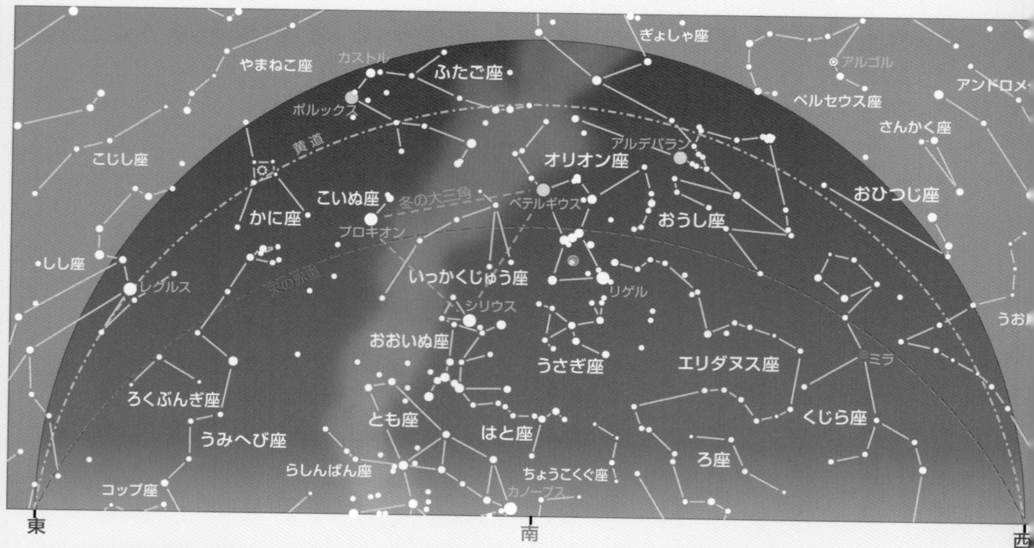

▲冬の宵の南の空　おおいぬ座のシリウスのギラギラした印象の鋭い輝きは、都会の夜空でもよく見えるほどのものです。冬の夜空には 8 個以上もの 1 等星が見えていますので、その美しく明るい輝きはすばらしいものですが、南の地平線上低く見えるりゅうこつ座のカノープスも忘れず注目して見てください。一目でも見ることができれば、健康で長寿にあやかれるというおめでたい南極老人星です。ただし、低いので実際の光度より暗めに見えます。

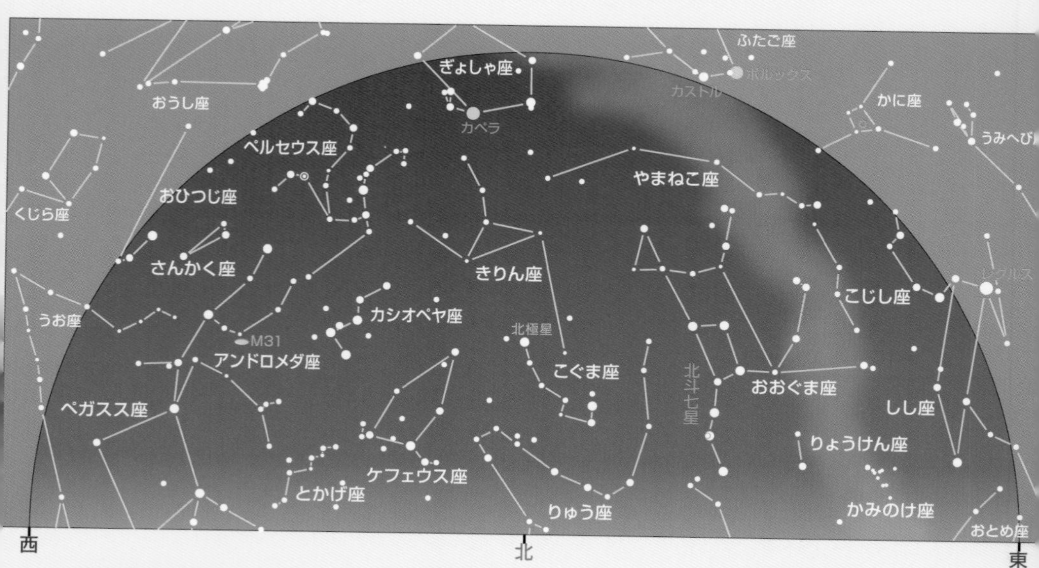

▲冬の宵の北の空　秋の宵のころ、北極星を見つけるよい目じるしになってくれていたカシオペヤ座のW字形も北西よりの空にまわって低くなり、かわって北東の空からはもう一つの北極星を見つける目じるしの北斗七星が高くのぼりはじめています。北極星とぎょしゃ座のカペラの間には淡いきりん座が逆さまに見えています。しかし、星が淡いのでその姿は見つけにくいでしょう。冬の宵の北の空は、南の空の華やかさとは大ちがいです。

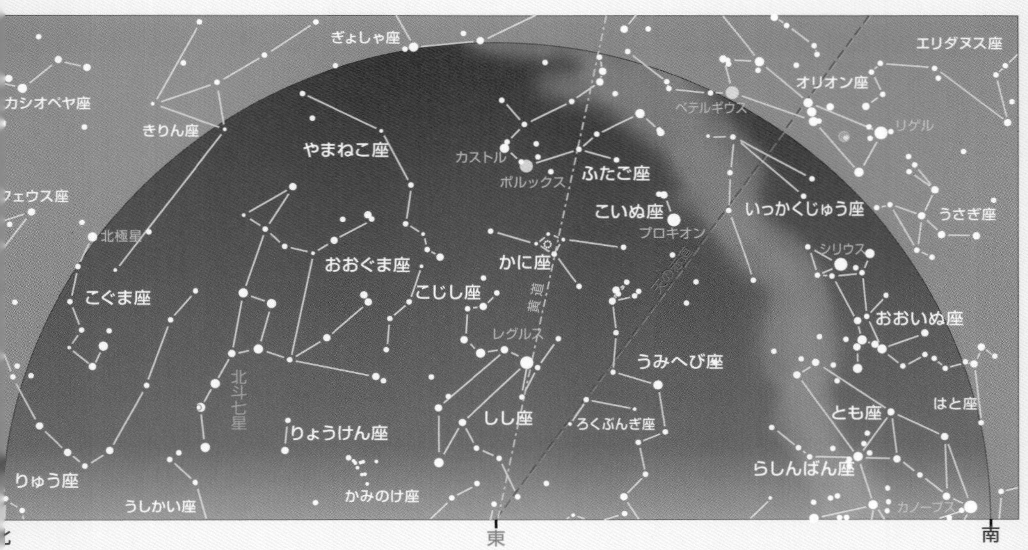

▲冬の宵の東の空　早くも春の星座たちが東の空から勢いよく駆けのぼりはじめています。とくに真東の空へ姿を見せたしし座が目をひき、近くにはうみへび座やかに座などヘルクレスに退治されてしまった星座たちの仲間もいて、ともに元気そうに見えるのがおもしろいといえます。星座は、東からのぼるときと西へしずむときとでは見える印象が異なります。そのときどきでのイメージのちがいを見るのも星座ウオッチングの楽しみといえます。

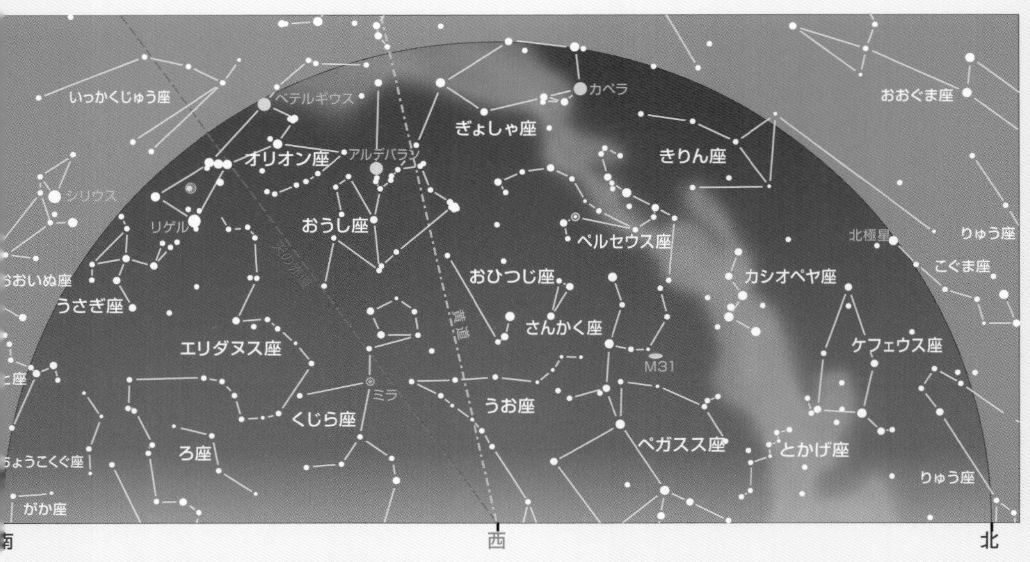

▲冬の宵の西の空　星のさみしい秋の星座たちがいっせいに西へかたむきだしたので、冬の宵のころの西の空は、真南の空に出そろっている明るく豪華な星座たちにくらべると見ばえがしないかもしれません。冬の日没は早いので、西の空の星座が見えはじめる時刻は早く、日暮れ時にはまだ、夏の名ごりの星座たちが見えていることもあります。冬は一年中で最も夜が長く、日暮れから夜明けまで長時間、星空が見られる季節です。

おうし座

Taurus (Tau)　牡牛座：Bull

概略位置：赤経$4^{h}30^{m}$　赤緯＋18°
20時南中：1月24日　高度：73度
面積：797平方度
肉眼星数：219個
設 定 者：プトレマイオス

●目をひく２つの散開星団

日暮れの早い冬の宵、頭上を見あげると、蛍の群れのような小さな星団と、そのすぐ近くにもう一つ、赤い１等星アルデバランを含むややひろがったＶ字形の星の群れが輝いているのが目にとまります。有名なプレアデス星団（日本名は「すばる」）とヒアデス星団の２つです。

どちらも２本の角を振りかざした牡牛の姿を形づくるおうし座の星たちの一員で、プレアデス星団は牡牛の肩先に、Ｖ字形のヒアデス星団は牡牛の顔の部分に位置しています。

星座絵では、東隣りで狩人オリオンが棍棒を振りかざし、おうし座に挑みかかるような姿に描きだされ、おうし座のほうもこれに対抗するかのように角を振りかざし、オリオンめがけて突き進むように描かれ、まるで闘牛のシーンのようにも見えます。しかし、ほんとうのところは、後でお話しするように、おうし座は大神ゼウスがエウロパ姫をさらったときに変身した雪のように白い牡牛の姿で、オリオン座はおうし座の肩先に群れ輝くプレアデスの７人姉妹のほうを追いかけているものです。つまり、お互いの関心は別々のところにあるというわけです。

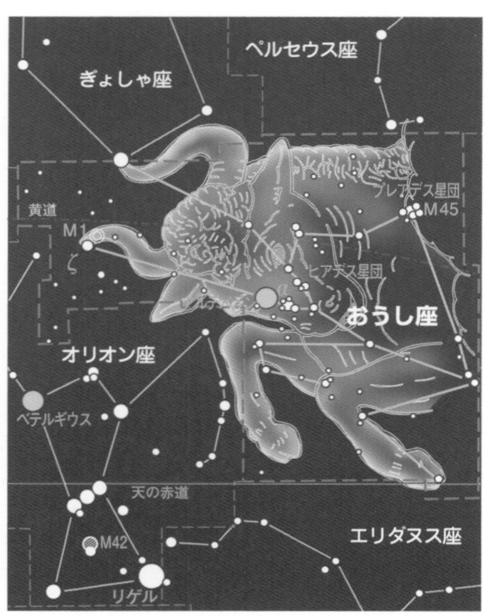

▲おうし座　４月21日～５月21日生まれの人の誕生星座です。

●エウロパ姫をさらった牡牛

おうし座の牡牛の姿は、大神ゼウスがフェニキア王の娘エウロパをさらったときに変身した姿だとされています。

ある日のこと、エウロパが海辺の牧場で侍女たちと草摘みをしていると、どこからともなく雪のように白い、どことなく優雅な雰囲気をもつ牡牛があらわれて近づいてきました。

そして、ゆっくりエウロパのそばにうずくまりました。そのようすはいかにも「私の背に乗ってごらんなさいな」というそぶりです。エウロパも牡牛のおとなしそうなようすにすっかり気を許し、そっとその背に乗ってみたのでした。

ところがどうでしょう。エウロパが背に乗ったとみるや、牡牛はサッと身を起こし、侍女たちが驚きあわてるのをしり目に、海へ走りこむと波の上をまるで地面のように踏んで、沖へ沖へと行ってしまいました。

エウロパは、振り落とされまいと牡牛

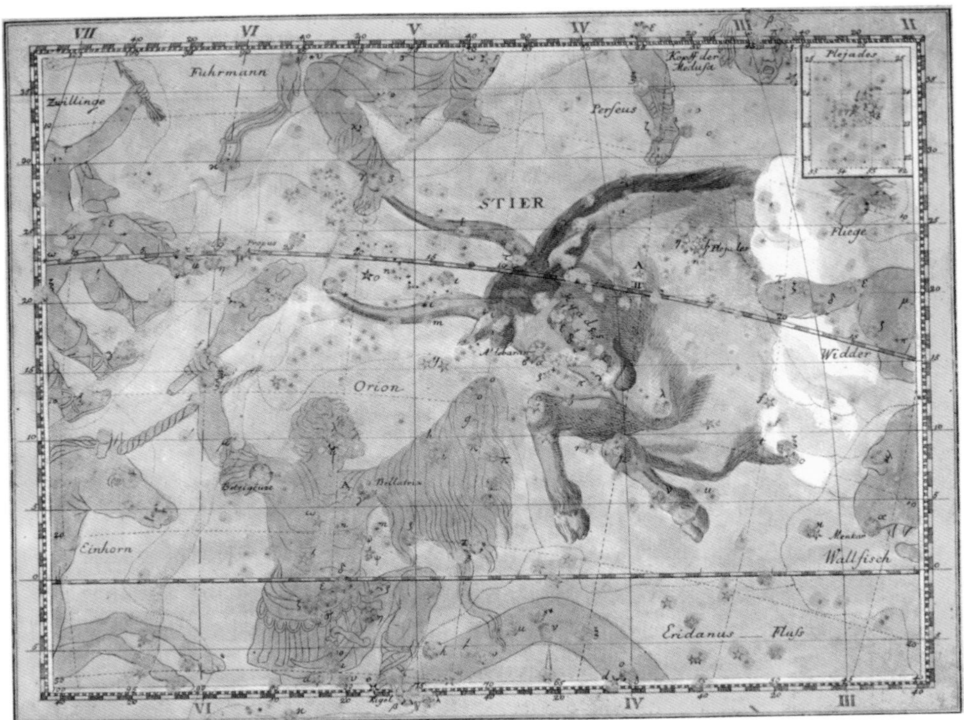

▲ボーデの古星図に描かれたおうし座　星座神話にあるように白い牛ではありませんが、いかにもゼウスの化身のように怪しげに上半身だけが描かれ、下半身は雲のようなものに覆われています。

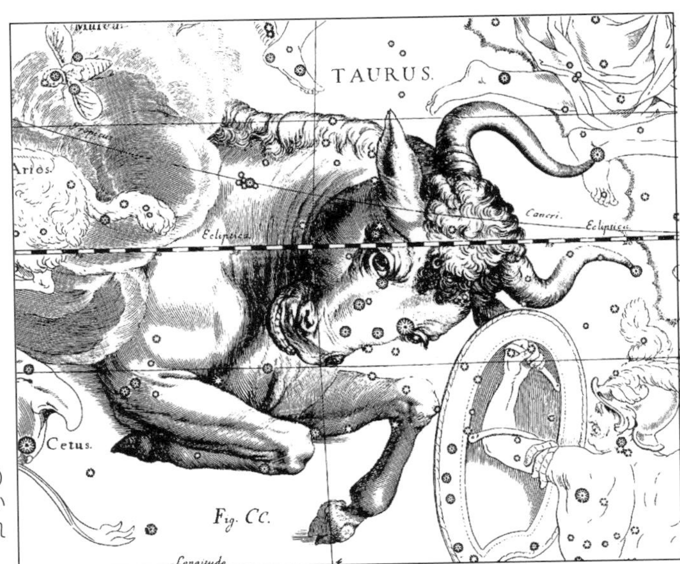

▶ヘベリウスのおうし座
猟師オリオン（オリオン座）の向ける楯に飛びかかるかのように勇壮な姿に描かれています。

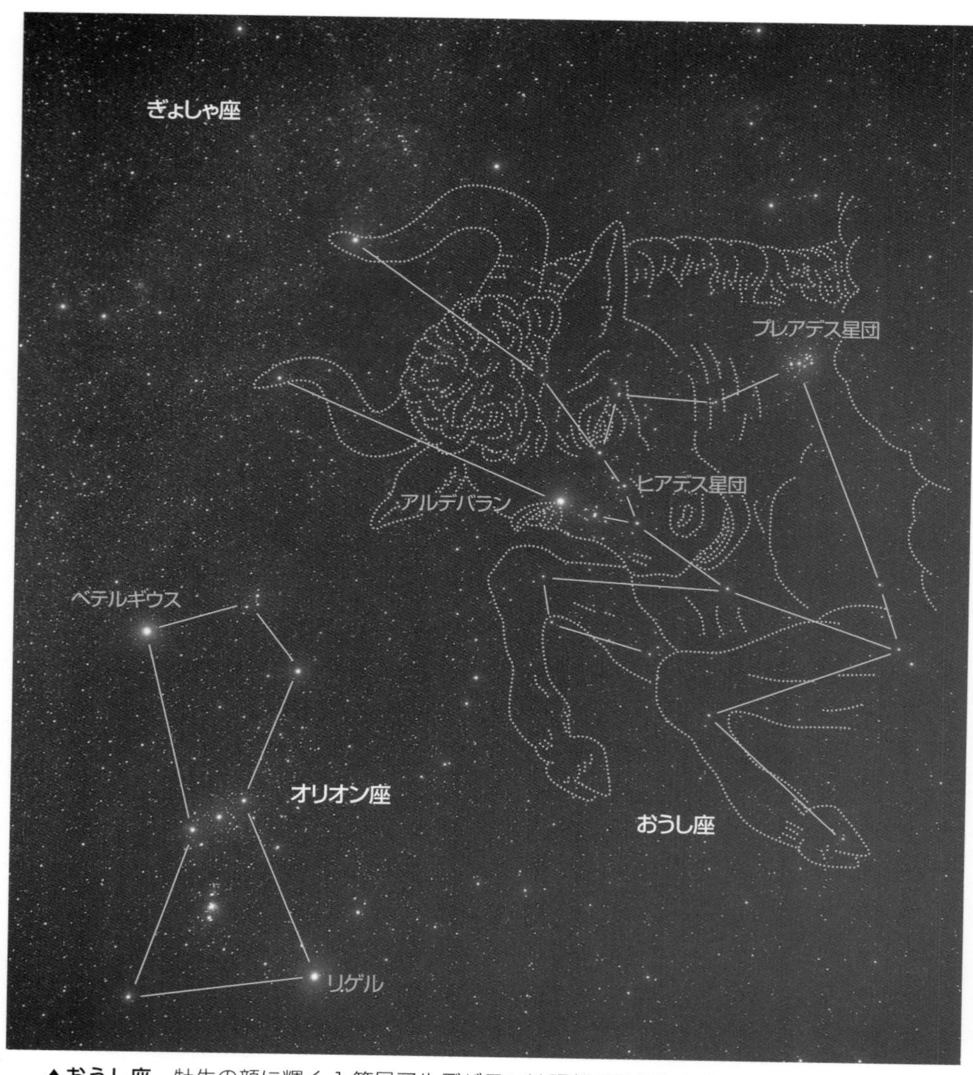

▲おうし座　牡牛の顔に輝く１等星アルデバランは距離 67 光年のところにあり、V字形の星の集まりヒアデス星団の 160 光年よりずっと手前にあります。ヒアデス星団もプレアデス星団も渡り鳥の群れのようにそろって移動していく「運動星団」で、ヒアデス星団はいっかくじゅう座ε星の方向へ私たちから見て秒速 42 キロメートルで、プレアデス星団のほうははと座η星の方向へ秒速 20 キロメートルのスピードで進んでいるところです。

の角（つの）にすがりつきながら遠ざかっていく浜辺の侍女たちに声をかぎりに叫び続けました。けれども陸がはるか遠くにかすんでしまってはどうすることもできません。ところが、その一方で人影のなくなった地中海では、牡牛のまわりに、いるかの群れや美しいニンフたちの列が続き、人魚たちがホラ貝を高らかに楽しい曲を

▲エウロパの略奪　白い牡牛が大神ゼウスの化身です（ブーシェ画）。

吹き鳴らします。ようやくわれにかえったエウロパは牡牛にたずねました。

「私をどこにつれていくの……」

すると、白い牡牛はこんなふうにやさしく答えました。

「私は大神ゼウスで、おまえを花嫁にするのだよ……」

人間の言葉を話す牡牛にエウロパも驚きましたが、やがてクレタ島の海岸に着き、大神ゼウスとエウロパはゴルテュンの泉のそばで結婚しました。

今のヨーロッパというよび名は、エウロパが大神ゼウスの化身の白い牡牛につれられて上陸したためつけられた名だと伝えられています。そして、このテーマは絵画としてもさまざまにとりあげられ、多くの画家によって描かれています。

●星はすばる

おうし座で目につくのは、なんといってもプレアデス星団とヒアデス星団の２つの散開星団です。

このうち、プレアデス星団は、日本では古くから「すばる」とよばれ、ハワイのマウナケア山頂に日本が建設した口径８メートルの大望遠鏡の愛称になったり、車や劇場、雑誌などさまざまなところで耳にすることの多い名です。

その語感のためか、「スバル」といわれると、つい外来語を連想してしまいそうですが、これはれっきとした日本語名で、平安時代のエッセイスト清少納言の『枕草子』の中でも「星はすばる……」と、その美しさをたたえられているほどです。

「すばる」とは、日本の古代人のアクセサリーの首飾りの玉が糸でまとめたように「結ばれている」というほどの意味で、「統(す)ばる」とも書き、『古事記』には「美須麻流珠(みすまるのたま)」として登場してきます。

ところで「すばる」はおもに西日本でのよび名で、東日本ではひろく「六連星(むつらぼし)」とよばれていました。このほか星団の印象や星の集まりのようすから「ごちゃごちゃ星」とか「羽子板星(はごいたぼし)」など、見た印象を率直に表現したよび名が全国各地にさまざまにいい伝えられています。

もちろん、目だつ星団だけに「すばるまんどき、粉一升(こなしょう)」といって、そばの種まきの時期を知るなど農業や漁業にとってのよい目じるしとしても利用されたり、人々の生活に深くかかわりをもつものとなっていました。

●プレアデスの7人姉妹たち

プレアデス星団は、ギリシア神話ではアトラスとプレイオネの間に生まれた美しい7人姉妹とされ、ヒアデス星団の8人姉妹とは母親のちがう姉妹で、月の女神アルテミスの侍女として仕えていました。

▲おうし座に入った木星と土星　おうし座は黄道が中ほどを通っているのでしばしば明るい惑星がやってくることがあります。V字形のヒアデス星団は、日本では下向きのΛの形を「釣り鐘星」、上向きのV字形を「馬の面」などとよびました。

ある月の明るい晩、プレアデスの姉妹たちが森の中で踊り遊んでいると、狩人オリオンが踊りの輪の中に暴れこんでき

▲プレアデス星団M 45　星団の青白い星々に照らしだされた周囲のチリが夜霧の外灯に照らしだされた霧のようにぼうっと輝いています。このようすは双眼鏡でもたしかめられます。

ました。彼女らは驚き、森の奥へと逃げだしましたが、オリオンもしつこく追いかけ続けたので、逃げ疲れた彼女らはとうとうアルテミスに助けを求めました。

女神が７人を衣のすそにかくし、素知らぬ顔をしていると、オリオンはそれとは気づかず、あたりをきょろきょろ見まわしながら行ってしまいました。

オリオンが去ってから、女神が衣のすそをあげてみると、７人姉妹は美しい７

▲**プレアデス星団M 45**　肉眼でも６～７個の星が見えます。

羽の鳩にその姿を変え、空へと飛び立ちました。大神ゼウスは、それをそのまま星に変えてしまいました。

と、ここまでのお話ならなんの心配もなくめでたしめでたしといったところだったのですが、後にオリオン座も星座になったから大変です。プレアデス星団に気づいたオリオンが再び彼女らを追いかけはじめたのです。

それで今でもプレアデス星団はオリオン座に追われるままに西へ西へと逃げていっているのだといわれています。

●目だめしに星かぞえを……

プレアデス星団は６個の星しか見えないため、７人姉妹のうちの一人が行方不明になっており、これは“迷子のプレアド”とか“行方知れずのプレアド”とよばれ、たとえば、エレクトラがその子ダルダノスの建てたトロイアの町が戦火に包まれ炎上するのを見て悲しみ、彗星となって姿を消したのだとか、メローペが人間の妻になったのを恥じて姿をかくしたのだとかいわれています。

プレアデス星団の７個の星の一つが姿を消したといういい伝えは、ギリシア神話ばかりでなく、アメリカのインディアンやオーストラリアのアボリジニなど世界中にあります。しかし、いくらプレアデスの星々の寿命が短いといっても、数千年で消えてしまうなどということは天文学的に考えられません。これはプレアデス星団の星の数が６個とも７個とも視力のちがいによって見え方が異なるあいまいさからきているとみたほうがよさそうです。

そこで、ついでにプレアデス星団の星がいくつ数えられるものか、友人や家族みんなで目だめししてみるのも一興かもしれません。確認のため見えた星をスケッチし、下の星図と見くらべてみるよ

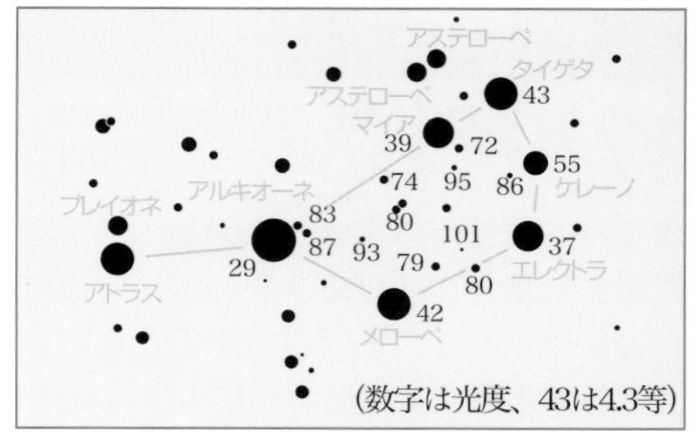

▲**プレアデス星団の星の明るさ**

うにしますが、これまでの例では 14 個数えたなどという報告もあります。

また、下の星図の線で囲んだ中に双眼鏡で何個見えるか、星かぞえによってその場所での空の暗さや透明度などの環境を調べるという方法もあります。

▲超新星残骸かに星雲M 1　秒速 1300 キロメートルでひろがり、10 光年の大きさになっています。距離 7200 光年のところにあった巨大な星が大爆発し、中心には中性子ばかりの 10 キロメートルほどのかたまりになりはてた小さな超重量級の“中性子星”が残され、電波やX線、放射線をまき散らしています。藤原定家が伝聞でその日記に書き残した記録には、「後冷泉院の天喜 2 年（1054）、おうし座に木星ほどの明るさの客星があらわれた」とあります。

●若い星の集団

プレアデス星団は、私たちからおよそ 400 光年のところにある若い星の集まりで、直径 15 光年の範囲に約 120 個の星が群がり集まっているものです。なかには、褐色矮星などというたよりない輝きの小さな星も含まれていますが、今から 5000 万年くらい前に誕生した、ごくごく若い星たちの集団というのが実態で、せいぜい 1 億年くらいしか輝いていられないだろうとみられています。つまり、青白い光を放つこれらの高温の星は、太陽などとはくらべものにはならないほど燃料消費が大きく、数千万年後にはたちまち年老いて、谷村新司さんの「昴」の歌のように砕け散り消えてしまう運命にある星たちなのです。

●超新星残骸かに星雲M 1

そういえばおうし座の角の先 ζ 星の近くに砕け散った星の残骸「かに星雲M 1」がありますので、これにも注目していただきましょう。今からおよそ 950 年前の西暦 1054 年に大爆発を起こし、超新星となって木星ほどの明るさで輝いたようすを鎌倉時代の有名な歌人藤原定家が後に聞き書きし、貴重な記録として残してくれたものですが、砕け散り四方に飛びだした突起がかにのように見えるというので“かに星雲M 1”のよび名で親しまれているものです。

この星雲の中心には直径がたったの 10 キロメートルくらいしかないのに、重さが太陽と同じくらいという、お化けのような小さな超重量級の中性子星があり、1 秒間に 30 回転という猛烈な自転をしながら脈拍パルスのような電波を放つパルサーとなって残されています。M 1 は現代天文学でなにかと話題になるおさわがせ超新星残骸といえます。

ぎょしゃ座

Auriga (Aur)　　駁者座：Charioteer

概略位置：赤経6^h00^m　赤緯＋42°
20時南中：2月15日 高度：(北) 83度
面積：657平方度
肉眼星数：154個
設定者：プトレマイオス

●五角形の星座

ぎょしゃ座は、おうし座の北よりの角からつらなる星座で、５個の明るい星が冬の淡い天の川の中で、将棋の駒のような五角形を描いています。

この五角形は、非常にはっきりしていて、一目でそれとわかるほどで、それだけに昔からその形ずばりの名でよばれていました。

たとえば、中国では「五車」、日本では「五つ星」「五角星」といったところです。

ギリシア神話では、この五角形のことをヘニオクレス、つまり、ぎょしゃ座の“手綱をとる者”とよび、α星カペラを駁者、残る四辺形を車、カペラのそばの小さな三角形を手綱と見て、馬車を走らせる駁者の姿をここに想像していました。

●アテネ三代目の王の姿

ぎょしゃ座の五角形に描きだされている駁者は、アテネ三代目の王となったエレクトニウスの姿とされています。

エレクトニウスは、生まれつき足が不自由だったため、戦場に出かけるときには体を馬の背にしばりつけ勇敢に戦ったといわれています。エレクトニウスはまたたいへん善政をしいたため、人々に慕われましたが、発明の才能もあり、不自由な足を補うため、４頭立ての馬車を発明し、その馬車をたくみに操って戦場を自由自在に駆けめぐり、その姿に敵も味方も圧倒されるばかりだったといわれます。

●小さな牝山羊を抱く老人

古い星座絵には、その勇者エレクトニウスというより、五角形に重ねて、ごく温厚そうな老羊飼いが、母山羊と２匹の子山羊を抱く姿として描かれているのが一般的です。それは、この星座がギリシアよりはるかに古いバビロニアの時代からすでに知られており、当時は、この五角形が小さな牝山羊を抱く老人の姿と見られていて、その姿がそっくりそのまま残されたためだとされています。

メソポタミアの古代遺跡から発掘された古い彫刻などには、みなこの星座が山羊か羊を抱く老人の姿に描かれていたといわれます。それがずっと後のギリシア時代になって、ここにエレクトニウスという４頭立ての馬車を発明したアテネ王の姿があてはめられ、

▲**ぎょしゃ座**　左は今はないハーシェルの望遠鏡座です。

▲北東の空にのぼったぎょしゃ座の五角形　大神ゼウスは生まれたとき、父クロノスにのみこまれようとしたところを母に助けだされ、イーダ山の洞穴にかくまわれました。そのときゼウスに乳を与えて育てたのが、この老羊飼いの抱く牝山羊アマルティアとされています。あるとき、ゼウスがたわむれて、うっかりその角の１本を折ってしまったことがありました。このためゼウスは、この角の持ち主が望む果物が何でも出てくる打ち出の小槌のような力を与えたといわれます。

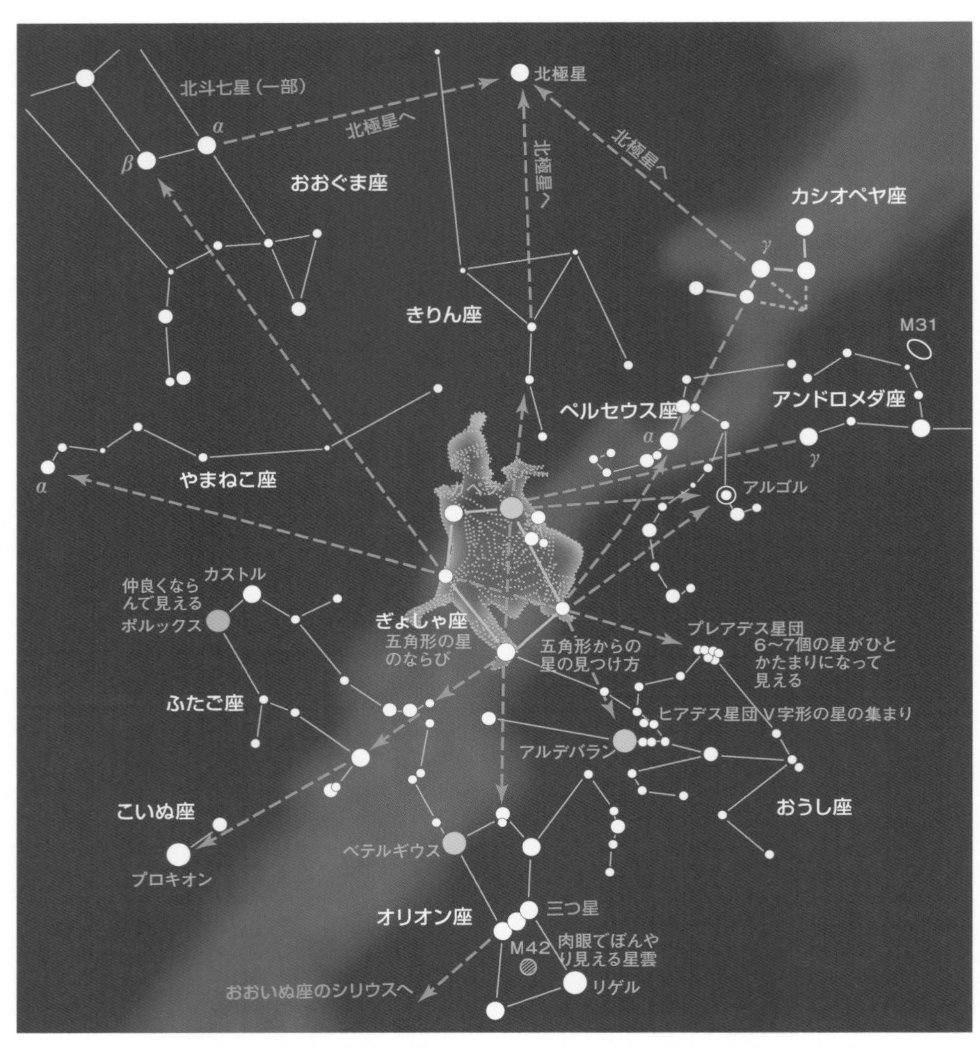

▲ぎょしゃ座の五角形の各辺の利用のしかた　真冬の宵の頭上に見える五角形の各辺をあちこちに延長してみると星座や星の位置の見当をつけることができます。

ギリシア神話がひろまるにつれ、この五角形は一般に馭者の形と考えられるようになったものとされています。ところが一方、星座絵のほうには、バビロニアのものがそのまま残されたため、古い星座絵とギリシア神話の名がごっちゃになって今に伝わり、山羊を抱く老羊飼いのようでもあり、鞭（むち）を手にする馭者エレクトニウスの姿でもあるというふうになったらしいのです。

●最北の１等星カペラ

五角形の右肩に輝く 0.1 等のカペラは、“小さな牝山羊（めす）”という意味の名で、老羊飼いが抱く山羊のところに位置しています。1等星として最も北よりにあるため、北海道の北部あたりでは周極星となって、一年中いつでも見ることのできる星となっています。

距離43光年と、私たちに比較的近い星で、表面温度が太陽と同じくらいなので、太陽に似た黄色味をおびた星として見えています。ただ太陽と大ちがいなのは、大望遠鏡で見ると0.9等と1.0等のほとんど同じ明るさの星2つが、太陽と地球間よりもやや狭い間隔をとって、わずか104日の周期でめぐりあう連星だということです。

▲ぎょしゃ座の3つの散開星団　ぎょしゃ座は淡い冬の天の川の中にあり、近くには大小の散開星団があります。M 37とM 36、M 38は星つぶもよくまとまっていて、美しい見ものとなっています。双眼鏡では3つとも同じ視野の中に見ることができます。

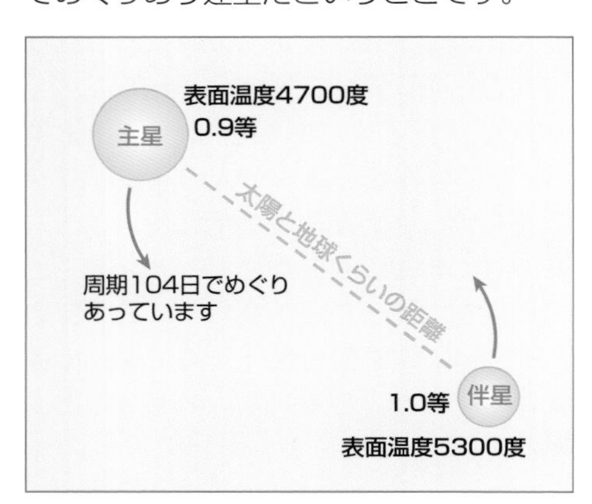

▲カペラの正体　直径が太陽の14倍もある主星と9倍ある伴星の2つの巨星がめぐりあっているのが実体です。

なにしろ見かけの間隔がわずか0.05秒角しかありませんので、小望遠鏡で見ることができないのが残念ですが、太陽の直径14倍もある巨星と9倍ある伴星がめぐりあうようすをすぐ近くで見ると、どんな光景なのか想像してみるだけで興味深くなります。ともに巨星になっているのは、進化が太陽より進んだ星だからでもあります。

なお、カペラには太陽のコロナより6倍も温度の高いコロナがとりまいていることが明らかになっていますが、密度の高いコロナなので太陽よりも小さく、せいぜい星の直径の10分の1くらいのひろがりしかないとみられています。

きりん座

Camelopardalis (Cam) 　**麒麟座：Giraffe**

概略位置：赤経5ʰ40ᵐ　赤緯＋70°
20時南中：2月10日 高度：(北)55度
面積：757平方度
肉眼星数：146個
設定者：ヘベリウス

●北の空の淡い星座

４等星以下の暗い星ばかりなので、北の空でかなり大きな範囲を占めるのにさっぱり目立たないのがこのきりん座です。

ほぼ一年中いつでも北の空のどこかには見ることのできる星座なので、いつの季節の星座というわけのものでもありませんが、宵の北の空高くなる冬が見ごろといってよいでしょう。

ただし、その見ごろのころのきりん座は、北極星の近くの頭部から頭上方向へ長い首をのばした逆さまのかっこうで見えています。これでは淡くかすかな星を結んできりん座の姿を想像するのは、ますますむずかしいかもしれません。

▲古星図に描かれた北の空の星座たち

▲古星図にあるきりん座

●きりんとらくだ

このきりん座は、あのケプラーの娘婿となり、33歳の若さでなくなったバルチウスが彼の星図上で示したのが最初とされ、後に正式な設定者とされるヘベリウスの星図に受けつがれています。

バルチウスは、旧約聖書の創世記第25章に登場するユダヤ人の族長イサクが美しいリベカをめとったとき、リベカを乗せてきたラクダからヒントを得てこの星座をつくったと伝えられ、このため19世紀には星座名を「らくだ座」に変えたらどうかと提案した人もあったといわれています。

しかし、実際にはバルチウスの星図にもヘベリウスの星図にもアフリカの草原にすむ首の長いキリンの姿が描かれてい

▲冬の宵の北の空のながめ 北西の空へ傾いたカシオペヤ座のW字形と北東の空へ姿を見せはじめた北斗七星、それに頭上に輝くぎょしゃ座の１等星カペラとを大まかに結ぶ三角形の中ほどにごく淡いきりん座の逆さまにかかる姿があります。

て、最初からキリンのイメージを描いて設定された星座であることがわかります。ただし、もっとそれ以前、南天の星座づくりに活躍したプランキウスの天球儀などにもそれらしい名前があるところから、当時、珍しい動物のひとつとして早くから星座にされていたとみてよいでしょう。

こんな事情から、プランキウスを設定者とすることもあります。

なお、このきりん座のそばにかつて「メシエ座」というのが設定されたことがありましたが、これは「穀物の番人座」という意味の星座で、彗星捜索者として有名なメシエとは関係ありません。

オリオン座

Orion (Ori)　　オリオン座：Orion

概略位置：赤経5^{h}20^{m}　赤緯+3°
20時南中：2月5日　高度：58度
面積：594平方度
肉眼星数：197個
設定者：プトレマイオス

●だれもがお気に入り

赤みがかったオレンジ色の１等星ベテルギウスの暖かみのある輝き、青白い１等星リゲルの冷たく刺すような鋭い輝き、斜め一列に整然とならんだ三つ星(みつぼし)と縦(たて)一列の小(こ)三つ星のぼんやりした光芒(こうぼう)……、明るい星々が均整のとれた形でならんだオリオン座の姿は、だれもがまずまっ先に真冬の宵空で注目し、その美しさを認める星座といえます。

オリオンは、ギリシア神話に登場する腕自慢の狩人の名前ですが、それ以前から、ここにはさまざまな勇者の姿が描きだされていました。たとえば、バビロニアではメロデック王、フェニキアでは強き者、スカンディナビアでは巨人オルワンデルの姿などと見られていました。

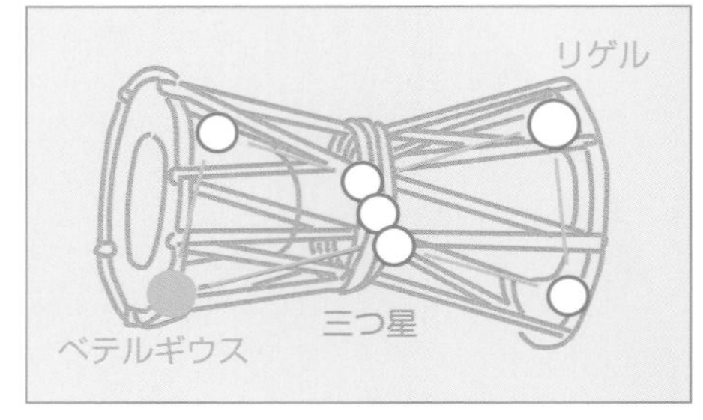

▲**鼓星**　オリオン座を和楽器の鼓の形としてみたものです。

一目でそれとわかる形の整った星座だけにそれも当然かもしれませんが、日本でも、もちろんオリオン座は注目されていました。

▲**冬の星座たち**　中央付近に角をかざすおうし座に立ち向かうようなオリオン座の姿が描かれています。

●さまざまな和名

古くはオリオン座全体の形から、あの浦島太郎伝説の亀姫、つまり、竜宮城の乙姫(おとひめ)様の姿と見たてられていたというのがあります。

同じように江戸時代にはオリオン座の長四角形の星をX字形に結んで和楽器の鼓(つづみ)の形とみて「鼓星(つづみぼし)」ともよばれていました。三つ星や小三つ星の部分だけを結びつけて、酒をはかったりする「酒枡星(さかます)」とか、室町(むろまち)のころには、牛にひかせて田を耕す「柄鋤星(からすき)」とい

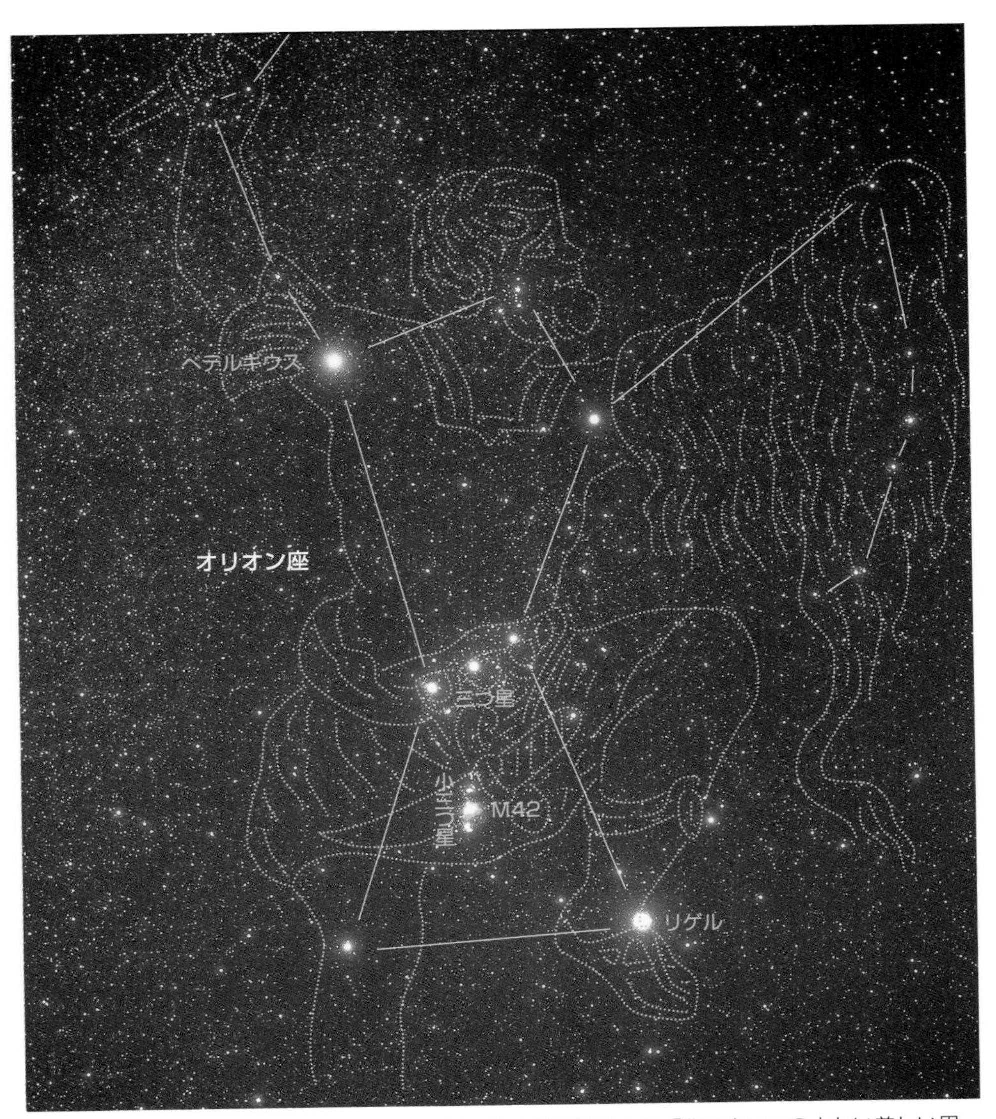

▲オリオン座　ギリシアの詩人ホメロスは、その叙事詩の中で「背の高いこの上ない美しい男の子」とオリオン座のみごとさをたたえています。左上の赤いベテルギウスは、距離 497 光年のところにある表面温度が太陽の半分の 3000 度と低い年老いた赤色超巨星で、直径はじつに太陽の 500 倍以上もあり、しかも、風船のように不安定に大きくなったり小さくなったり、明るさも少し変えています。一方、青白いリゲルは距離 863 光年のところにある太陽の直径の 70 倍の若い高温の巨星で、表面温度は 1 万度を超え、自転のスピードも星がちぎれ飛んでしまわない限界に近い秒速 400 キロメートルで回転しているというものすごさです。もし、この星を 32.6 光年のところにもってくるとマイナス 7 等星ぐらいとなり、三日月ぐらいの明るさになって見えることになります。なお、0.1 等のリゲルは小さな望遠鏡で見ると、すぐそば 9.5 秒角のところに 6.8 等星がくっついて見える二重星として楽しめます。

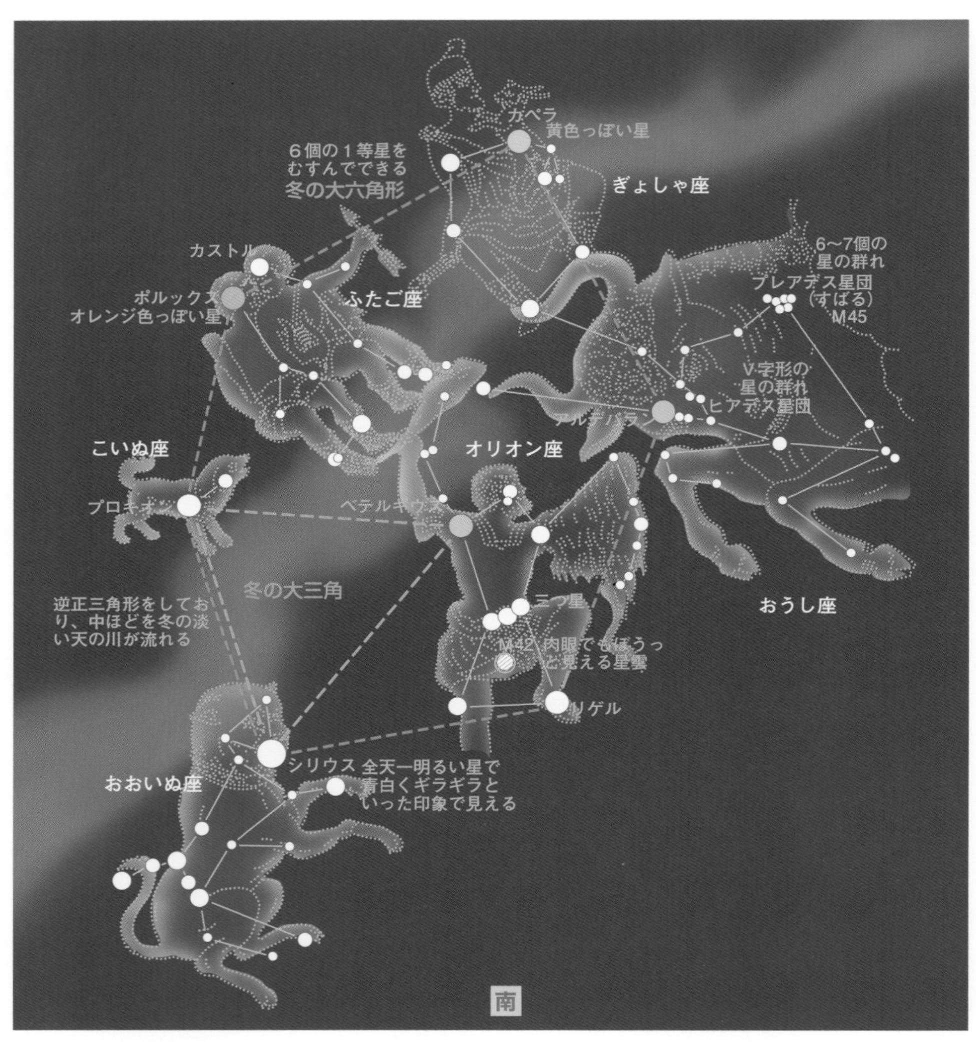

▲冬の星座たち 明るい1等星たちを結んでできる「冬の大三角」と「冬の大六角形」が、冬の星座さがしのよい目じるしとなってくれます。

う農具の名でよんでいた地方もあります。岐阜県のあたりでは、狩人オリオンの肩先で赤く輝くベテルギウスは、平家の赤旗のイメージから「平家星(へいけぼし)」、右足下に輝く青白いリゲルは、源氏の白旗とみて「源氏星(げんじぼし)」などとよんでいました。

つまり、三つ星をはさんで輝くオリオン座のこの2つの1等星を源平合戦のライバルどうしに見たてて、親しんできたというわけです。

ふだんはギリシア神話の狩人オリオン座と見ている星座の形を、このように和名で見てみるというのも楽しいかもしれません。

▲夏の夜明け前の東天にのぼるオリオン座

●アルテミスの願い

真冬の夜空に輝くオリオン座は、とにかく見あげる者をうっとり幸せな気分にさせてくれるところがあります。

月と狩りの女神アルテミスもオリオンに恋心を抱いていました。しかし、女神の兄の太陽神アポロンは、そのことがどうにも気に入りませんでした。オリオンは少々乱暴なところがあって、あちこちでトラブルを起こしがちだったせいなのかもしれません。

ある日のこと、オリオンが頭だけ出して海の中を歩いているのを見つけると、金色の光を浴びせておいて、妹アルテミスにいいました。

「いくらおまえが弓の名人だからといって、まさか、あの光っているものは射あてられまい……」

「お兄さま、まあ私の腕前を見ててごらんなさいな」

女神はそういうなり、弓に矢をつがえ、ヒューと射かけました。

弓の名人アルテミスのことですから、それるはずもなく、矢はその光るものをみごとに射抜きました。

▲春先の宵、西の空へかたむいたオリオン座

▲オリオン座大星雲 M42　距離 1500 光年のところにひろがるガス星雲で、この写真で最も輝いている部分に四重星トラペジウムがあります。このあたりにひそむ巨大な分子雲のごく一部分が誕生して間もないトラペジウムの高温の星たちによって輝かされているものです。このガス星雲の中では、今も続々と赤ちゃん星が誕生してきており、M 42 の領域はまさに星の誕生現場です。

ところが、それが浜辺に打ちあげられてみると、なんと自分の愛するオリオンの変わり果てた姿だったではありませんか。アルテミスは深く悲しみ、大神ゼウスに願い出ていいました。

「私が銀の馬車で夜空を走っていくとき、いつでもオリオンに会えるよう彼を星座にしてください……」

それで、冬の夜、オリオン座のすぐ近くを大きく明るい月が通りすぎていくというわけなのです。オリオン座と月がならんでいる光景を目にすると、この神話がほほえましく思い出されることでしょう。

●オリオンの剣

オリオン座で目につくのは、やはり中央で斜め一列に行儀よくならんだ"三つ星"でしょう。そのイメージから「三光」「三星様(さんじょうさま)」「三大師(さんだいし)」など、各地でさまざまなよび名で伝えられていますが、もう一つ、三つ星のすぐ南に縦(たて)一列につらなる"小三つ星"も「小三星(こさんじょう)」とか「影三つ星」などともよび、注目されていました。

西洋では、三つ星は狩人オリオンのベルトで、小三つ星はそのベルトに下げた剣にあたるところから「オリオンの剣」ともよんでいました。

注目してほしいのは、そのオリオンの剣、小三つ星の中ほどの天体で、肉眼でもぼんやりしていて、これが星でないことはすぐにわかります。双眼鏡ではもちろん、鳥が翼をひろげたようなガス星雲だと正体はすぐにわかります。

これがオリオン座大星雲としておなじみの散光星雲M 42で、星の誕生現場として現代天文学で今最も注目されている領域なのです。

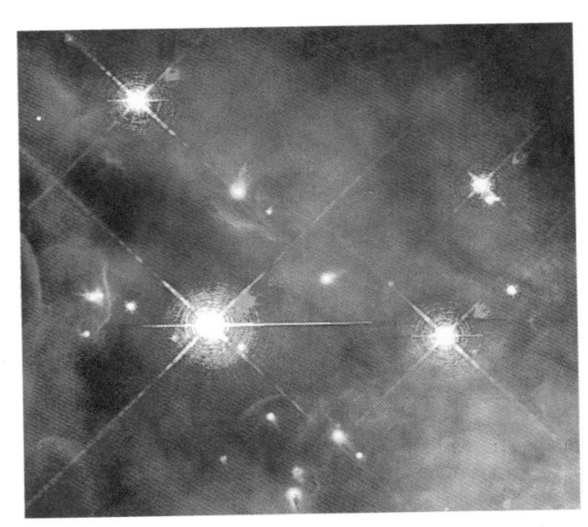

▲トラペジウムの四重星たち トラペジウムとは「台形」のことで、四重星の星の配列の形からきた名前です。太陽の10倍以上の重さがあり、表面温度も3万度を超えるものすごさです。

●四重星トラペジウム

小さな望遠鏡の視野の中でも、いく重にも重なるヴェールのようなガス星雲の美しさには、息をのむ思いをさせられるものですが、注目してほしいのは、星雲の光芒(こうぼう)の中央に4個の青白い星が肩を寄せあうようにひとかたまりになって輝いていることです。

これがトラペジウムとよばれる台形を意味するよび名をもつ四重星です。

じつは、このオリオン座大星雲M 42は、およそ40万年前ころ、ここで生まれ出た非常に若い高温のこのトラペジウムの星たちが放つ強烈な紫外線によって周囲の冷たいガスが刺激され、輝かされている、ひろがりが30光年もある水素ガス雲というのがその正体なのです。

つまり、この付近には星の誕生の素材となる見えない巨大な分子雲がひそんでいて、見えるオリオン座大星雲はそのごく一部分が輝いているというわけです。

▲オリオン座中央部　次ページの双眼鏡で見たのとほぼ同じ領域を長時間露出で写しだしたものです。

私たちはトラペジウムの星たちによって、巨大分子雲のごく一部を光らせて見せてもらっているというわけです。

その逆のものは、三つ星のζ（ゼータ）星のすぐそばで、明るい星雲をバックに馬の首そっくりなシルエットとなって浮かび上がるおなじみの馬頭星雲のような暗黒星雲の例もあります。

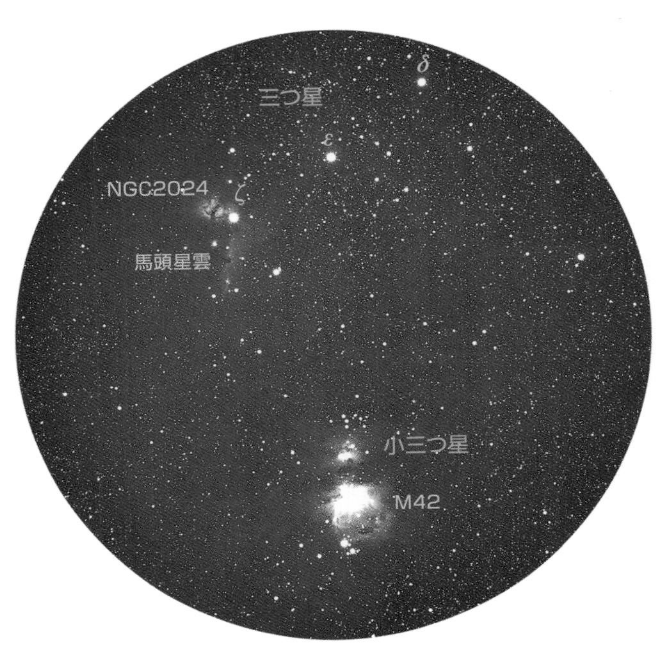

▲三つ星とオリオン座大星雲付近　双眼鏡で見ると、M 42 は鳥が翼をひろげたようなガス星雲だとわかりますが、三つ星のζ星の近くの NGC2024 はごく淡く、馬頭星雲は見えません。

●オリオン座の見もの

そんな天文学的話題はともかくとして、オリオン座大星雲M 42 を望遠鏡の視野の中にとらえ、じっくり観察すると、全体がほんのりピンク色をしているのがわかります。カラー写真でとらえると、その色のあざやかさに驚かされることでしょう。

このほか、散光星雲M 78 は、ウルトラマンの故郷としてすっかり有名になってしまいましたが、三つ星のζ星の北よりに小さくぼんやりひろがる散光星雲として小望遠鏡で見えます。

オリオン座は明るくカラフルな星も多く、M 42 のような異質の天体もありますので、写真に写してみるのもよいでしょう。数十秒間露出で星座の形がはっきり写しだされ、うれしくなることでしょう。

▲オリオン座大星雲 M42 のアップ

エリダヌス座

Eridanus (Eri)　エリダヌス座：River Eridanus

概略位置：赤経3^{h}50^m　赤緯－30°
20時南中：1月14日　高度：25度
面積：1138平方度
肉眼星数：189個
設定者：プトレマイオス

●天上の大河

エリダヌスとは聞きなれない名前と思われることでしょう。

じつは、これは川の神エリダヌスの名前からきたもので、この星座は天上を流れる大河というわけです。

長大なエリダヌス河は、オリオン座の足下に輝く１等星リゲルの近くに源を発し、西へ東へと蛇行をくり返しながら、小さな星を点々とつらね、川の南の果てに輝く１等星アケルナルまではるばる流れ下っています。しかし、アケルナルが見えるのは、九州の南部以南で、このためそれより北の地方ではエリダヌス座の全景は見られないことになってしまいます。

川の流れは、南の地平線でとぎれてしまうというわけですが、沖縄付近まで南下すれば、もちろん全景は見やすくなります。

●少年ファエトンの墜落（ついらく）

太陽神アポロンの息子ファエトン少年は、友達への自慢話のタネにしようと、父にねだって太陽の馬車を無理やり借りだし、空へとかけのぼりました。

▲エリダヌス座とファエトンの墜落を描いた星座絵（ファルネーゼ宮殿の天井画）

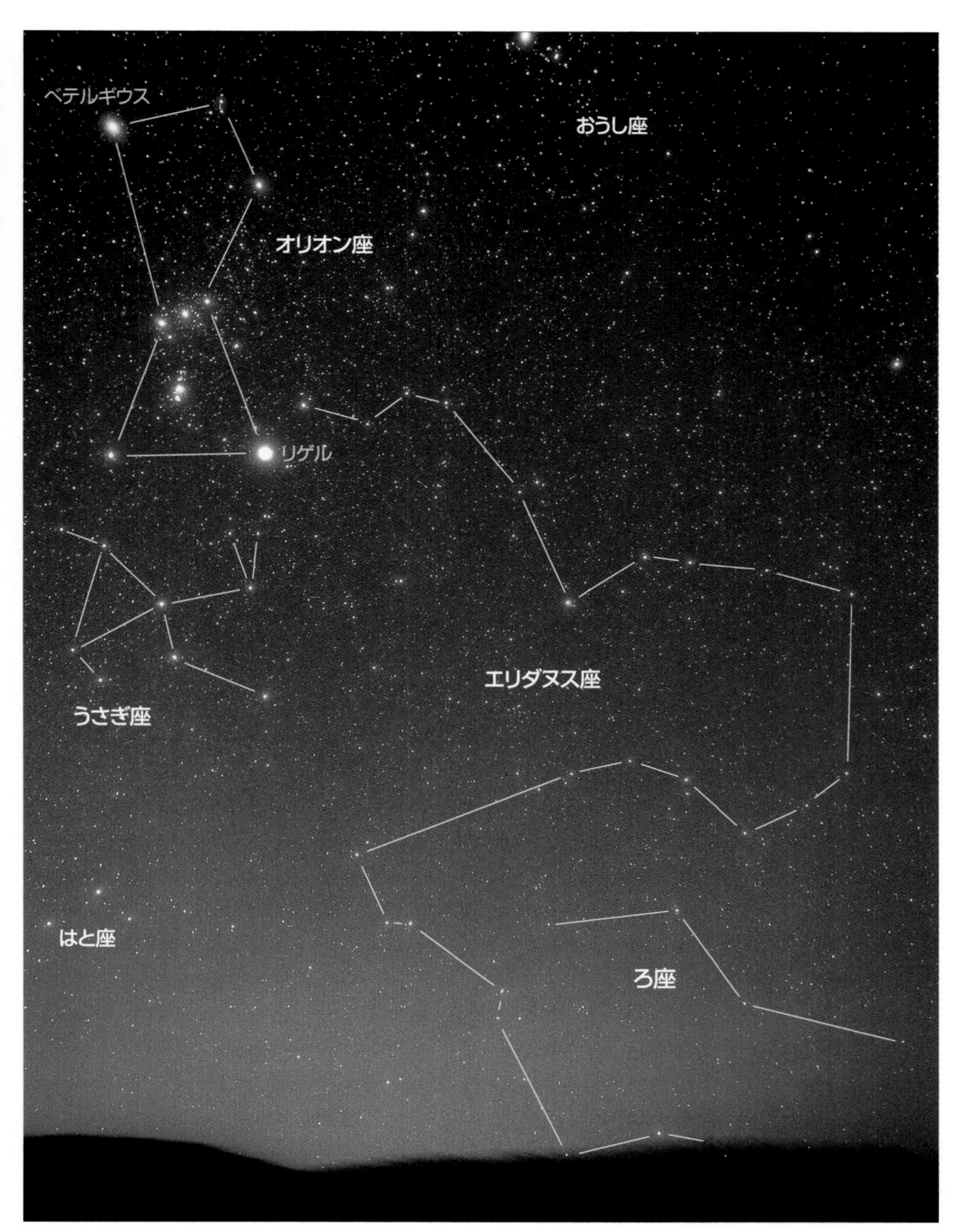

▲エリダヌス座　オリオン座の足下に輝く1等星リゲルの近くに源を発して淡い星を点々とつらね蛇行しながら南下する天の大河で、ばくぜんと見るだけでそのつながりが見えてくることがあり、あんがいわかりやすい星座です。川の果てには1等星アケルナルが輝いていますが、見えるのは鹿児島以南の地で、沖縄あたりなら高度もあり、ゆったり見られます。

ところが、４頭の天馬たちは、いつもと乗り手がちがうのに気づいて勝手気ままに走りだしてしまいました。なにしろ炎の太陽の馬車ですから大変です。

馬車が天から駆け下りてきた地上では火山が噴きだし、暑い砂漠ができ、雲は真っ赤に焼けただれました。

このありさまを目にして、さすがの大神ゼウスもあわて、雷電の矢を放って太陽の馬車を打ちくだきました。そして、ファエトン少年は流れ星のように真っ逆さまにエリダヌス河に落ちていきました。

ファエトン少年の姉妹たちは、このようすを目にしてさめざめと泣いているうち、やがて葉をふるわせてポプラの木に変わってしまったといわれます。

また、親友キクヌスは、エリダヌス河に落ちたファエトン少年の姿を川にもぐってさがしているうちに白鳥に姿が変わり、はくちょう座になったとも伝えられています。

●身近にある大河の名でよばれた星座

冬の南の空に小さな星をつらねてえん

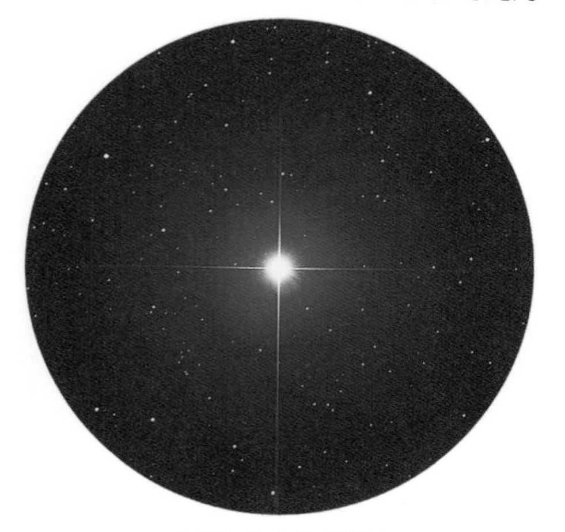

▲アケルナルの輝き

▲川の神エリダヌス（グロティウスの古星図）

えんと南下するエリダヌス座を見ていると、よくもまあ、これを川の姿に見たてたものと感心させられてしまいますが、古くから伝えられていた星座で、たいていは身近にある大河の名をとってよばれていたといわれます。たとえば、エジプトではナイル川、バビロニアではもちろんユーフラテス川、そしてイタリアでは現在のポー川などといったようにです。

●川の果てに輝くアケルナル

南の地平線はるかにエリダヌス座は流れ下っていきますが、その川の終点に輝くのが１等星アケルナルです。冬のよく晴れわたった夜、鹿児島付近で南の地平線上すれすれにやっとお目にかかれる南天の星ですが、南半球では頭上高く 0.5 等の青白い輝きを目にすることができます。近くに南天の奇観小マゼラン雲があり、小マゼラン雲を見つけるためのよい目じるしになってくれています。

距離は 140 光年ですから、そんなに遠くにある星というわけではありません。

ろ座

Fornax (For)

炉座：Furnace

概略位置：赤経2^h25^m　赤緯－33°
20時南中：12月23日　高度：22度
面積：398平方度
肉眼星数：57個
設定者：ラカイユ

●化学実験用の炉

冬の宵の南の空にかかるエリダヌス座の蛇行する部分に食い込むようにしてラカイユが設定したのが、ろ（炉）座です。といっても、暖房用の炉ではなく、彼の星図には火の燃えさかる化学実験用の炉の上に蒸留器が置かれていて、それにもう一つフラスコのような受け器がつながれたような絵が描かれています。

ラカイユは、彼の時代のこうした最先端の科学技術のようなものを、従来の星座の隙間（すきま）に設定していきました。当然のことながら、今となってはいささか古くさく、ロマンのあまり感じられない星座となっています。

▲**南天の星座たち**　ラカイユの設定したろ座が右端（矢印）に見えています。157ページにろ座の写真があります。

うさぎ座

Lepus (Lep)　**兎座：Hare**

概略位置：赤経5ʰ25ᵐ　赤緯－20°
20時南中：2月6日　高度：35度
面積：290平方度
肉眼星数：70個
設定者：プトレマイオス

●オリオンの足下にうずくまる星座

うさぎ座は、オリオン座のすぐ南に接する小さな星座です。これといって明るい星があるわけではありませんが、３等と４等の星が小さくいびつな四辺形を描いているようすは、冬の宵の南の中天で意外に目につきます。

その中心となる四辺形にいくつかの星を結びつけていくと、長い両耳、前足、今にもジャンプしそうな後ろ足など、狩人オリオンの足下で、元気よくとびはねそうなウサギの姿はすぐイメージできることでしょう。

●古い歴史をもつ星座の一つ

形のととのった星座は、小さくても古い歴史をもつものが多いのですが、このうさぎ座もその例にもれず、ギリシアのプトレマイオスの48星座の中にちゃんと含まれています。ただ、どうしてウサギが星座に上げられたのか、その理由については、星座神話など何も伝えていないため、はっきりしていません。

狩人オリオンがうさぎ座の上（北側）に位置していることから考えれば、このウサギが狩人オリオンの獲物として描きだされたことはたしかのようです。

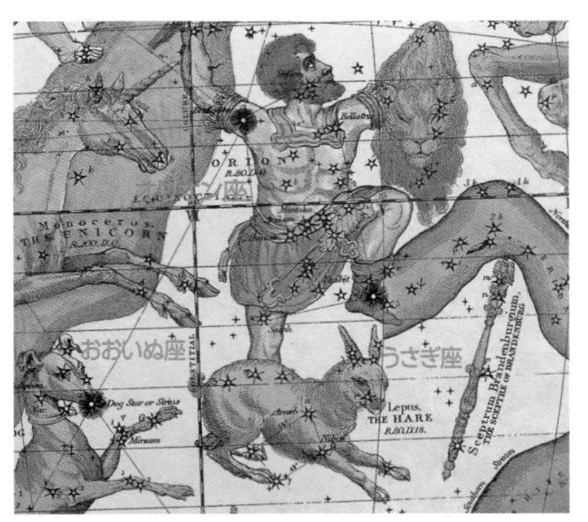

▲バリット星図のうさぎ座　狩人オリオンの足下にうずくまるうさぎ座の姿があります。

●天文詩の中にも登場

紀元前３世紀ごろ、星空をうたったギリシアの詩人アラトスの天文詩の中にもこのうさぎ座のことが次のようにうたわれています。

「オリオンの足下を逃げまわり、大犬シリウスに追われるウサギ……」

冬の星座の中でうさぎ座の日周運動のようすを見ていると、このアラトスの詩がそのまま実感できて興味深いものです。

また一説には、昔、シシリー島で野兎（うさぎ）がはびこり、田畑を荒らしたとき、これをオリオン座の足下に置いて追い払うまじないをしたのだともいわれています。

小さな星座なのに何かと話題の多い星座といえます。

●ハインドの深紅色星

うさぎ座で最も興味をひく天体は、エリダヌス座との境界近くにある真っ赤な色の変光星Rです。1845年にこの星を発見したイギリスのハインドが「まるで暗黒の視野の中に落とした血のしずくのようだ」と述べたところから、ハインドの深紅（しんく）色星（クリムズン・スター）とよばれるようになった星です。

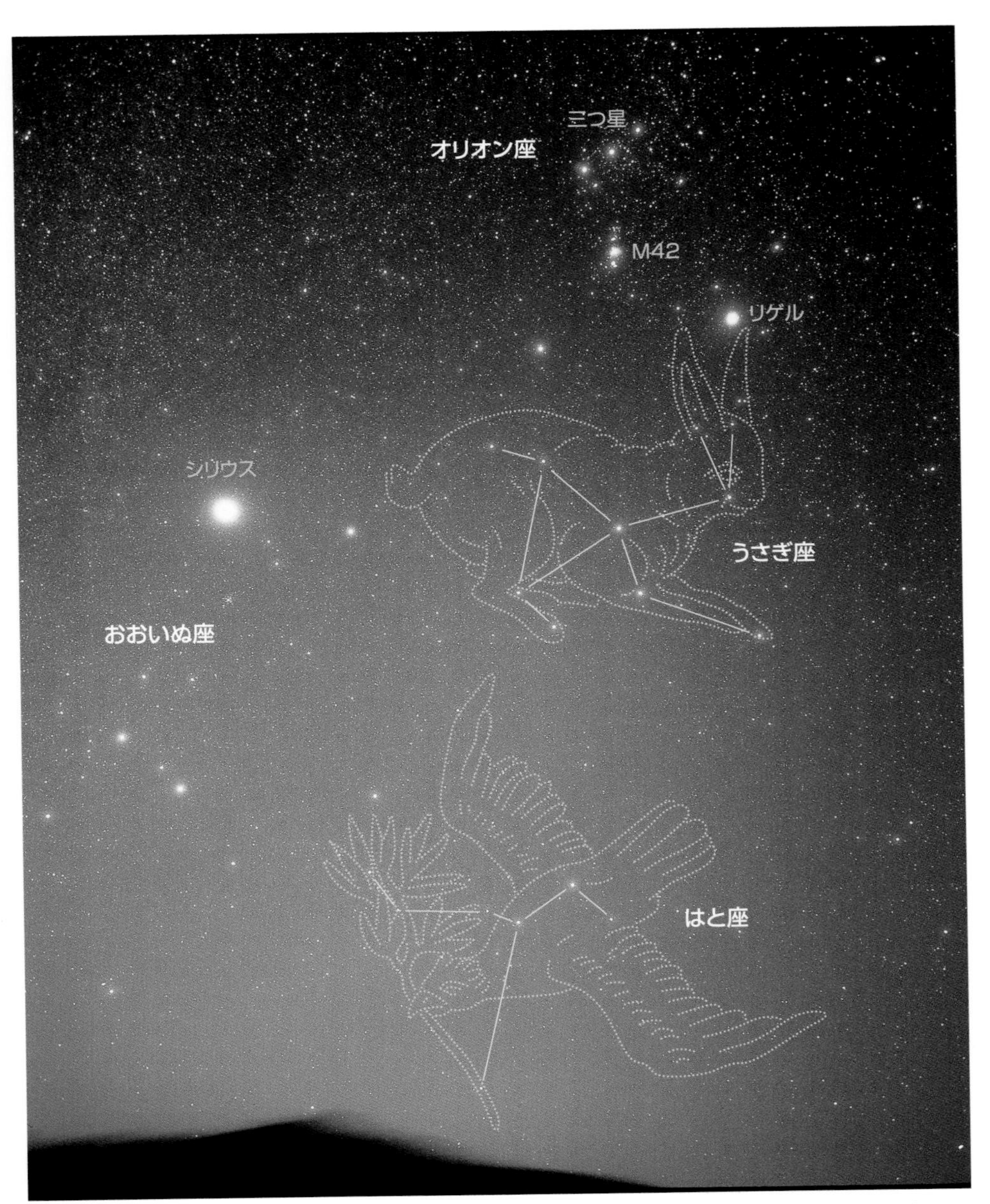

▲うさぎ座付近　狩人オリオン座のすぐ足下にうずくまるのがうさぎ座で、冬の宵の南の空低く見えます。またうさぎ座の尾の東には全天一明るいおおいぬ座の１等星シリウスが輝いており、位置の見当はつけやすいでしょう。星の日周運動を見ていると、おおいぬ座がうさぎ座を追いかけているようで、うさぎ座が西へ西へと必死に動いていくようにも見えます。奈良県のキトラ古墳の天井に描かれている古い中国式の星座図では、この付近は“厠”、つまり、トイレの星座で、その南にはごていねいに尿の星座まで描かれています。

はと座

Columba (Col)　　鳩座：Dove

概略位置：赤経5ʰ40ᵐ　赤緯−34°
20時南中：2月10日　高度：21度
面積：270平方度
肉眼星数：69個
設定者：ロワイエ

●オリオンのはるか南の小星座

冬の宵の星座といわれれば、だれでもがまずオリオン座の名前をあげるほどですが、その目立つオリオン座の南にあるため、すぐ南のうさぎ座も、そのさらに南に接するはと座も、小星座ながら意外に目につく存在となっています。ただし、はと座は、東京付近の緯度では、高度が20度くらいにしかなりませんので、南の視界の開けた場所で見るようにしなければなりません。

それでも夜空さえ暗ければ、思いのほか明るめの星つぶが天のこうもり傘といったイメージで南の地平上にかかり、見なれてしまえばはと座の姿はすぐわかるようになります。

●古くからあった鳩(はと)の星座

オリーブの葉を口にくわえたこのはと座は、フランスの建築家のロワイエが設定したものとされています。しかし、実際には、それより70年以上も前に刊行されたバイヤーの星図『ウラノメトリア』の中にその姿が認められ、ロワイエの星表に星座として独立して入れられたということになります。

ところが、バイヤーよりさらにさかのぼって南天星座の設定に深くかかわったオランダのプランキウスの天球図に描かれていて、さらにそのはるか昔、2世紀

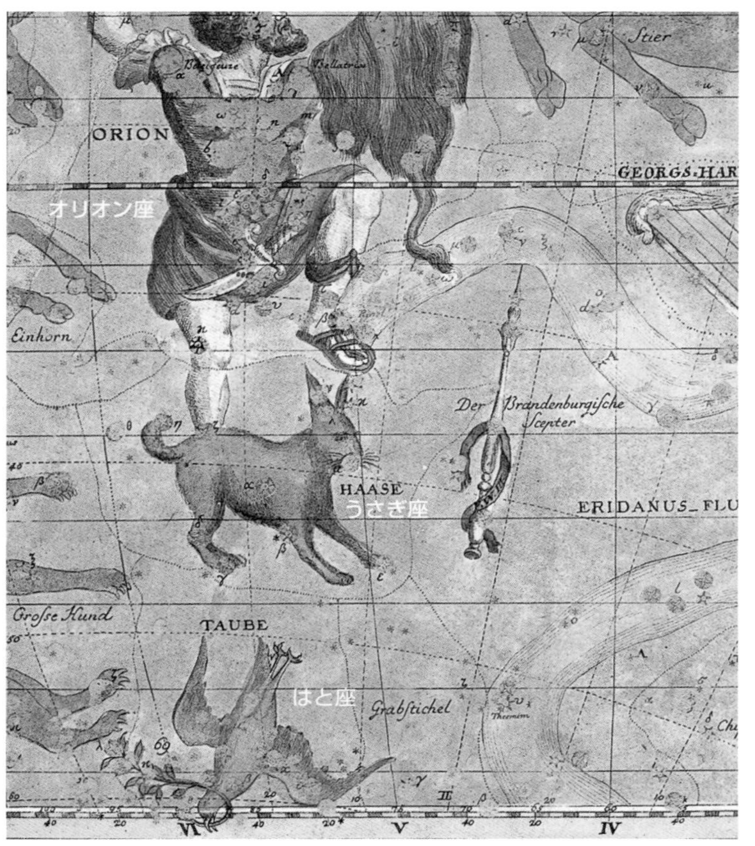

▲ボーデの星図に描かれているはと座（下端）

▲冬の宵の南の空のながめ　南の空低くはと座の姿が見えています。そして、そのさらに南の地平線上近くにりゅうこつ座の１等星カノープスが見えています。

のアレキサンドリアの神学者クレメンスの著書にちゃんとはと座のことが述べられているといわれています。

●ノアのはと座

複雑ないきさつはともかく、ロワイエは、はと座のことを「ノアのはと座」と名づけていました。それが、その東にある大星座アルゴ船座を旧約聖書の創世記に出てくるあのノアの方舟に見たてて、その船から飛びたった鳩の姿としたからです。キリスト教的な星座というわけですが、ロワイエはこのほか南天にみなみじゅうじ座を設定したともされています。

おおいぬ座

Canis Major (CMa)　大犬座：Big Dog

概略位置：赤経6^h40^m　赤緯－24°
20時南中：2月26日　高度：31度
面積：380平方度
肉眼星数：140個
設定者：プトレマイオス

●全天一の輝星シリウス

冬の南の空を見上げて、目の前で青白くギラギラ輝く星を見つけたら、それはおおいぬ座のシリウスと思ってまずまちがいありません。

明るい星の多い冬の空ですが、シリウスの明るさは別格でマイナス 1.5 等の全天一の明るさは、都会の夜空でさえ、すぐそれとわかるものです。

おおいぬ座は口元でギラギラ輝くシリウスと南よりに少し離れた 3 個の 2 等星がつくる三角形を結びつけると骨格ができあがり、大きな犬の姿はすぐイメージできることでしょう。

ただし、シリウスの輝きとこいぬ座の1 等星プロキオンの 2 つの明るい星を見ただけでも、大犬と小犬のペアのイメージはじゅうぶんにできますので、小さな星までわざわざ結びつけ、その姿をたどってみるまでのことはないかもしれません。

●名犬レラプスとキツネ

おおいぬ座になっているこの大きな犬については、諸説あって、いまひとつ正体がはっきりしていません。

すぐ近くの狩人オリオン座がつれている猟犬だろうとか、イカリオス王の忠犬メーラだろうとか、じつにさまざまに言い伝えられています。ここでは、月と狩りの女神アルテミスの侍女プロクリスの飼っていた名犬レラプスとみて、その話をしておきましょう。

あるときのことです。大きなキツネがあらわれ、家畜などに大きな被害が出たことがありました。このいたずらギツネを捕らえるために、さっそく名犬レラプスが放たれました。

レラプスはさすがに名犬で、たちまちキツネを追いつめると、これを捕らえようとしました。しかし、キツネもさるものです。ひらりひらりと身をかわして逃げまわります。

この 2 匹の追いつ追わ

▲古星図に描かれた冬の星座たち

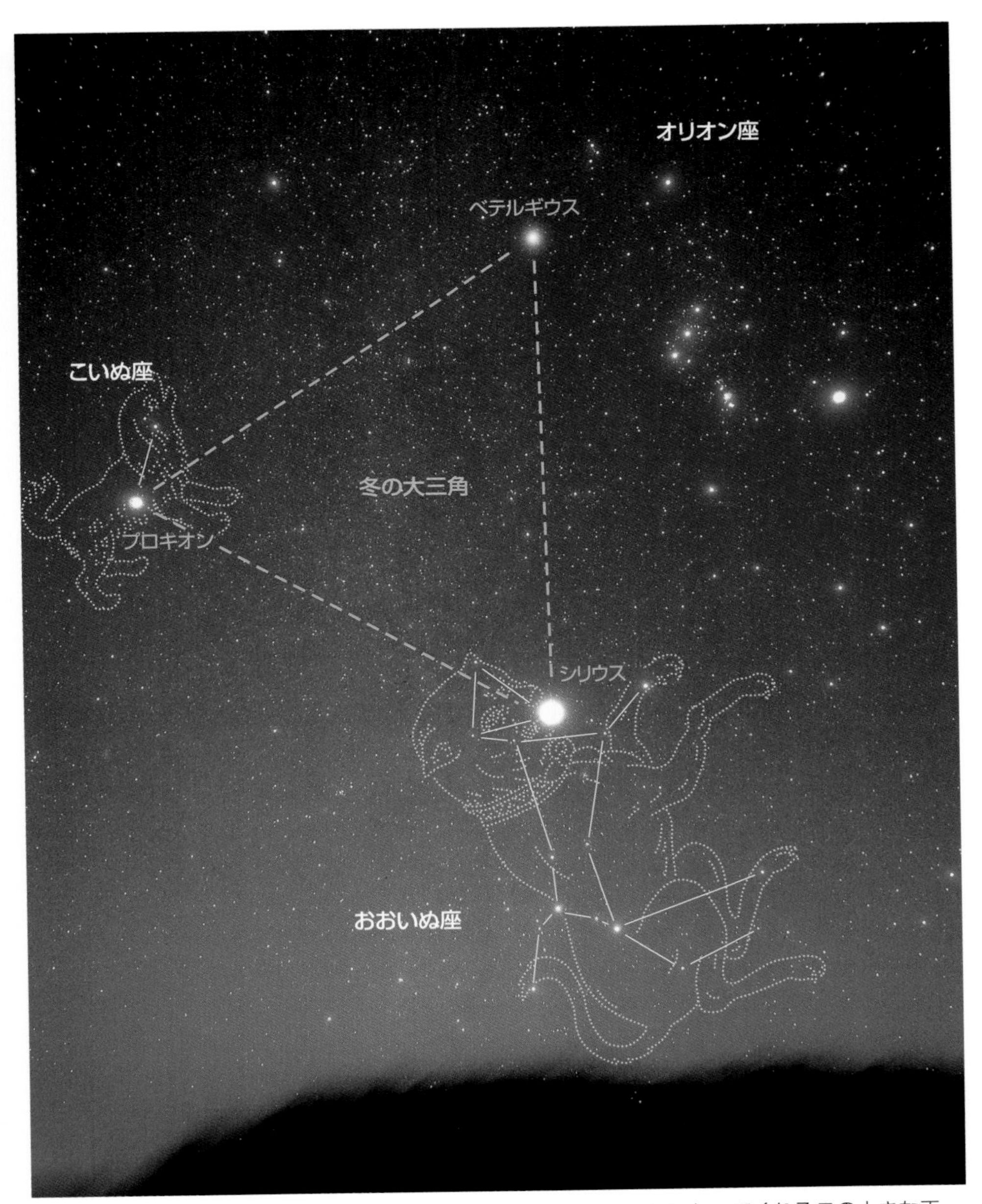

▲南東の空の冬の大三角　冬の夜空の星座さがしのよい目じるしになってくれるこの大きな正三角形の一辺の長さは角度にして 26 度あります。山陰地方ではおおいぬ座のシリウスを「南の色白」、こいぬ座のプロキオンを「色白」とよび、一対の星と見ていましたが、ふつうは「大星」とか「青星」とよばれていました。中国ではシリウスを「天狼」とよび、ヨーロッパでは 7 月の初めから 8 月中旬ごろまでの暑中をドッグ・スター（Dog Star）のシリウスが太陽とならんで輝くため暑くなるとみて、「ドッグ・デイ（Dog Day）」とよんでいました。

▲シリウスと散開星団M 41　双眼鏡で見るとシリウス（上）とならんでそのすぐ南にある明るい散開星団M 41（下）が同じ視野内に見えてきます。

れつのようすを空から見ていた大神ゼウスは、名犬レラプスと大ギツネがお互い傷つけあうのを恐れ、2匹を石に変え、犬はそのまま星座にあげ、おおいぬ座にしたと伝えられています。

●焼き焦がすもの

大犬の口元で輝くシリウスの明るさは、マイナス1.5等星です。同じ冬の夜空に輝いているオリオン座のリゲルやベテルギウスなどの1等星などより6倍は明るく、全天で一番の明るさを放っています。

そのシリウスという名は、ギラギラ輝くイメージどおりの「焼き焦がすもの」という意味のギリシア語「セイリオス」からきているものです。

これは、日の出前の東の空にシリウスが顔を出すようになると、太陽とならんで焼けつくような暑い夏の季節をつくりだすと考えられていたからです。

古代エジプトでの場合は、日の出直前にシリウスが東の空に姿を見せるようになるとナイル川が増水し洪水となるため、その予告をしてくれる重要な星としてシリウスは、あがめ崇拝されていたといわれています。

そして、こいぬ座のプロキオンはシリウスに先がけて東の空にあらわれるところから、これまた重要視されていました。

●白色矮星の伴星

シリウスが冬の夜空であんなに明るく輝いて見えるのは、シリウスが宇宙の中で一番明るい星だからというわけではありません。私たちから、わずか 8.6 光年という日本から見える星々の中では最も近いところにあるためなのです。

もちろん、シリウスの明るさは、太陽の 40 倍もあって、その表面温度は 1 万度、太陽の直径の 1.8 倍もの大きさがありますので、けっして小さな星というわけではありませんが、なんといっても明るく見える一番の原因は距離の近さにあるのです。

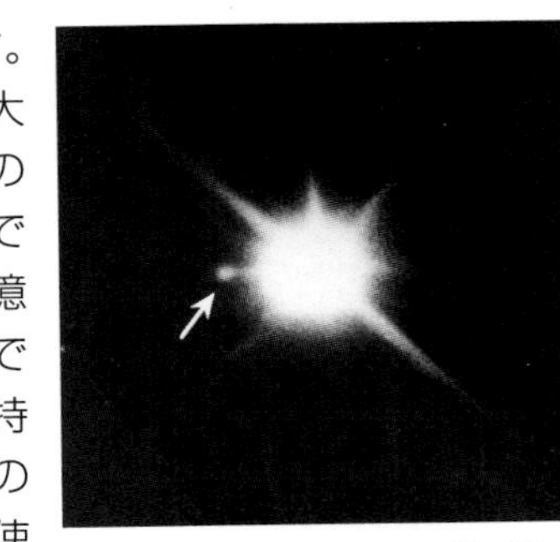

▲シリウス A と伴星B（矢印）

太陽より大きめのこのシリウスですが、5 億年くらいで自分の手持ちの水素の燃料を使い果たしてしまうだろうとみられています。つまり、5 億年くらいしか寿命のないシリウスが現在あんなにギラギラ輝いていられるのは、シリウスが誕生してからまだ 5 億年もたっていないことを意味していることにもなります。

太陽は全寿命が 100 億歳で、現在 50 億歳ですから、あと 50 億年は輝き続けられます。いかにシリウスが若い星であるかが、このことからわかります。

ところで、このシリウスには、非常に小さいくせにとてつもなく重い白色矮星の伴星がまわっていることで知られています。大きさは地球の 2 倍くらいしかないのに重さは太陽と同じくらいというなんとも奇妙な小さな星なのです。

わかりやすくいえば、この星では 1 センチ角の角砂糖大のもので、重さがなんと百数十キログラムにもなるという超高密度の星なのです。

この 1 万 5000 度もある熱くて重い小さな白色矮星も、もともとはシリウスと同じように輝いていたのですが、進化のスピードがずっと速くたちまち燃料を燃やしつくしてしまい、今は冷えて死んでいくばかりの状態の、いってみれば星の死骸ともいえる天体なのです。

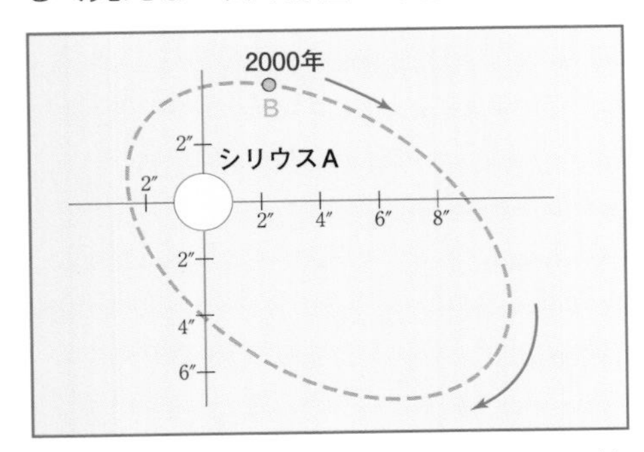

▲シリウスの伴星の軌道　－1.5 等と 8.5 等のペアで、周期 50.1 年でめぐりあっています。2000 年での角距離は 4.6 秒角ですが、光度差がありすぎて小望遠鏡では見えません。

こいぬ座

Canis Minor(CMi) 小犬座：Lesser Dog

概略位置：赤経7^h30^m　赤緯＋6°
20時南中：3月11日　高度：61度
面積：183平方度
肉眼星数：41個
設定者：プトレマイオス

●鹿にされたアクタイオン

こいぬ座は、1等星プロキオンと3等星のβ星のほかに目をひく星もない小さな星座ですが、冬の夜空にオリオン座のベテルギウスとおおいぬ座のシリウスを結んで“冬の大三角”を形づくる、なくてはならない星座として、意外に大きな存在感のある星座となっています。

さて、ギリシア神話では、こいぬ座の小犬は、その愛らしい姿に似ず、主人のアクタイオンをかみ殺してしまった猟犬のうちの一匹メランポスとされています。

狩りの名人アクタイオンは、ある日のこと、50匹もの猟犬たちをつれ、キタイロンの山へ鹿狩りに出かけました。そのうちふと人の気配に気づいて森の木陰からのぞきこんでみると、美しいニンフ（森や泉の精）たちが水浴びをしているではありませんか。なかでもひときわ美しい女神が玉のような肌を泉にひたそうとしています。アクタイオンはぼうぜんと立ちつくし、その姿に見入りました。

犬の声でアクタイオンに気づいた女神は、恥ずかしさのあまり叫びました。

「無礼者め、裸のアルテミスを見てきたと人に自慢げに話してみよ……」

言葉が終わるか終わらないうちに、アクタイオンの額（ひたい）からは、2本の枝角がのび、全身が鹿の姿に変わり果ててしまいました。

突然、目の前にあらわれた大鹿に猟犬

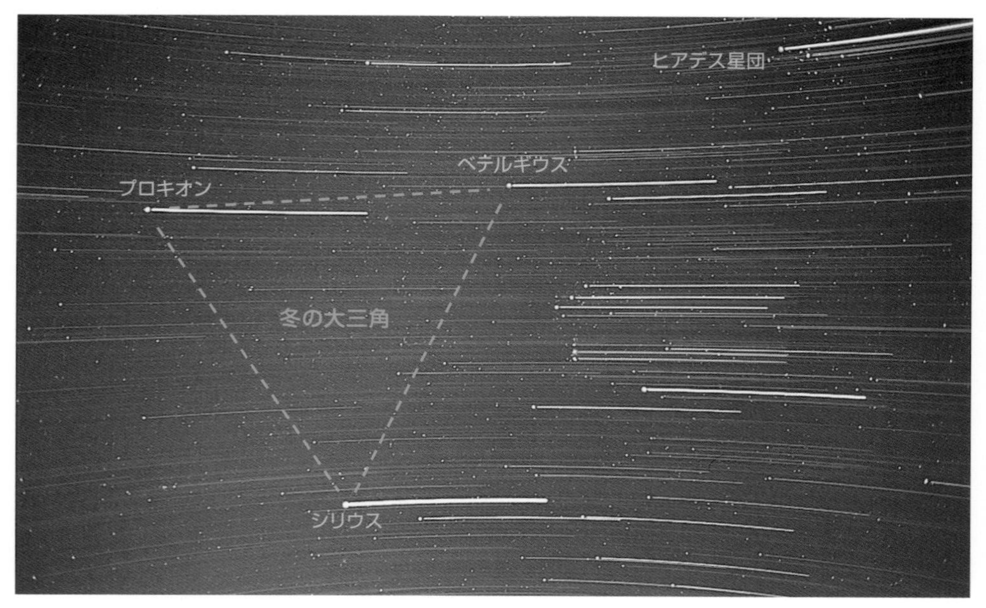

▲冬の大三角の動き　ほぼ中央を天の赤道が通っているため、まっすぐな光跡をひいて東から西へ日周運動で動いています。

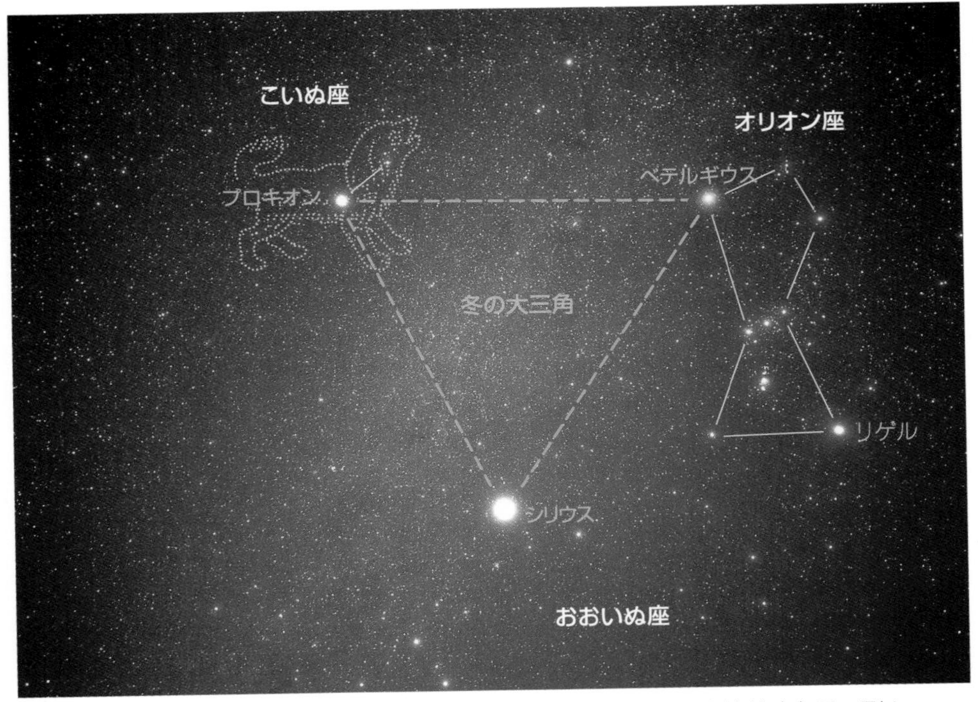

▲こいぬ座と冬の大三角　中ほど斜めに流れ下る冬の淡い天の川をはさんで、こいぬ座のプロキオンとおおいぬ座のシリウスが輝いています。

たちは、それがまさか主人アクタイオンの変わり果てた姿とも知らず、いっせいに飛びかかり、アクタイオンをかみ裂き、殺してしまったのでした。

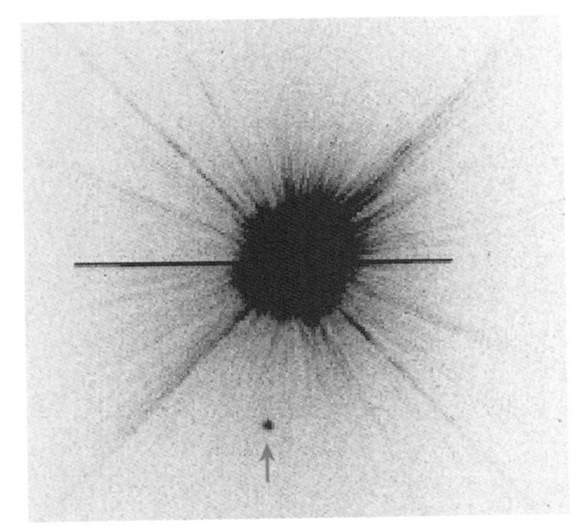

▲ 0.4 等のプロキオンと 10 等の伴星（矢印）　太陽と天王星くらい離れて 40.7 年の周期でめぐっています。

●犬の先がけ

こいぬ座の 1 等星のプロキオンは、「犬の前に」とか「犬の先がけ」の意味の名前です。これはプロキオンがおおいぬ座のシリウスより先に東の空からのぼってくることによるもので、古代エジプトでは、シリウスが明け方の空にのぼるのを見てナイル川の増水の季節の到来を知りましたので、シリウスに先がけてのぼってくるプロキオンは、大切な星だったのです。

プロキオンまでの距離は 11 光年と近く、シリウスと似て小さな白色矮星（はくしょくわいせい）の伴星をつれています。

いっかくじゅう座

Monoceros (Mon)　一角獣座：Unicorn

概略位置：赤経7^h00^m　赤緯－3°
20時南中：3月3日　高度：52度
面積：482平方度
肉眼星数：136個
設定者：バルチウス

●冬の天の川の中の淡い大星座

冬の宵の南の中天で目をひくのは、おなじみの“冬の大三角”ですが、夜空の暗い場所では、その中ほどを清流のような淡い冬の天の川が流れ下っているのを見ることができます。

その冬の天の川の中に身をひそめているのがいっかくじゅう座です。

額(ひたい)に長い角(つの)を生やしたような一角獣の姿はもちろん想像上の動物を描いたものですが、冬の夜空の意外に大きな部分を占めていますので、この珍獣の姿は冬の大三角の中から大きくはみ出したイメージとして見なければなりません。

●幸運をもたらす一角獣

いっかくじゅう座は、ケプラーの娘婿バルチウスが設定した新星座ですが、もっとずっと古くペルシアの天球儀などにもその姿が描かれているといわれています。

また、これとは別に、1690年に刊行されたヘベリウスの星図に登場するのが最初だともいわれています。

一角獣を手に入れると大きな幸運が舞い込んでくると信じられ、実際に、盛んに探しまわった人がいたともいわれます。

もちろん想像上の動物なのですから手に入れた人はありませんでした。

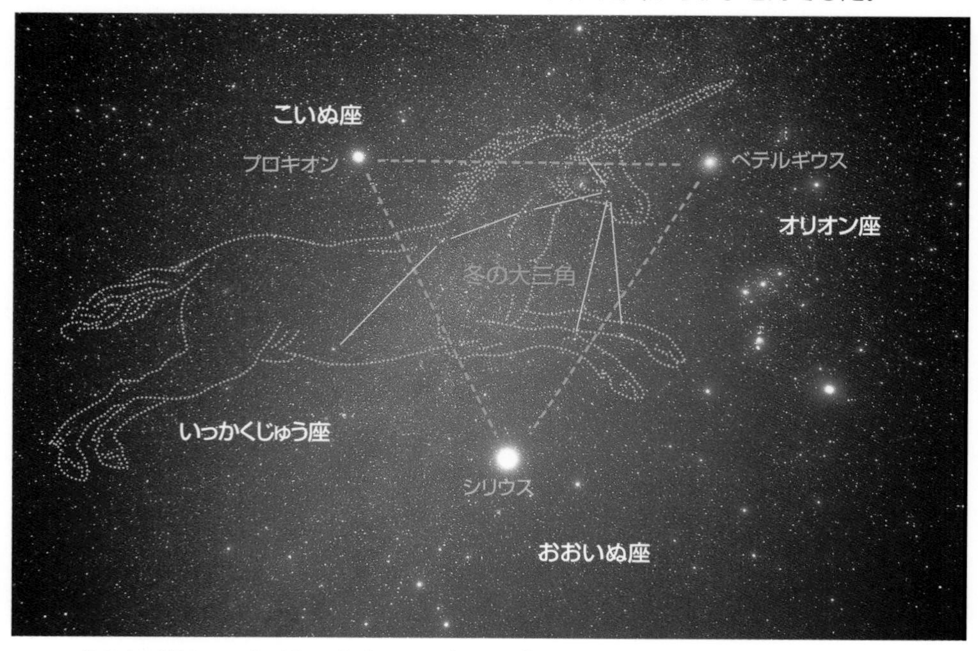

▲冬の大三角といっかくじゅう座　シリウスとプロキオン、それにベテルギウスの3個の1等星を結んでできる冬の大三角の中に淡く大きな一角獣の姿がひそんでいます。

▲いっかくじゅう座のバラ星雲　大輪のバラの花そっくりなみごとな姿は天体写真に写してわかるもので、肉眼では中央の散開星団ばかりが目につきます。距離 4600 光年のところにあります。

●美しいバラ星雲

オリオン座の赤い 1 等星ベテルギウスの東側、およそ 10 度くらいのところに双眼鏡を向けると NGC2244 という星つぶの明るい散開星団が見えてきます。夜空の明るいところではそれだけのことですが、夜空の暗く澄んだ場所では、その周囲になんとなくぼんやり光芒（こうぼう）がひろがっているのがわかります。これが天体写真でおなじみのバラ星雲です。天体写真に写すと真っ赤なバラの花びらそっくりな姿がみごとに写しだせますが、肉眼ではごく淡く散開星団のまわりにひろがるガス星雲としてしか見えないのが惜しまれます。

いっかくじゅう座は冬の天の川の中にあるので、双眼鏡の視野を流していくと、たくさんの小さな散開星団がとびこんできて目を楽しませてくれます。

ふたご座

Gemini (Gem)　双子座：Heavenly Twins

概略位置：赤経7^h00^m　赤緯＋22°
20時南中：3月3日　高度：77度
面積：514平方度
肉眼星数：118個
設定者：プトレマイオス

●仲良し双子の兄弟星

冬の宵の頭上に、明るい２つの星がいかにも仲良しといったイメージできらめいているのが目にとまります。

ふたご座のカストルとポルックスの兄弟星です。カストルのほうがほんのわずか弱めの輝きですが、ほぼ似たような明るさに見え、まさに双子といった印象です。２つとも、それぞれの額(ひたい)に輝く星で、双子の兄弟の身体はカストルとポルックスからつらなる２列の星のならびであらわされていて、あんがい形のつかみやすい星座といえます。

しかし、実際にはそんな星列をあえてたどってみるまでもなく、カストルとポルックスのならんでいるようすを見あげただけで、ふたご座の姿はすぐイメージできることでしょう。

▲**ふたご座流星群**　カストルの近くに輻射点があり、毎年12月14日ごろをピークに活発な出現を見せてくれます。

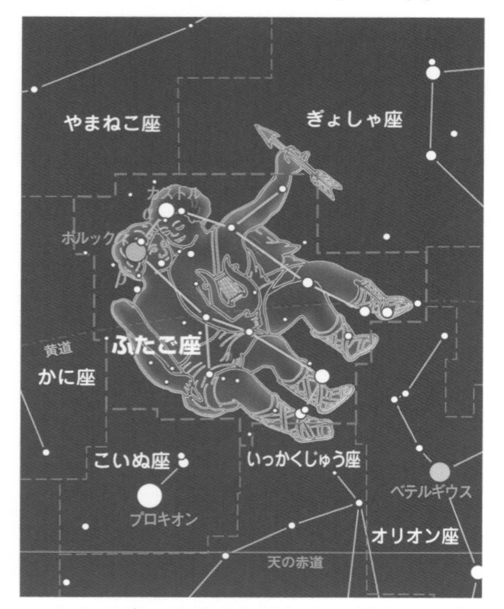

▲**ふたご座**　5月22日から6月21日生まれの人の誕生星座です。

●日本でもペアの星

ふたご座は、カストルとポルックスばかりが目をひき、この２星だけでじゅうぶんといった星座ですが、カストルが1.6等星でポルックスが1.2等の明るさなのですから、これはまあしかたないといえましょう。

というわけで、日本でもこの２つの星は対(つい)の星と見られていて、各地にさまざまなよび名が伝えられ、親しまれていました。

たとえば、「かに目星」「猫の目」「眼鏡(めがね)星」などのほか、「金星、銀星」「兄弟星」「夫婦星」などというものです。素朴なよび名ですが、白っぽいカストルとオレンジ色がかったポルックスの色合いのちがいなどもちゃんと観察されていて、感心さ

▲ボーデの古星図に描かれたふたご座　弟の拳闘の名手ポルックスの手に棍棒はおかしいのですが、神話の時代の拳闘は現在のようなボクシングとはちがっていたのかもしれません。

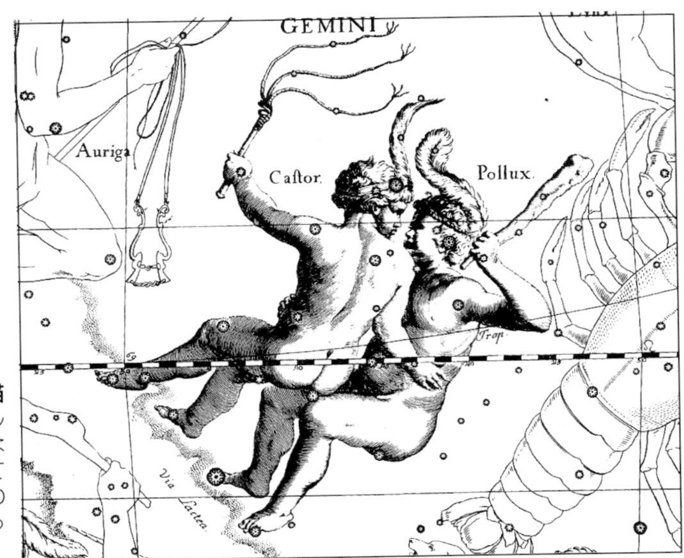

▶ヘベリウスの古星図に描かれたふたご座　カストルとポルックスが星の名でなく、人物名として記されています。カストルは馬術の名人ですから、左手に持っているのは鞭でしょう。

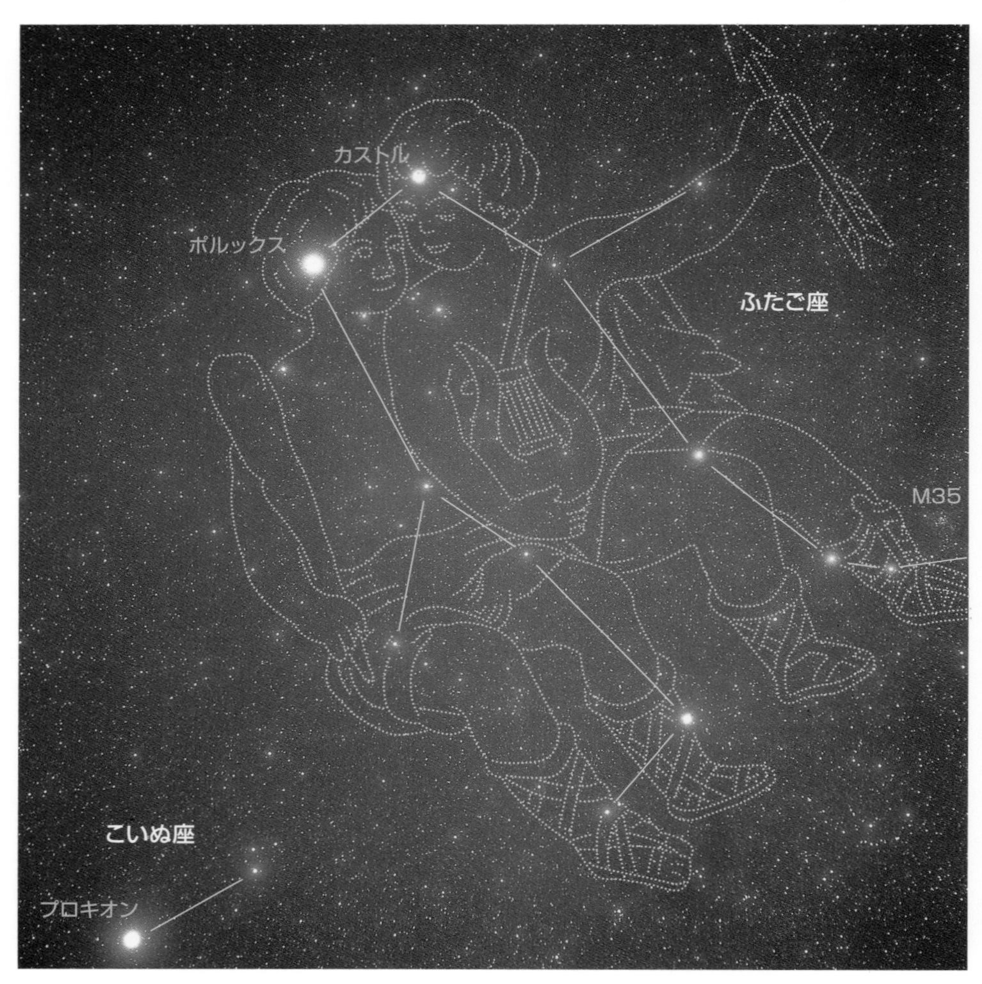

▲ふたご座　仲良し双子の兄弟のカストルとポルックスは、どちらがどちらの星だったか判別に迷うことがあります。そんなときは隣りのぎょしゃ座の１等星カペラに近いほうがカストルと、共通する“カ”の字でおぼえておくとよいでしょう。

せられることでしょう。

最近のヒッパルコス衛星の距離測定によれば、カストルが 51 光年、ポルックスが 34 光年と、どちらもわりあい近距離にあることがわかっています。これを立体的にイメージしてみると、カストルが少し奥にひっこんでいるようすを思い浮かべればよいわけです。

●卵から生まれた双子

ギリシア神話では、カストルとポルックスは、白鳥に化けた大神ゼウスとスパルタ王妃レダの間に生まれた双子の兄弟とされています。

不死身のポルックスは拳闘が得意で、カストルは乗馬の名手で戦術に長けていました。

二人はさまざまな冒険に出かけ武勇をとどろかせましたが、なかでも有名なのが、ギリシアの若者たち50人とイアソン隊長のアルゴ船に乗りこみ、コルキスの国へ金毛の牡羊(おひつじ)の皮ごろもを取り返しに行ったときの武勇伝です。このときカストルとポルックスは航海の守り神として船乗りから敬われていたといわれます。

その後、従兄弟(いとこ)のイーダスとリュンケウス兄弟が二人をだまし、カストルとポルックスの牛を全部横取りしてしまうという事件が起こりました。しかも、牛を奪い返しにやってきたカストルを弓矢で射殺してしまったのです。

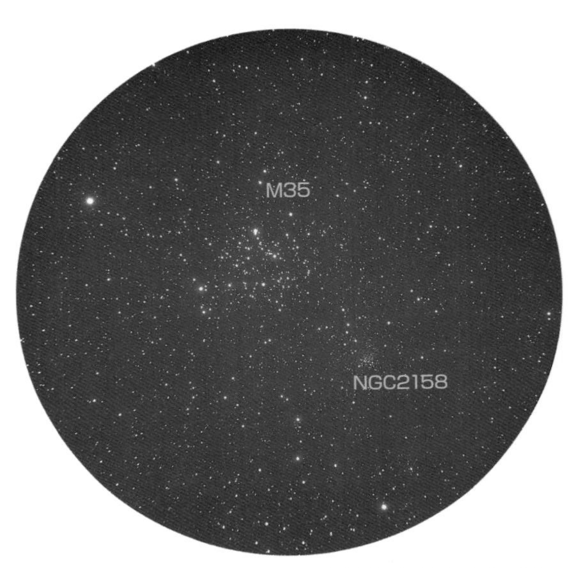

▲散開星団M 35 カストルの足下にある大小 2 つの散開星団で、大きいM 35 は双眼鏡でもよくわかります。

ポルックスは、その従兄弟たちと戦い、カストルの仇を討ちましたが、不死身のため、死んでカストルのいるあの世へいけません。そこで大神ゼウスに願い出ていいました。

「私も死なせて、兄カストルといつもいっしょにいさせてください……」

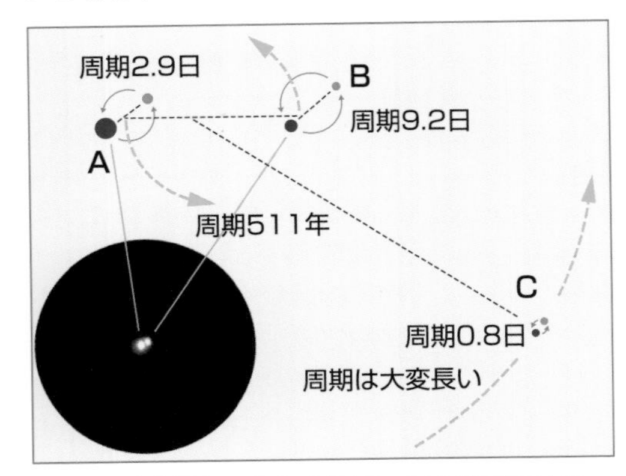

▲六重連星カストルの体系 左下の円内は小さな望遠鏡の高倍率で見たようすです。

大神ゼウスは、二人の兄弟愛に感じ入り、一日ごとに兄弟をこの世とあの世で暮らせるようにし、友情のしるしとしてふたご座を星座にあらわしたといいます。

●六重連星カストル

1 等星クラスの明るい星は、望遠鏡で見ても明るく輝くだけで面白味がない場合が多いのですが、カストルはいささか事情がちがいます。

望遠鏡では、1.9 等と 2.9 等の大小の明るい 2 つの星がぴったりよりそうすばらしい二重星だとわかるからです。

両者の間隔はおよそ 4 秒角ですから、気流の落ち着いた晩、高倍率にしてのぞいてごらんになるとよいでしょう。

この 2 つの星は、511 年の周期でめぐり合う連星で、この体系にはほかに 4 個の星がまわりあっていますので、なんと全部で六重連星というのがその実態です。

とも座

Puppis (Pup)　　**船尾座：Stern**

概略位置：赤経$7^{h}40^{m}$　赤緯−32°
20時南中：3月13日　高度：23度
面積：673平方度
肉眼星数：230個
設定者：ラカイユ

●アルゴ船座の分割

冬から春先にかけての南の地平線上には、アルゴ船座というとてつもなく大きな星座が見えています。

このアルゴ船は、イオルクスの王子イアソンが金毛の牡羊の皮ごろもを取り戻すため、コルキスの国に遠征したときの大きな船ですが、その姿をあらわしたアルゴ船座は、東西南北がおよそ70度にもおよぶ全天第一の大星座として、ギリシア時代から知られていました。

しかし、あまりに大きなため、昔から船の各部分をとも（船尾）座、りゅうこつ（竜骨）座、ほばしら（帆柱）座、ほ（帆）座の４つに分けて見るのが習慣となっていました。

その分割を正式なものとしたのは、フランスの天文学者ラカイユで、彼はとも座とりゅうこつ座、ほ座を３分割させたうえ、残りのほばしら座の一部に新たに磁気コンパスの近代的ならしんばん（羅針盤）座を加えることにしたのです。

ただし、ラカイユは星表の中で４分割しただけで、彼の星図ではまだ分割されているようには描かれていません。星図上でアルゴ船座を初めて３分割して描きだしたのは、1764年に発表されたヴォゴンディの星図の中でといわれます。

▲ファルネーゼ宮殿の天井に描かれたアルゴ船座　冬から春にかけて南の地平線上に見える大星座であることがわかります。

●見ものがいっぱい

とも座は、アルゴ船座の船尾を描きだした星座ですから、単独の星座としてその形を頭に思い浮かべるのは少々むずかしく、おおいぬ座の全天一明るいシリウスの東側のあたり、冬の淡い天の川が南の地平線へ流れ下るあたりとおよその見当をつけるしかありません。実際にもその程度でよく、むしろ冬の天の川の中にある星雲・星団の見ものに注目したほうがよいといえます。双眼鏡で冬の天の川沿いに視野をサッと流し見ただけで、明るい散開星団のいくつもを目にすることができるからです。

その第一は、シリウスの東よりの冬の天の川の中にある2つの散開星団M 46とM 47です。肉眼でも冬の天の川がひときわ明るく集中したようなかたまり2つが東西にならぶようすがよくわかり、双眼鏡ならこれがさらに星つぶの集団であることもわかります。

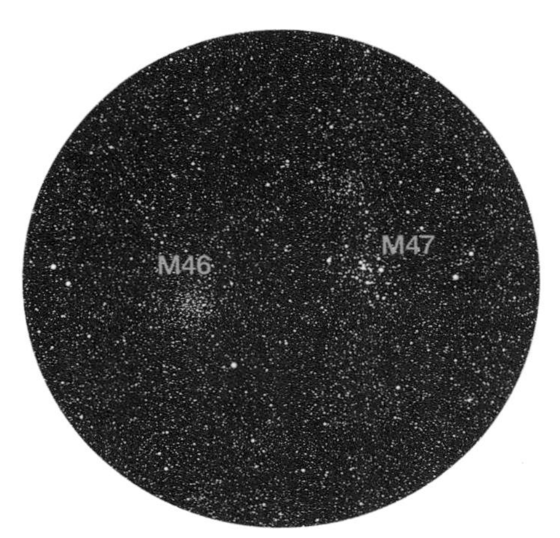

▲散開星団M 46とM 47　双眼鏡でこんなイメージに見えます。

視野の中で東西にならぶ2つの散開星団のうち、西よりの星つぶの明るいほうがM 47で、より星つぶの細かなほうがM 46です。望遠鏡で、それぞれをよりアップしてみるとお互いのちがいがはっきりしてきますが、M 46の小さなつぶのそろった星の群れの美しさにはため息が出ることでしょう。このとき、この散開星団に重なるようにしてリング状の小さな惑星状星雲が見えていることも見逃さないようにしてください。

▲アルゴ船座　中央の明るい星がりゅうこつ座のカノープスで、上の明るい星がおおいぬ座のシリウスです。とも座はそのシリウスの東側の冬の天の川の中にあります。

とも座には、もうひとつのM 46とM 47に似たようにならぶ散開星団のペアが南の空低く見えています。

星つぶのまばらなNGC2451と星つぶの細かなNGC2477です。日本からはごく低空でしか見られませんが、双眼鏡でならそれでも意外によくわかります。あまり知られていませんが、おすすめの散開星団といえます。

りゅうこつ座

Carina (Car)　**竜骨座：Keel**

概略位置：赤経8^h40^m　赤緯−62°
20時南中：3月28日　高度：−7度
面積：494平方度
肉眼星数：216個
設定者：ラカイユ

●アルゴ船の船底

りゅうこつ座は冬の南の地平線上にその巨体を横たえるアルゴ船座の骨格となる部分です。アルゴ船は現在では、とも（船尾）座、ほ（帆）座、らしんばん（羅針盤）座、それにこのりゅうこつ（竜骨）座の４つの部分に分けられていますので、星座としてりゅうこつ座だけを単独でながめても巨船のイメージはつかみにくいといえます。

さて、このアルゴ船は、コルキスの国の宝物となっている金毛の牡羊（おひつじ）の皮ごろもを取り戻すため、イアソン王子がギリシア第一の名船大工アルゴスに建造させたものです。

▲冬の宵の南の地平線低く見えるカノープス　限界に近い福島県南部から見たもので、赤く小さな星としてしか見えていません。

▲カノープス　距離309光年のところにある高温の星です。

冒険心いっぱいのイアソン王子は、もともとは自分の国のものだった金毛の牡羊の皮ごろもを持ち帰ろうと、ギリシア中の勇者たちによびかけ、大遠征隊を組んで出かけることを宣言しました。

たちまち国中からヘルクレスやカストル、ポルックスなど今をときめく勇者50人が名乗り出て、コルキスの国めざして出帆していくことになりました。

なにしろ、このお話はとても長いので、詳しいことはギリシア神話の本を読んでいただくしかしかたがありません。

●南極老人星カノープス

りゅうこつ座で目につく星は、なんといってもカノープスです。マイナス0.7等とおおいぬ座のシリウスに次いで全天で２番目の明るい星ですが、南の地平ごく低くにしか見えないため、注意しないと見つけにくいことがあります。

このため中国ではこの星を「南極老人星」とよび、この星を目にすることができれば健康で長寿にあやかれるおめでたい星としていました。

日本でも醍醐天皇の昌泰４年、つまり西暦 901 年の元号が、「延喜」と改められたのは、その前年の秋に京都でこのカノープスが見えたのも一因になったと伝えられています。昔から「老人星は瑞星なり、現れれば即ち治平にして寿を主る」といわれ、なんという吉兆かと、その縁起のよいことにあやかろうとしたわけです。

カノープスは赤緯－ 52 度に位置する星ですから、東北地方の中部から北の地方では地平線上に顔を出しませんのでお目にかかることはできません。ちなみに、これまでのカノープスの見えた北限の記録は山形県の月山で写真に写されたものです。九州や沖縄方面では高度もあって

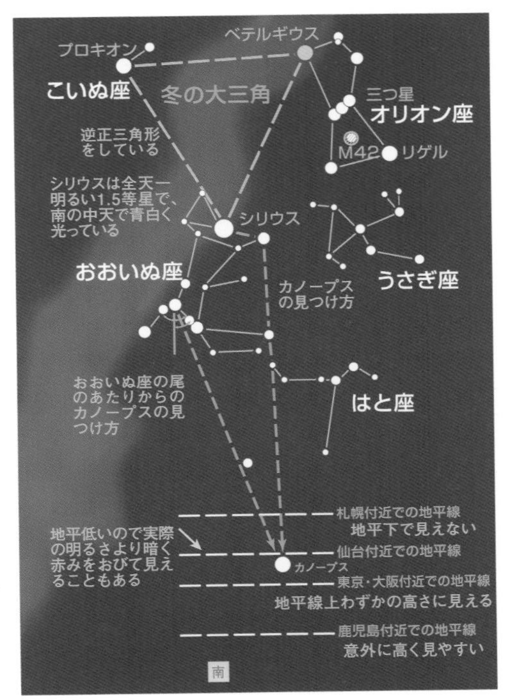

▲カノープスの見つけ方　シリウスから見当づけるのがよいでしょう。この図で各地の地平線からの高度もわかります。

見つけにくくはありませんが、関東地方くらいの緯度では、大気の減光で赤く、実際よりずっと暗い星としてしか見えません。

●りゅうこつ座 η 星雲

南半球では頭上高く見えるりゅうこつ座の η 星は５等星くらいの小さな星としてしか見えませんが、1843 年にはマイナス 0.8 等のカノープスなみの明るさになった星です。このエータ星を取り囲む大きな散光星雲がエータ星雲で肉眼でも見えます。双眼鏡なら迫力ある姿となります。

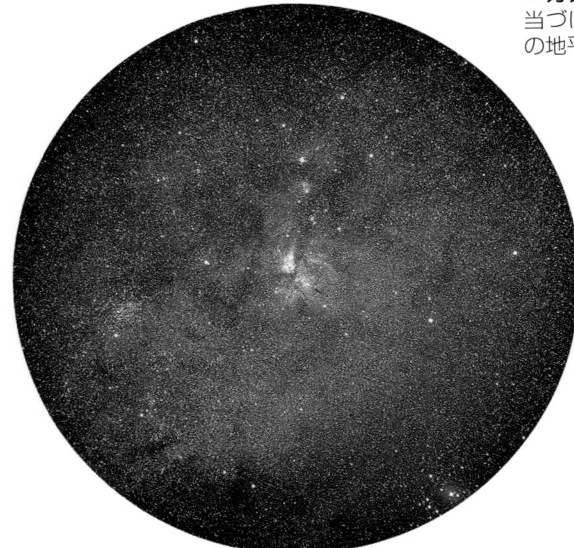

▲りゅうこつ座のエータ星雲　肉眼では赤い色ははっきりわかりませんが、双眼鏡の視野の見え方のイメージはおよそこんなところです。241 ページにも写真があります。

ほ座

Vela (Vel)　　**帆座：Sail**

概略位置：赤経9ʰ30ᵐ　赤緯−45°
20時南中：4月10日　高度：10度
面積：500平方度
肉眼星数：204個
設定者：ラカイユ

●なくなった帆柱

冬から春先の宵の南の地平線低くかかる巨大なアルゴ船座の帆の部分をあらわしているのがこのほ座です。

昔からとも(船尾)座、りゅうこつ（竜骨）座、ほ（帆）座、ほばしら（帆柱）座に分けて見られるのが習慣となっていた巨大船の星座ですが、正式に４分割したラカイユはこのうちの帆柱の部分をなくし、かわりに羅針盤の星座を割り込ませてしまいました。つまり、これが現在のらしんばん座ですが、ギリシア時代から知られていたこの星座に近代的な磁気コンパスなどあったわけではありませんから、アルゴ船の一部のように見えるらしんばん座はラカイユが新設した星座といえることになります。したがって、今はほばしら座はなく、ほ座だけとなっています。

●超新星残骸ガム星雲

次ページにアルゴ船の全景が示してありますが、船の各部分が明るい南天の天の川の中にあることがわかります。

そのアルゴ船のほ座のあたりに大きく広がった散光星雲があるのが見えています。ほ座の超新星残骸として有名なガム星雲です。ガム博士が詳しく調べたところからこんな名でよばれていますが、超新星の爆発によって飛び散った星雲が球状にふくらんでいるところです。もちろん淡いので肉眼では見えません。

▲ほ座の超新星残骸ガム星雲

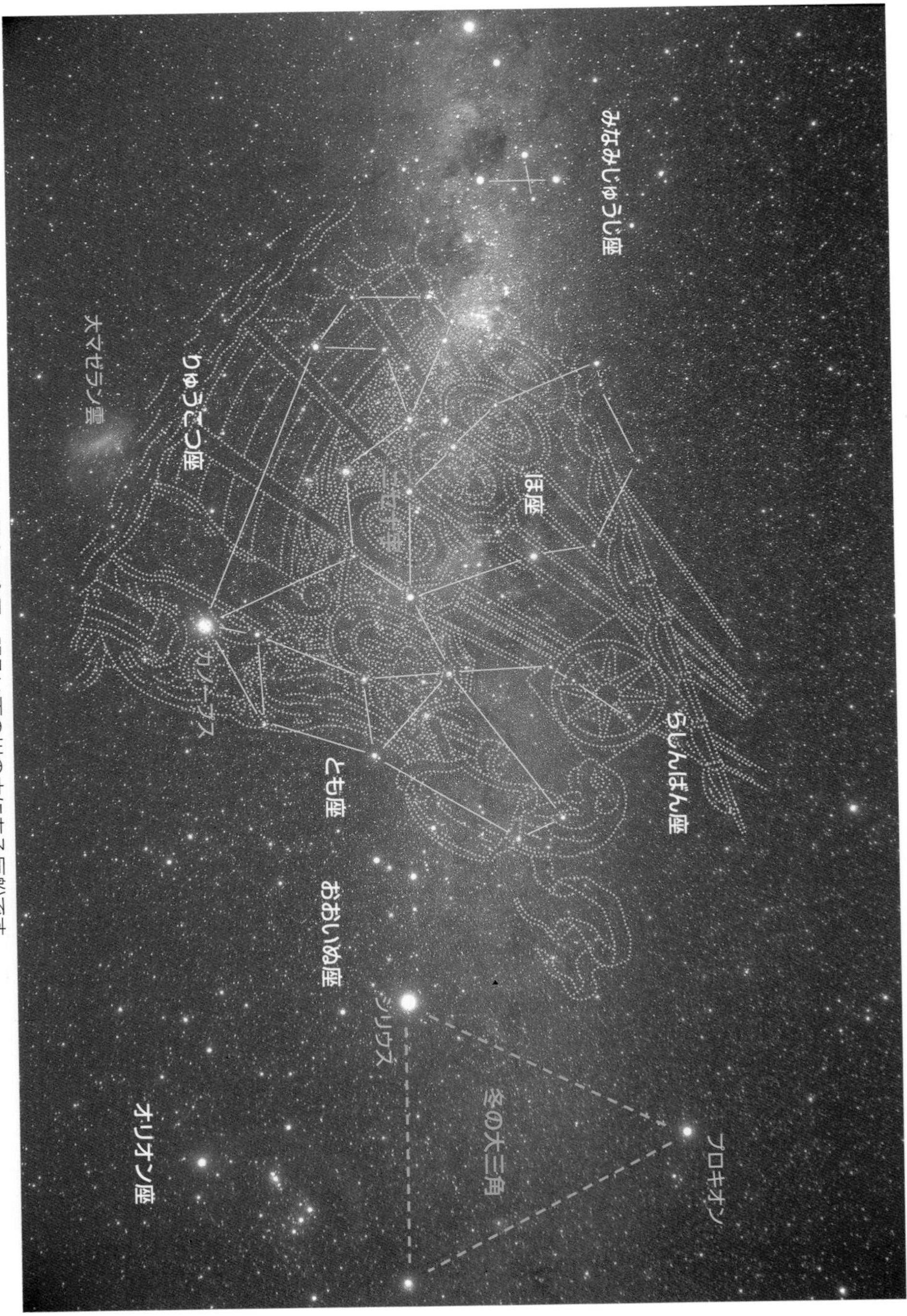

▲アルゴ船座の全景　明るい天の川の中にある巨船です。

らしんばん座

Pyxis (Pyx)　　**羅針盤座：Ship Compass**

概略位置：赤経8^h50^m　赤緯－28°
20時南中：3月31日　高度：27度
面積：221平方度
肉眼星数：39個
設定者：ラカイユ

●近代的な磁気コンパス

この羅針盤は航海用の羅針盤のことで、フランスのラカイユが巨大なアルゴ船座を正式にとも（船尾）座、ほ（帆）座、りゅうこつ（竜骨）座に分割して設定したとき、かつてあったほばしら（帆柱）座の一部に割り込ませて新設したものです。

アルゴ船の一部のようにも見えますが、実際にはラカイユが新たに設定した14星座の一つというわけです。後にフランスのラランドがアルゴ船の姿が不自然だと「帆柱」を復活させたこともありましたが、結局、ラカイユの羅針盤にもどされたといういきさつがあります。

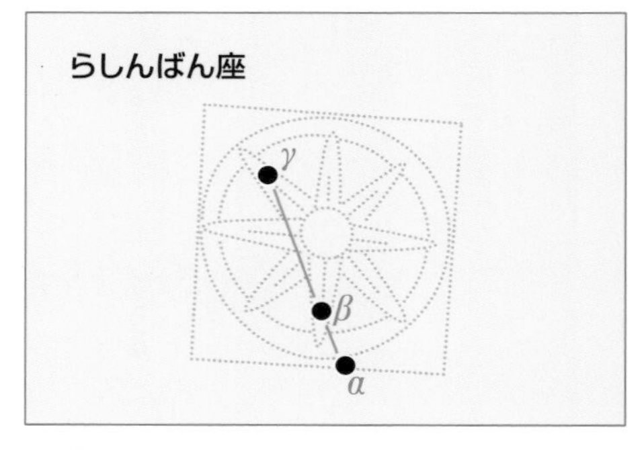

▲アルゴ船座　冬から春の宵にかけての南の地平線上に姿をあらわしていますが、巨船の各部分ごとに見るよりアルゴ船全体をイメージして見たほうがわかりよい星座です。右側の明るい星はおおいぬ座のシリウスです。

春の星座

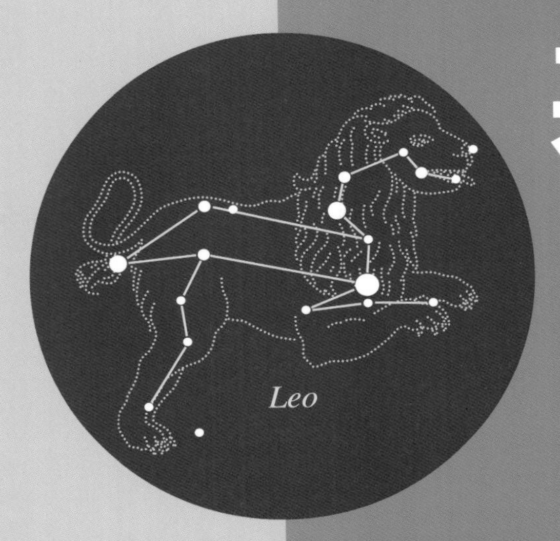

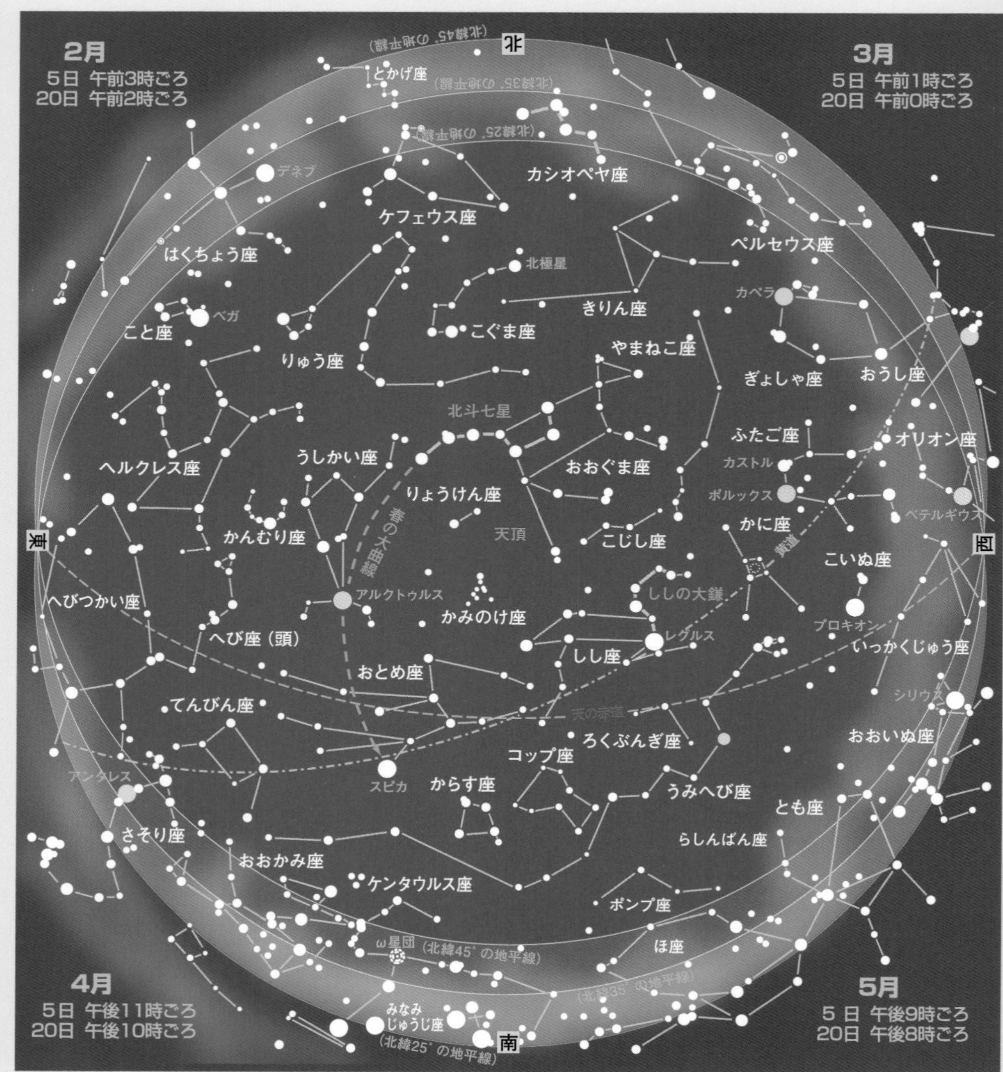

●北斗七星を見つけよう

これまで冷たくさえわたっていた冬の星座の輝きも、少しずつやわらいで、春の星座はどこかしらおぼろにやさしくかすんできます。

そんな春の宵空では、やはり北の空高くのぼった北斗七星の姿にまず注目してもらいましょう。7個の星が水をくむひしゃくのような形にならんでいるようすは、一目でそれとわかるほどはっきりしています。

この北斗七星が便利なのは、ひしゃくの先の星２つを結びつけ、その間隔を５倍延長していくと、真北の目じるし北極星が見つけられることです。

北極星は、一年中いつでも真北の空にじっと輝いて北の方角を教えてくれる、スターウオッチングではなくてはならない星といえます。

●春の大曲線をたどろう

北斗七星の弓なりにそりかえったカーブをそのまま南へどんどん延長していくと、うしかい座のオレンジ色の１等星アルクトゥルスをへておとめ座の白色の１等星スピカにいたる大きなカーブ「春の大曲線」が描けます。春の星座さがしのよい目じるしになってくれる美しく雄大な曲線です。

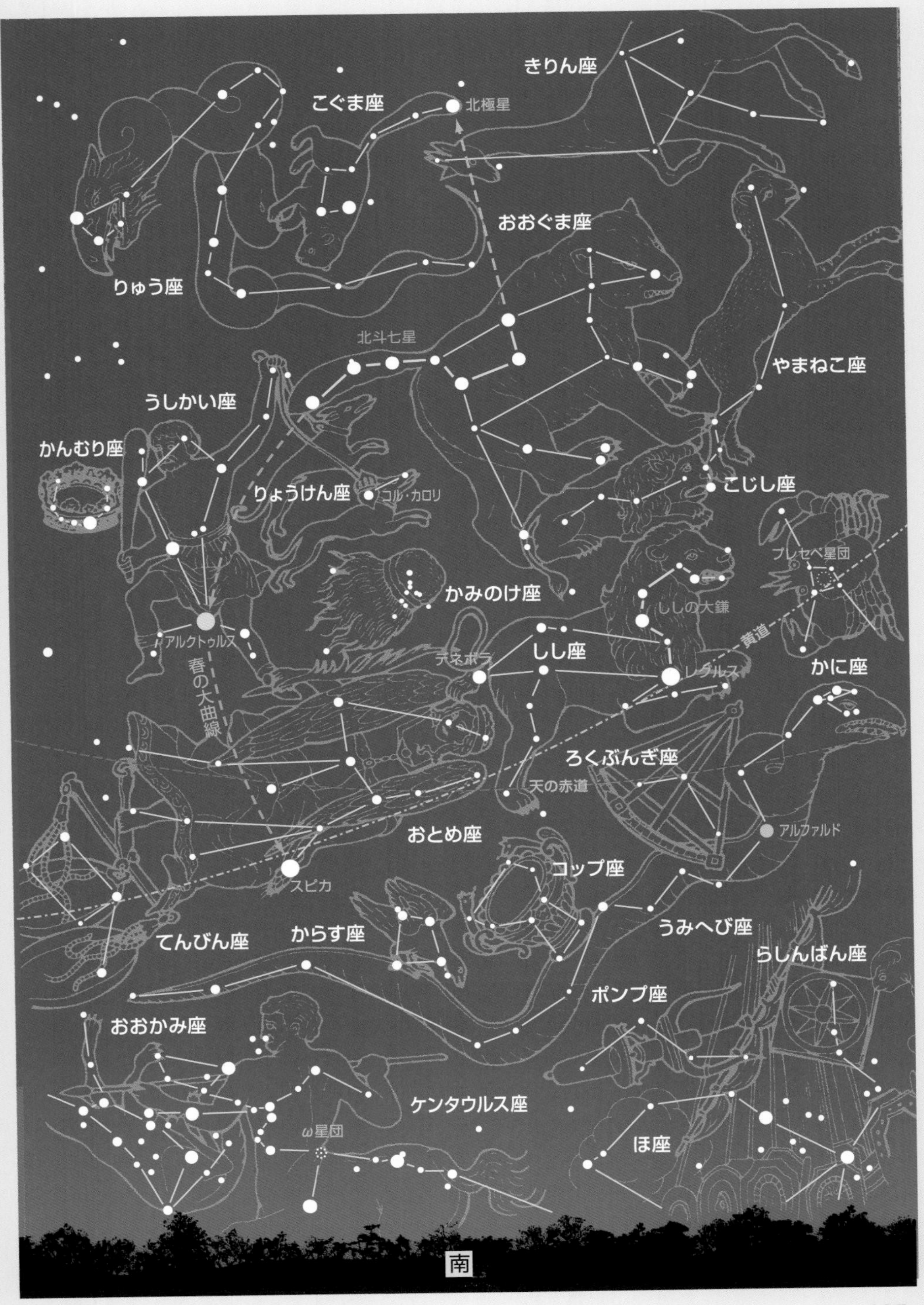

きりん座
こぐま座
北極星
りゅう座
おおぐま座
北斗七星
やまねこ座
うしかい座
かんむり座
りょうけん座
コル・カロリ
こじし座
プレセペ星団
かみのけ座
ししの大鎌
アルクトゥルス
黄道
春の大曲線
デネボラ
しし座
レグルス
かに座
ろくぶんぎ座
天の赤道
アルファルド
おとめ座
スピカ
コップ座
うみへび座
てんびん座
からす座
らしんばん座
ポンプ座
おおかみ座
ケンタウルス座
ω星団
ほ座
南

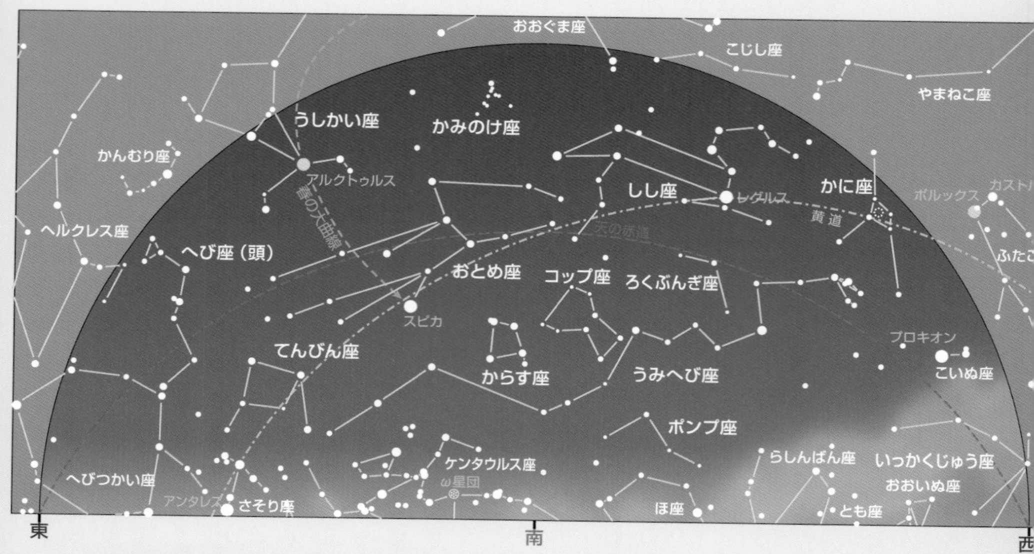

▲春の宵の南の空　北斗七星の柄のカーブをそのまま南へ延長してくると、うしかい座のアルクトゥルスをへておとめ座のスピカにとどく美しいカーブ「春の大曲線」が描けます。そのカーブをさらに南へ延長していくと、小さなからす座の四辺形が見つかります。からす座やコップ座、ろくぶんぎ座を背にのせたうみへび座は、全天一東西に長い星座で、南の空をその巨体をずるずるひきずるようにして東から西へと日周運動で動いていきます。

▲春の宵の北の空　北の空高くのぼった北斗七星の先のα星とβ星の間隔を５倍延長してたどると、真北の空にじっと輝いて私たちに北の方向を教えてくれる北極星が見つかります。北極星は、見あげている場所の緯度と同じ高さのところに見えていますので、北の地方では高く、南の地方では低めに見えています。たとえば東京や大阪、福岡付近を結ぶ緯度では、真北の地平線上およそ35度の高さのところに北極星が見えていることになります。

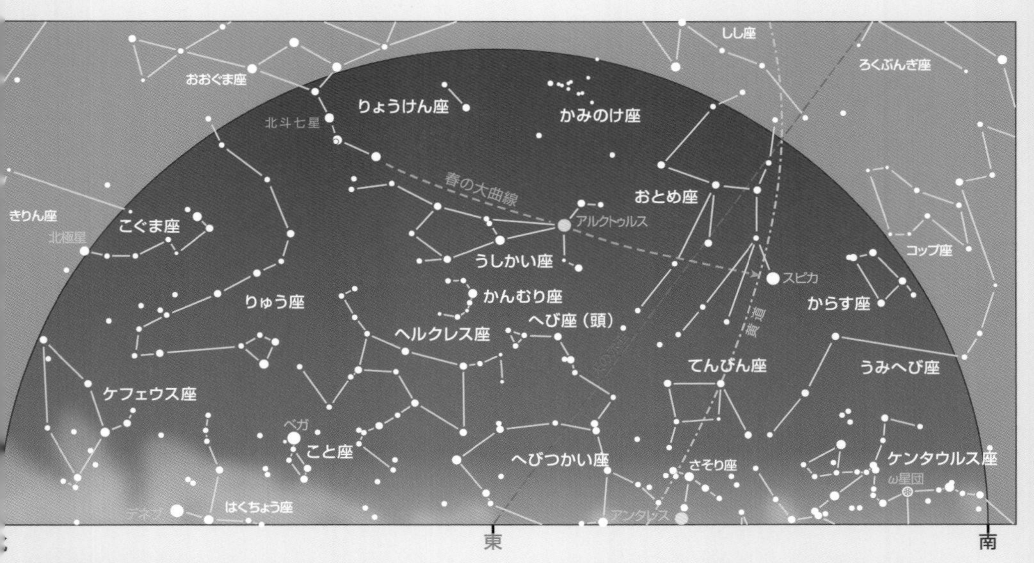

▲春の宵の東の空　北の空高くのぼった北斗七星からたどる「春の大曲線」は、初春の宵のころはまだ東の空低く横たわっていますが、時間とともに高さを増してきます。東の中天の西洋凧のようなネクタイのような形のうしかい座のすぐ東よりには、小さなかんむり座の半円形があってよく目につきます。春の宵の東の空からは、次のシーズンの夏の星座たちが次々と姿を見せはじめています。とくに七夕の織女星ベガの輝きが北東の空低く目をひきます。

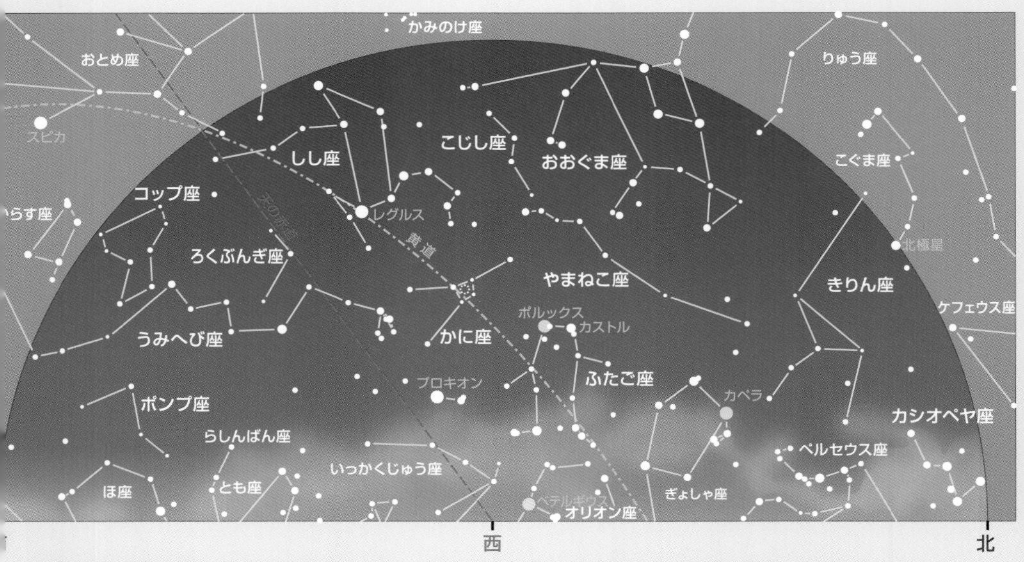

▲春の宵の西の空　日暮れのころには、まだ冬の名ごりの星座たちの姿が居残っていますが、それも間もなく次々と西の地平線へと姿を消します。続いてかに座やしし座など春の初めころ見ごろとなっていた星座たちが西の空へまわりはじめます。春の日暮れのころの西の空では、黄道にそってのびる淡い光芒「黄道光」が見やすくなっています。もちろん、夜空のじゅうぶん暗く澄んだところでないと、見ることのできないものですが……。

こぐま座

Ursa Minor (UMi)　小熊座：Little Bear

概略位置：赤経15^{h}40^m　赤緯＋78°
20時南中：7月13日 高度：(北) 47度
面積：256平方度
肉眼星数：39個
設定者：プトレマイオス

●北の空のめぐりのめあて

大ぐまのあしを
きたに五つのばしたところ
小熊のひたいのうえは
空のめぐりのめあて

これは『銀河鉄道の夜』の物語を書いた、あの宮沢賢治の「星めぐりの歌」の一節です。この中で“空のめぐりのめあて”と歌われているのが、いつも真北の空にじっと輝いて北の方角を教えてくれる北極星のことです。そして、この北極星が輝く星座がこぐま座というわけです。

●北斗七星に似た小びしゃく

おぼろな春の宵の北の空高く、まず目につくのは北斗七星ですが、その北斗七星をそのままそっくり小さくしたような

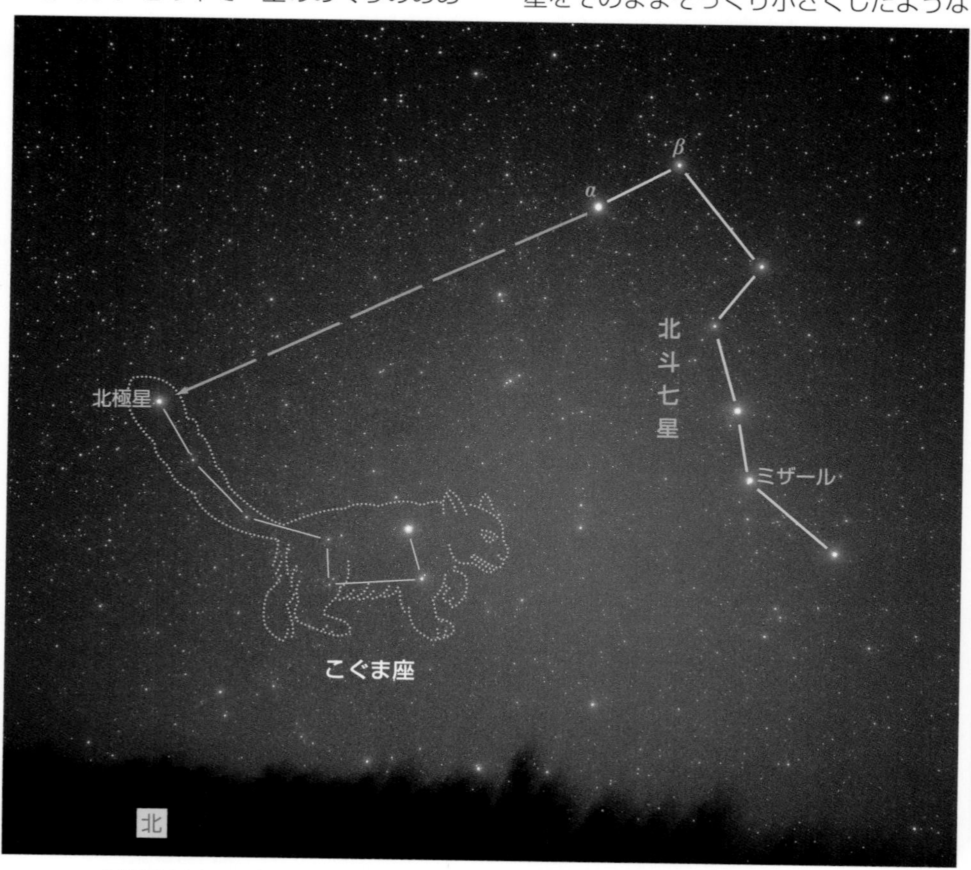

▲北極星の見つけ方　おおぐま座の北斗七星の先端の２つの星の間隔を５倍延長すると、真北の空に輝く２等星の北極星を見つけられます。

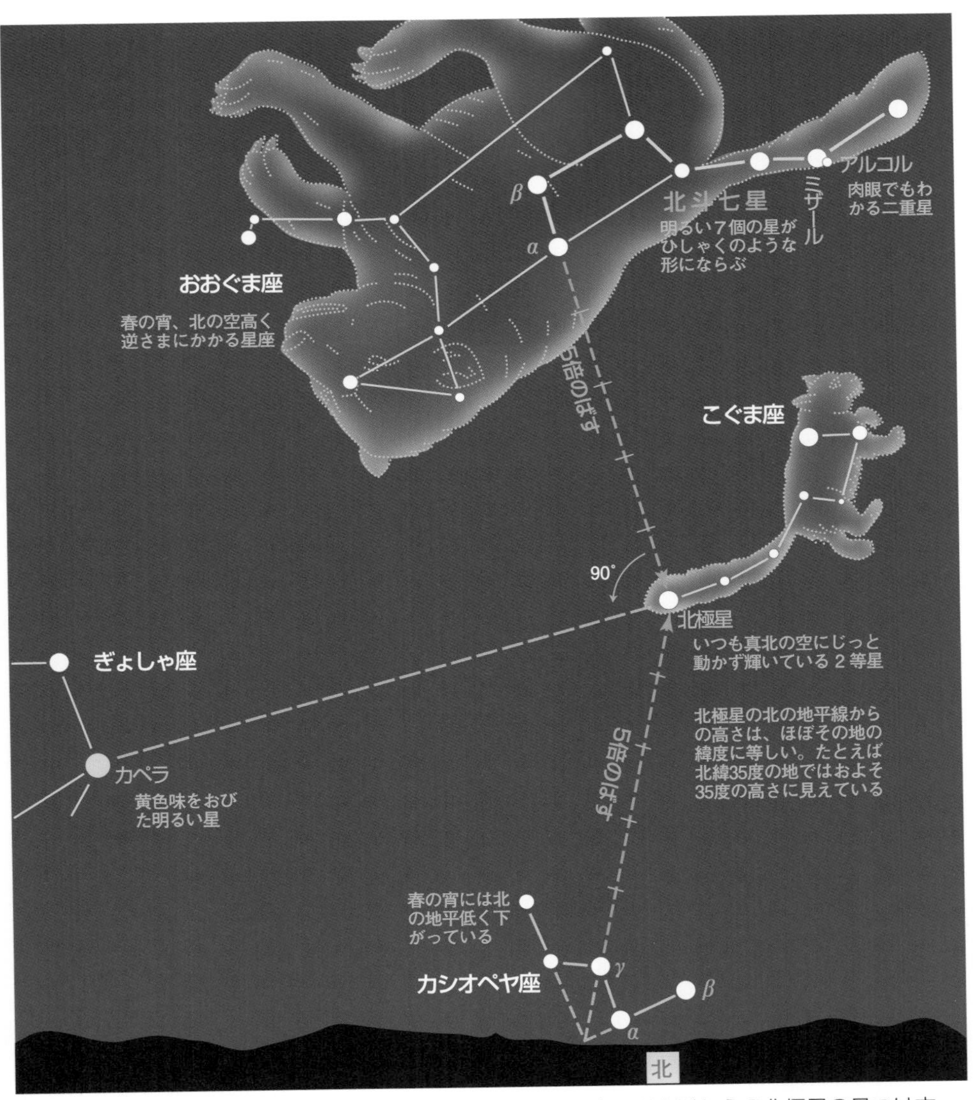

▲北極星の見つけ方　春の北斗七星のほかカシオペヤ座のW字形からの北極星の見つけ方もおぼえておくと、北斗七星が北の地平低く下がる秋のころ好都合です。北極星の見える高さは見上げる場所での緯度と同じになりますから、北緯35度の地方なら地平線から35度の高さのところに見えているわけです。

いわゆる小びしゃくの姿も、明るくはありませんが、意外によく目につきます。

この大小2つの“ひしゃく”の形は、昔から大熊と小熊の姿に見立てられ、大熊のほうは、もともとは月と狩りの女神アルテミスの侍女の美しい娘カリストとされ、小熊のほうはその息子で若い狩人（かりうど）アルカスの姿とされていました。

▲天の北極付近の星の動き 天の北極を中心に時計の針とは逆回りに回転しています。

大神ゼウスの子を産んだカリストは、ゼウスの妻ヘラや女神アルテミスの怒りをかい、大きな熊の姿に変身させられ、やがて成長した狩人アルカスに射られようとする悲劇は、192ページのおおぐま座のところでお話してあるように、よく知られています。そしてこぐま座とおおぐま座が、真北の空をぐるぐるめぐり続け、他の星たちが一日一回、海に入って休めるのに、この母子熊の星座たちは一年中休むことができなくなったわけもそこでお話してあります。

●真北の方角を教えてくれる星

こぐま座のα星は、北極星という特別なよび名で親しまれています。

日本でも昔から「北の一つ星」とか「心(しん)の星」「子(ね)の星」「目あて星」「方角星」などとよばれ、真北の方向を知るための大切な星とされてきたからです。

江戸時代の名船頭、桑名屋徳蔵さんのおかみさんは、ある夜、子の星とよばれる北極星がほんとうに真北の空にじっとしているかどうか、夜中に航海する徳蔵さんのためたしかめてみようと、眠気がこないように水を張ったたらいの中に座り、障子の破れ目から子の星を見ながら、夜なべ仕事をしていました。するとどうでしょう。子の星は動かないどころか、ほんの少し位置がずれるではありませんか。次の朝さっそく徳蔵さんにそのことを伝えました。

おかげで徳蔵さんは、さらに船を正しく操れるようになり、他の船に先がけて港に入り、大もうけをしたといわれます。

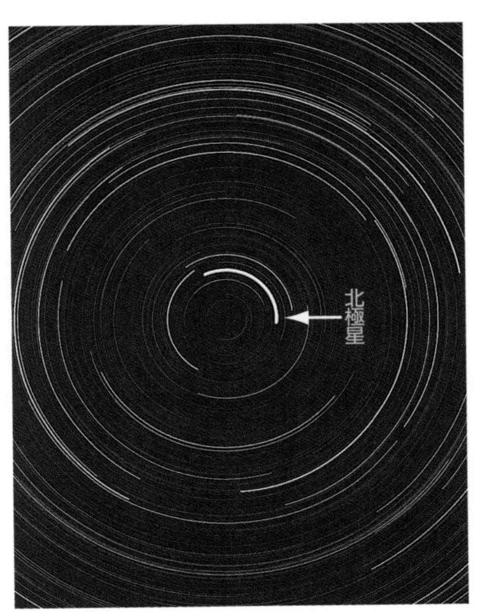

▲**北極星の日周運動**　小さな円を描いてまわっていますが、この円は2100年ごろまで小さくなり続けます。北極星がこれからも天の北極へ接近していくからです。

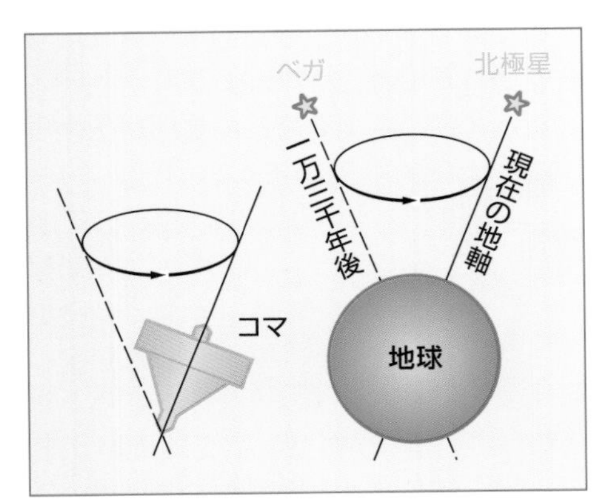

▲**歳差**　地球の自転軸は、勢いのおとろえたコマの心棒のようにゆっくり円を描くようにまわっています。

●交代する北極星

地球の自転の指す方向が、ほんの少しずれているので、真北の目じるしの北極星もほんの少しばかり小さな円を描いて天の北極のまわりをまわっています。

徳蔵さんのおかみさんもそのことに気がついたわけですが、それもこれも現在、偶然そうなっているだけのことで、遠い将来もそうだというわけではありません。

地球の自転軸が42ページのりゅう座のところでお話してあるように、歳差(さいさ)運動のため、およそ2万6000年の周期で大きく円を描くようにまわっているため、北極星の役割をになう星が次々に交代していくことになるからです。

おおぐま座

Ursa Major (UMa) **大熊座：Grater Bear**

概略位置：赤経11^h00^m 赤緯$+58°$
20時南中：5月3日 高度：(北)67度
面積：1280平方度
肉眼星数：207個
設定者：プトレマイオス

●熊と車のイメージ

春の宵の北の空高くのぼって目につくのは、水をくむひしゃくか、料理のとき使うフライパンそっくりな形にならんだ7つの明るい星で描く北斗七星の姿でしょう。北斗七星は、一年中北の空のどこかしらに見えているので、とくに春の星とかぎったものでもありませんが、やはり宵のころ頭上高くかかるという点で、春が見ごろというイメージがつきまといます。

さて、この北斗七星ですが、あとのギリシア神話でお話するように、おおぐま座の胴体と長い尾の部分を形づくる星のならびで星座名ではありません。

しかし、遠い昔には、世界中のあちこちの民族が北斗七星だけで、北の空をぐるぐるめぐる熊の姿と見ていたといわれますので、あえて北斗七星の周囲の星をひろい集め、結びつけて大きな熊の姿を描きだす現代流の星座絵にこだわることはないかもしれません。

一方、北斗七星の形から、これを、車と見たてる民族も昔から数多くありました。

▲**おおぐま座** 北斗七星は大きな熊の胴体の一部分と長い尾を形づくる星のならびです。

バビロニアでは「荷車」、エジプトでは「オシリスの車」、イギリスでは「アーサー王の車」とか「農夫チャールズの車」、北欧のスカンディナビアでは「オーディンの車」などがその例です。

お隣りの中国でも「北斗は帝車なり」といって、北斗七星を北斗星君の帝車とみていたといわれます。そういわれてみると、北斗七星の形は熊というよりは車とみたほうがわかりやすいような気にもさせられてくることでしょう。

たとえば、中国ではこんな話が伝えられています。

▲**北斗七星の帝車に乗る北斗星君**

唐の大宗(たいそう)のころのことです。7人の和尚さんが都にあらわれて大酒を飲み歩き、人々の話題になりました。ちょうどそのころ、北の空に輝いているはずの北斗七星が空から消えているのに天文博士が気づきました。「さてこそあの和尚た

▲北斗七星　中央のδ星が３等星と少し暗めのほかは、みな２等星で、街の中でも頭上に大きく見えるその形はすぐわかります。矢じるしは肉眼で見える有名な二重星ミザールとアルコルで、小さなアルコルの明るさは４等星で、ミザールとは 12 分角ほどの間隔があります。

ちは北斗の精だったのか」と、大宗は宮中に彼らを召し、酒を振る舞いそこねたことを残念がったと伝えられます。

▲北斗七星と北極星　北斗七星の先端のα星とβ星の間隔を５倍のばすと、真北の空の目じるし北極星が見つけられます。

●熊にされたカリスト

ギリシア神話では、おおぐま座の大きな熊は、もともとは美しいニンフ、つまり森や泉の精のひとりカリストの姿で、北斗七星をそっくり小さくしたような“小びしゃく”の形をしたこぐま座は、その子アルカスの姿と伝えていました。

カリストは、月と狩りの女神アルテミスの侍女で、いつもそのお供をして野山を駆けめぐっていました。

ところが、そのカリストがいつの間にか大神ゼウスの愛を受け、ゼウスの子を宿してしまったのです。その秘密を知ったアルテミスは、ひどく怒り、泣い

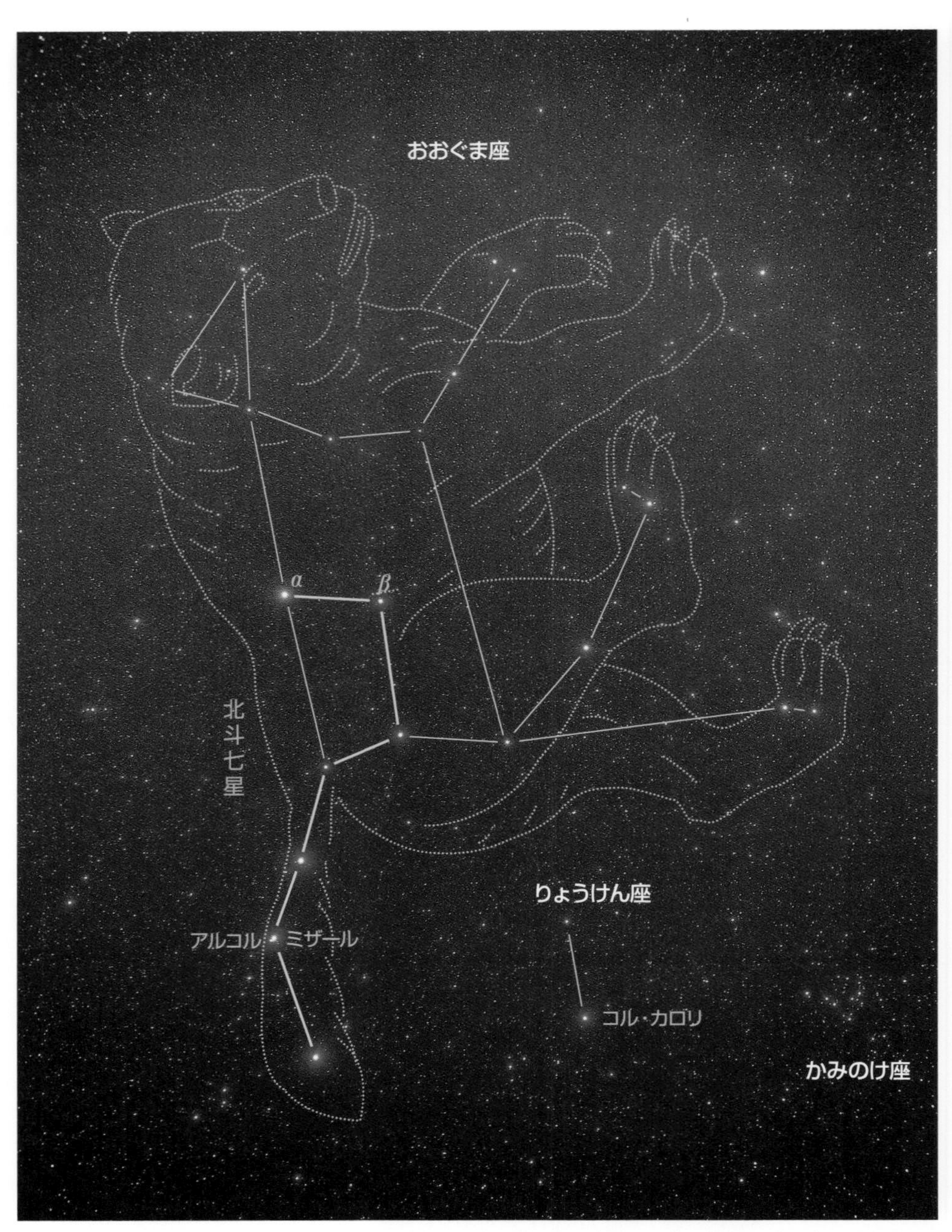

▲**おおぐま座**　北斗七星のほかに目をひくほどの星はありませんが、大熊の爪の先にそれぞれ小さな星が２つずつならんでいますので、これと北斗七星を結びつけると大きな熊の姿がふっと夜空に浮かび上がってきて驚かされることでしょう。これは北東の空からのぼりはじめたころの大熊の姿で、こぐま座と北斗七星の位置関係は188ページの写真でわかります。

て許しを乞うカリストに呪いの言葉をあびせかけました。するとどうでしょう。カリストの全身にはみるみる毛が生え、美しい唇も大きくさけ、泣き叫ぶ声もただ「ウォーウォー」と熊の吠え声にかわってしまいました。

驚いた猟犬たちはカリストを追いたて、カリストはとうとう森の奥深く逃げ込んでいかなければなりませんでした。

やがて15年の歳月がすぎ、今ではりっぱな狩人に成長したのがカリストの子アルカスでした。

毎日、山奥深く分け入って狩りをして暮らしていましたが、そんなある日のこと、すばらしく大きな牝熊にばったり出くわしたのでした。

じつは、その大熊こそアルカスの母親カリストの変わり果てた姿だったのです。そしてカリストの熊は、若い狩人がわが子アルカスと知るや、なつかしさのあまり、わが身のこともわすれ、おもわず走り寄りました。

吠え声をあげ走り寄る熊が自分の母親とも知らないアルカスは、大熊が自分におそいかかってくるようにしか見えませ

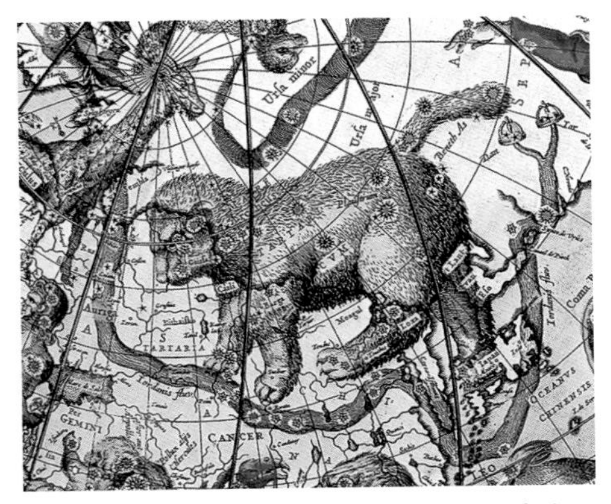

▲古星図にあるおおぐま座　しっぽが長くのびて描かれています。

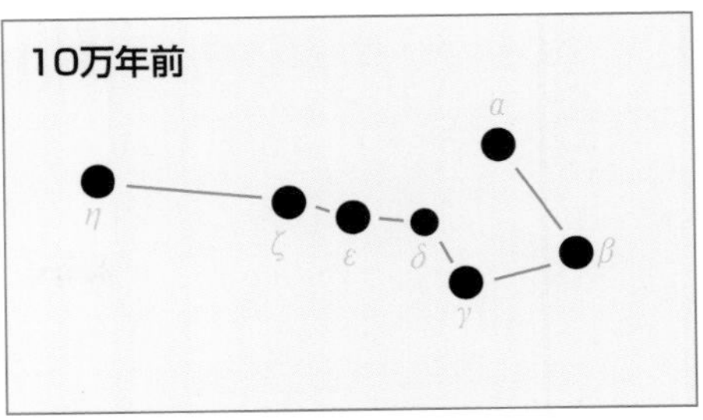

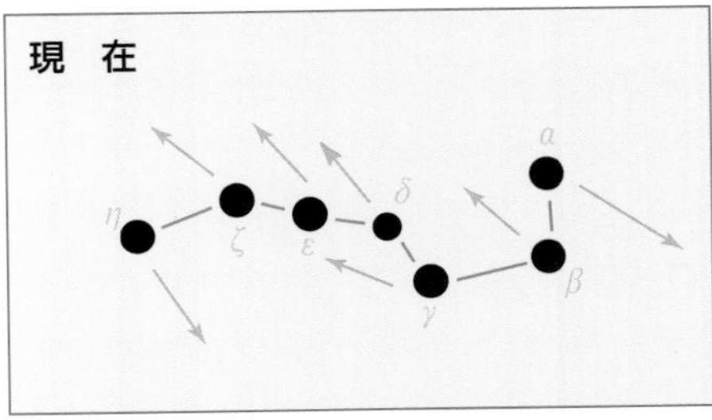

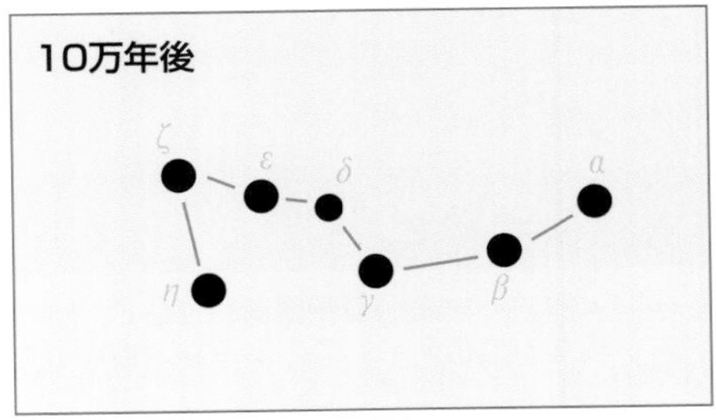

▲北斗七星の変形　北斗七星の星たちは、空間を動いていますので、その美しい形も遠い将来にはくずれてしまいます。

ん。自慢の弓矢をつがえると、ここぞとばかり身構え大熊の胸を射ようとしました。

このありさまの一部始終をオリンポスの山からじっと見下ろしていた大神ゼウスは、アルカスに親殺しをさせてはならじと、アルカスも小熊の姿に変えると、つむじ風を送って天上へ巻きあげ星座にしたと伝えられています。

●北の空をめぐる大熊と小熊

大神ゼウスが、カリストとアルカス母子の運命をあわれに思い、大熊、小熊も

▲おおぐま座の渦巻銀河M 101　北斗七星の柄の先η星の近くにある美しい渦巻銀河で、私たちの銀河系もこのような渦巻く姿をしていることでしょう。距離 1900 万光年。

ろとも天界にあげたまではよかったのですが、あわてててしっぽをつかんで放りあげたため、おおぐま座とこぐま座のしっぽがあんなに長くのびてしまったといわれています。そういわれてみると、たしかに熊の尾にしては妙に長く描きだされていることに気づかされます。

そのことはともかくとして、大熊と小熊のカリストとアルカス母子が、星座になって輝きだしたのを見て我慢できなくなったのが、大神ゼウスの妃(きさき)ヘラです。

ひどく嫉妬深いと評判のゼウスの奥さんですから、大神ゼウスの愛を受けたカリストとアルカス母子をこころよく思わないのも当然といえます。

さっそくオリンポスの山を下って、海の神オケアノスと女神テチスのところへ出向くと、ほかの星はみんな一日に一度空をめぐって海に入り一休みできるのに、この母子熊だけは絶えず空をめぐって、一度だって休むことのできない運命にさせてしまいました。

昔のギリシア時代には、北斗七星だけで描くおおぐま座は、今より天の北極に近く、こぐま座とともにそのまわりをぐるぐるまわり続けていたので、そんな神話になったのかもしれません。

今の日本でも東北地方の北部から北では、北斗七星は北の地平線低く下がったときでもしずむことなく、休みなく北の

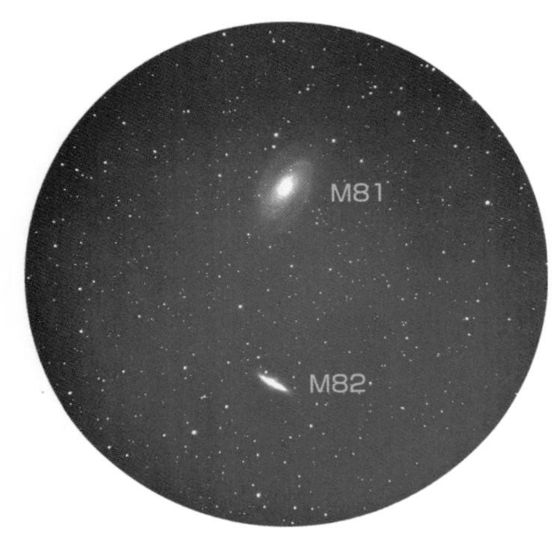

▲**おおぐま座の銀河M 81 とM 82**　小望遠鏡の場合は低倍率で同じ視野の中に見えてきます。距離はともに 1200 万光年。

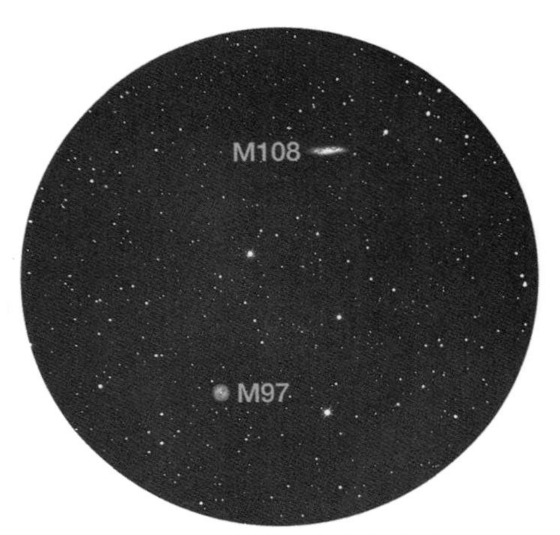

▲**惑星状星雲M 97 と銀河M 108**　M 97 はふくろう星雲のよび名があり、2 つの黒い目もなんとかわかります。

空をめぐり続けるおおぐま座とこぐま座の姿をながめることができます。

●目だめしのミザールとアルコル

大神ゼウスが熊の尾をつかんで勢いよく天に放り投げてのびた北斗七星の柄(え)の熊のしっぽの先から 2 番目の星ミザールに注目してみると、ふつうの視力の人ならすぐそばにアルコルという小さな 4 等星がくっついていることに気がつくはずです。つまり、ミザールとアルコルは肉眼二重星のペアなのです。

小さなアルコルのほうの名の意味は

▲**望遠鏡で見たミザールとアルコル**

「馬の乗り手」で、つまり騎手というわけです。明るいミザールを馬とみればたしかにそんなふうにも見えます。

しかし、このアルコルには「サイダク」という別のよび名もあります。このほうは“目だめし”という意味で、昔、アラビアの兵士の視力検査をするときにこの星を使ったところからきているものです。つまり、ミザールとアルコルを 2 つに見分けられれば兵士に合格というわけです。

双眼鏡を使えば、ミザールとアルコルのペアは簡単に見分けられますが、望遠鏡ではミザールとアルコルの間は大きく離れ、かわって明るい 2.3 等のミザールのすぐそば 14.4 秒角のところに、別の小さな 4.0 等星がくっついているのがわかり、興味深いながめとなります。

おおぐま座は北の空の大星座だけに、このほか双眼鏡や小望遠鏡で楽しめる銀河などの天体がひそんでいます。一つ一つたしかめてみてごらんになるとよいでしょう。

やまねこ座

Lynx (Lyn)　　山猫座：Linx

概略位置：赤経7^h50^m　赤緯＋45°
20時南中：3月16日 高度：(北) 80度
面積：545平方度
肉眼星数：93個
設定者：ヘベリウス

●山猫のような鋭い目で見よう

春の宵の北の空高く目をひくのは、なんといっても北斗七星のあるおおぐま座ですが、その近く、ふたご座との間に妙にがらんと星空の開けた部分があるのが気になるところです。じつは、そのあたりにヘベリウスが山猫の姿を描きだしたといわれるやまねこ座があるのです。

このやまねこ座は、広さからいえばすぐ隣りのぎょしゃ座と同じくらいあるのですから、けっして小さな星座とはいえませんが、なにしろ、いちばん明るいα星が３等星のほかは４等星以下の暗い星ばかりですから、印象の薄いのはいたしかたないかもしれません。

事実、この星座の作者ヘベリウス自身でさえ「山猫の姿をここに見つけだすためには、山猫のような鋭い目をもって見なければならない……」などといっているくらいですから、かすかな淡い星々を結びつけて、山猫の姿をここに思い浮かべるのは少々無理があるといえます。やまねこ座全体の広がりのごく大まかな見当をつけたら、星座絵のイメージをそっと重ね合わせてみるくらいのことですませるしかなさそうです。

▲ヘベリウス星図のやまねこ座

●山猫または虎座

もう一つ、少し問題があるのは、ヘベリウスがここに考えた星座の原名が、「山猫または虎座」だったといわれることです。ヘベリウス自身は山猫でも虎でもよかったというわけですから、ずいぶん大ざっぱな星座づくりだったといわなければならないかもしれません。

そのヘベリウスが発表した星座の絵姿では、虎には見えませんが、虎にそれとなく似た山猫の姿が描かれていて、原作者のイメージがなんとなくうかがえそうな気もしてきます。

●ラランドが新設した猫座

世の中には無類の猫好き、無類の犬好きなどと、ペットブームの昨今、それぞれに大のお気に入りの動物を飼っている人も多いことでしょう。

天文学者も似たようなもので、1805年にフランスのラランドは、春の宵の南の空に低いポンプ座とうみへび座の間に「猫座」を新設したことがありました。

「自分は猫が大好きなので、その姿を星座の姿にすることにした。長い間天体の観測にうちこんできたのだから、それくらいの息抜きはさせてもらいたい……」

ラランドは、設定の理由をこう説明したのですが、あまりに個人的な好みでしたから、この猫座は長く続かず忘れ去られてしまいました。

かに座

Cancer (Cnc)　　盤座：Crab

概略位置：赤経8^h30^m　赤緯+20°
20時南中：3月26日　高度：75度
面積：506平方度
肉眼星数：97個
設定者：プトレマイオス

●プレセペ星団が目じるし

春先の宵のころ、ふたご座のカストルとポルックスの兄弟星としし座の1等星レグルスを結んだほぼ中間あたりに目を向けると、なにやらはっきりしない、ぼんやりとした光芒が見えます。

かに座の甲羅の部分のところにあるプレセペ星団です。もちろん淡い光芒なので、月のないよく晴れた晩でないとわかりにくい散開星団ですが、かに座の姿を見つけるときには、まず注目しなければなりません。

●妖気のような天体

かに座は黄道12星座の一つとして、すでに5000年もの昔のバビロニアで知られていたといいますから、星座の中でも最も古い歴史をもっていることになります。もちろん、かにの甲羅のところに肉眼で見える散開星団プレセペの存在も当然のことながら古代の人々の注目を集めていました。

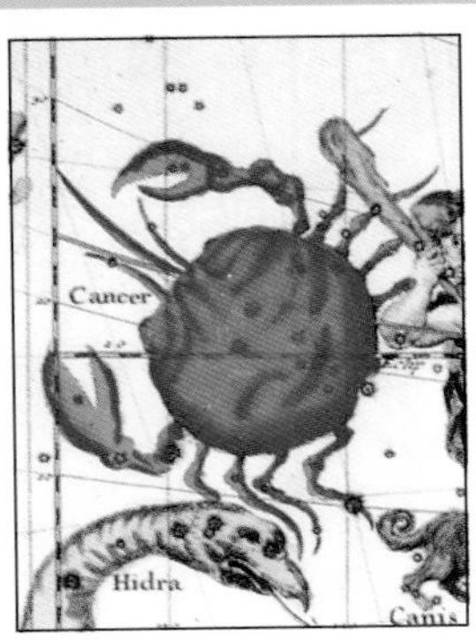

▲いろいろな姿に描かれたかに座

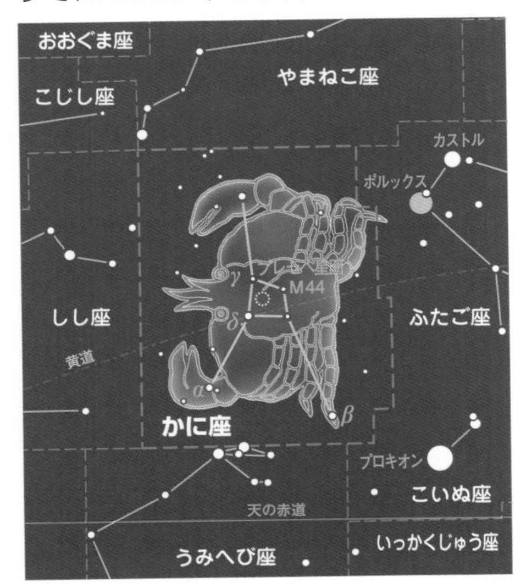

▲かに座　6月22日から7月23日生まれの人の誕生星座です。

今でこそプレセペは、星つぶの群れる散開星団だとその正体がわかっていますが、肉眼でははっきりとはわかりかねるところがあり、中国では、ぼうっと青白い人魂のようだというので、「積尸気」とよんでいました。これは死体からだけ立ちのぼる妖気という意味で、少々薄気味悪がっていたわけです。そして縁起をかついで、かに座は死人が地上に残した霊という意味で「鬼宿」と名づけていました。

一方、紀元前4～5世紀のギリシアでは、プラトンの一派が、人間が生まれたとき、その身体に宿る魂が天上より降りてくるときの出口だと説いていました。

●プレセペの正体

そんなプレセペを、最初に星団と見

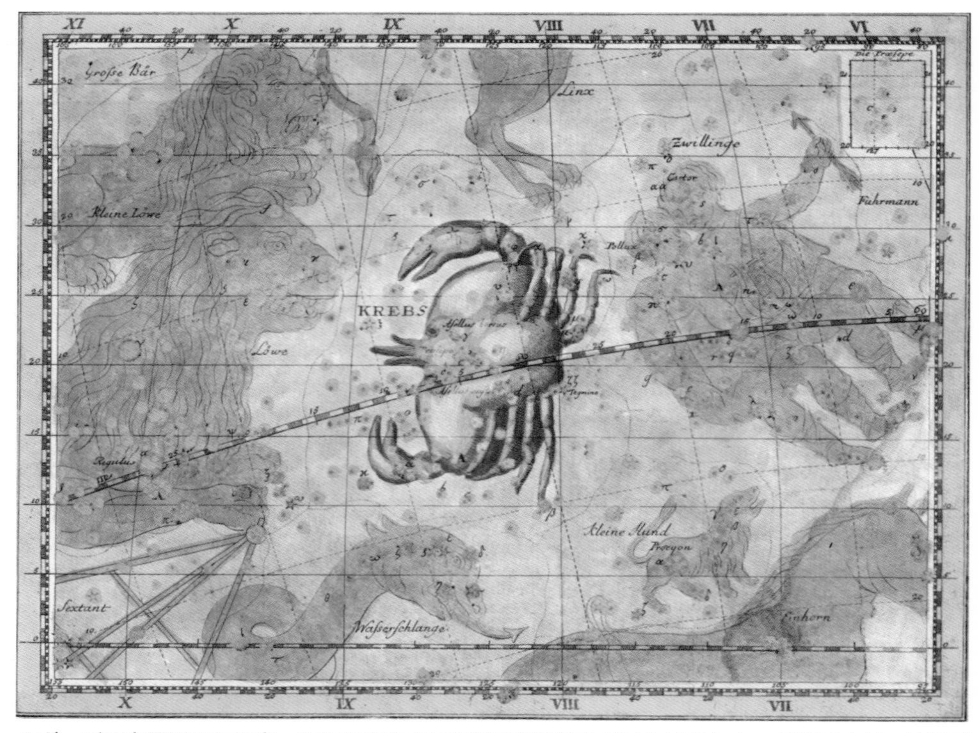

▲ボーデの古星図のかに座　私たちの食卓にのぼる典型的なおいしそうなカニの姿ですが、神話では怪力無双のヘルクレスの足を大きなハサミで襲ったお化けガニです。ヘルクレスに簡単に踏みつぶされてしまいますが、その健闘のご褒美に星座にしてもらいました。

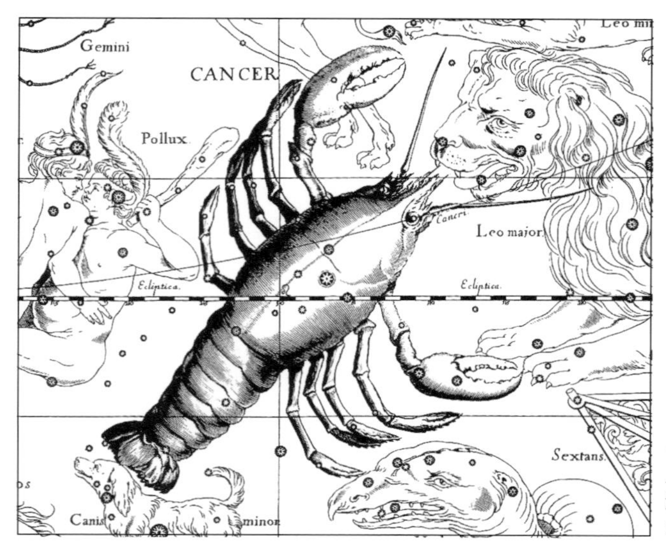

◀ヘベリウスの描いたかに座
上のボーデの星座絵と比べると形がだいぶちがい、ザリガニとかロブスターに似ています。

破ったのは、望遠鏡を初めて天体に向けたイタリアのガリレオでした。

「かいば桶(おけ)といわれる天体は、1つの星ではなく、40個ばかりの星の集まりで、私はロバのほかに30個の星を数えた」と報告しています。

プレセペとは「かいば桶」という意味のラテン語で、プレセペの南と北にあるγ(ガンマ)星、δ(デルタ)星をそれぞれ「北のロバ」「南のロバ」といい、その2頭のロバが銀のかいば桶から枯れ草のかいばを食べている姿と見られていて、ガリレオはこう述べたというわけです。

プレセペ星団は、イギリスでは“ビーハイブ”、つまり蜜蜂の巣とよばれています。蜂たちがブンブン群れているような星の群れだというわけです。

●ヘルクレスのヒドラ退治に登場

ギリシア神話で登場するこのかには、英雄ヘルクレスに踏みつぶされてしまった大きなお化けがにとされています。

ヘルクレスが、かに座のすぐ南で星座となっているうみへび座のヒドラ退治に出かけたときのことです。ヘルクレスがこのヒドラと闘っているとき、こともあろうにヒドラの味方をして、ヘルクレスの足をはさもうとしたのです。

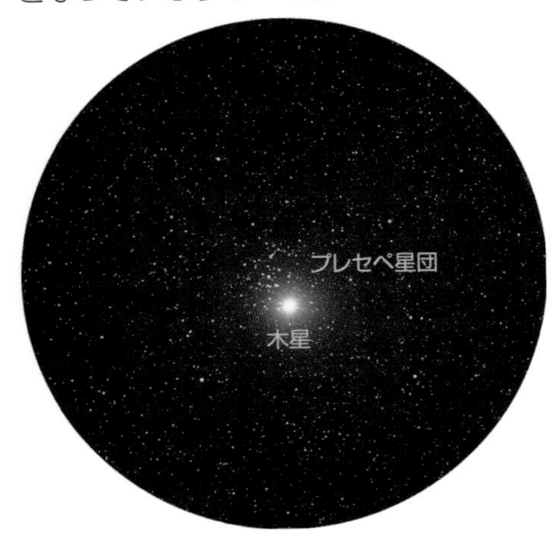

▲プレセペ星団M 44と木星の輝き

▲ヒドラと闘うヘルクレス お化けがにはこのときヒドラの加勢に這いだしてきました。

もちろん、ヘルクレスにとって、これしきのお化けがにの加勢などものの数ではありません。たちまちぺちゃんこに踏みつぶしてしまったのでした。

●黄道(こうどう)上にあるプレセペ星団

視力のよい人には、お化けがにの甲羅にあるプレセペ星団の星つぶがわかるかもしれませんが、ふつうは双眼鏡で見て散開星団であることがはじめてはっきりします。この星団は黄道上にあるため、しばしば明るい惑星がやってくることがあります。星団と惑星が同一視野内に見える光景は、双眼鏡でのスターウオッチングのよい見ものとなります。

しし座

Leo (Leo)　　獅子座：Lion

概略位置：赤経10ʰ30ᵐ　赤緯＋15°
20時南中：4月25日　高度：70度
面積：947平方度
肉眼星数：118個
設定者：プトレマイオス

●表情豊かな星座

しし座ほど表情豊かな星座はありません。春先の宵、東天に姿を見せるや、すさまじい勢いで一気に天頂めざして駆けのぼるように見えます。

また、春の南の空高くのぼりつめると、百獣の王ライオンにふさわしく堂々と胸を張り、吠え声も勇ましく聞こえてきそうです。ところが、いったん西空へまわると、英雄ヘルクレスに退治されてしまった神話どおりに、しっぽを巻いてこそこそ逃げだすようなあわれな姿に見えます。

星空での見える位置によってこんなに表情の変わる星座もめずらしく、しし座をながめるときには、こんなようすも楽しみながら見てもらうのがよいでしょう。

▲しし座　7月24日から8月23日生まれの人の誕生星座です。

▲古星図に描かれたしし座の姿

●ネメアの森の暴（あば）れ獅子

しし座は百獣の王ライオンの姿をみごとに描きだした美しい星座ですが、ギリシア神話では、そんなイメージとは大ちがいで、あの英雄ヘルクレスに退治されてしまった暴れ獅子とされ、意外な悪役星座なのです。

ヘルクレスは、意地悪なエウリステウス王の命令で、12回もの非常に危険な冒険に出かけなければなりませんでした。

その第1回目の冒険となったのが、ネメアの森にすむ人喰い獅子のこのライオン退治でした。

人喰いライオンは、ヘルクレスの姿に気づくや「ウォーッ」と吠え声も恐ろしく襲いかかってきました。ヘルクレスも弓矢や刀で応じ、防ぎましたが、弓矢も刀も固い岩にでも当たったかのようにポッキリと折れてしまい、役に立ちません。

▲ボーデの古星図に描かれたしし座　東から昇ってくるときの元気な獅子の姿のようです。前足の下に描かれているのはうみへび座の背にあるろくぶんぎ座です。

▶ヘベリウスのしし座　上の図とは構図が逆ですが、星ぼしが天球に貼りついていると考えられていた当時は、天球儀にある星座のように裏返しに描かれています。それにしても今にも獲物に飛びかかろうとしている勇猛なライオンの姿です。

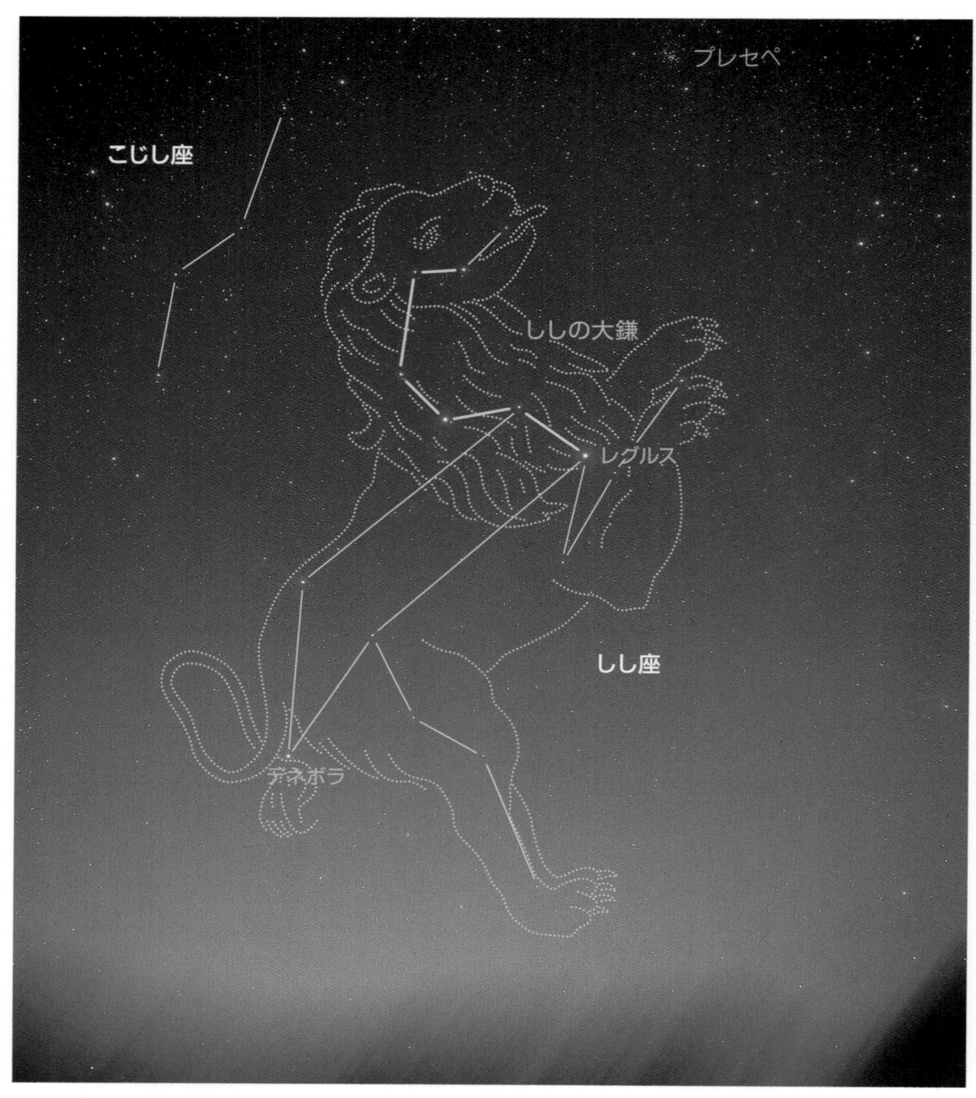

▲のぼるしし座　東の空へ吠え声勇ましく駆けのぼろうとするしし座のようすがよくわかります。

この巨大ライオンが、弓矢や刀ではどうにもならない不死身（ふじみ）であることに気づいたヘルクレスは、むんずと組みつくや、全身の力をこめてしめつけました。

怪力のヘルクレスのこの大業（おおわざ）には、さすがの大ライオンもたまらず、あっさり息絶えてしまいました。ヘルクレスは、さっそくその皮をはぎとると、肩に掛け、意気揚々と王宮へ帰ってきました。

エウリステウス王は、お化け獅子退治をしたヘルクレスのあまりの強さに肝をつぶし、壺の中に隠れ、とうとうヘルクレスに会わなかったと伝えられています。

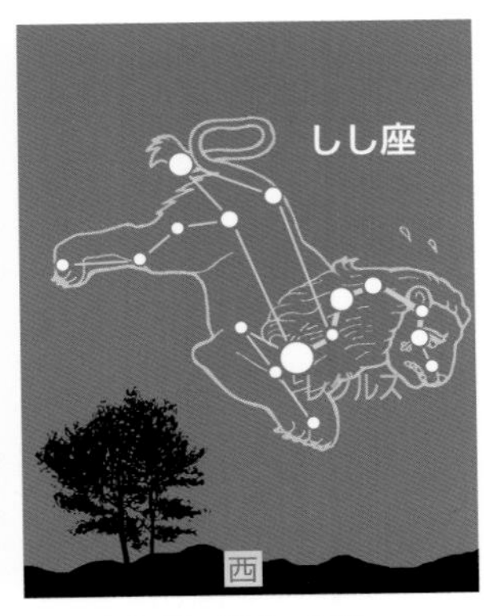

▲のぼるしし座（左）、しずむしし座（右）の姿

●ししの大鎌

しし座は、春の星座のなかでもとくに形の整った美しい星座ですが、目につくのはやはりその頭部で６個の星が疑問符「？」の形を裏返しにしたような形にならんでいる頭の部分でしょう。

この半月形に似た形が西洋で使う草刈り鎌にそっくりだというので、この部分はとくに「ししの大鎌」とよばれて親しまれています。

日本では、この形が雨樋をかける金具に似ているというので、「ᔕ·」と見て、「樋かけ星」とよんでいた地方もあります。

●小さい王レグルス

しし座で目をひくのは、やはり、ししの大鎌裏返しの？マークの先にある白色の１等星レグルスでしょう。

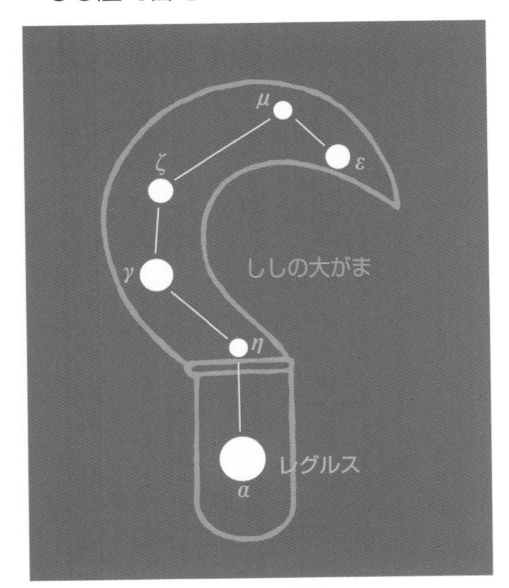

▲ししの大鎌

レグルスとは、「小さい王」という意味の名で、その名づけ親は、あの地動説を唱えたコペルニクスだとされています。もっとも、古くローマ時代には、その位置にふさわしい「獅子の心臓」とよばれていたといわれます。

レグルスの正しい明るさは1.3等ですから、あまり明るい１等星とはいえませんが、実体は直径が太陽の3.8倍、距離79光年のところで太陽の13倍の強い光を放って輝く白色の１万3000度の高温星です。

ところで、１等星レグルスに次いで目につくのは、ライオンのしっぽのところにある2.1等のデネボラです。アラビア名の「獅子の尾」からきた名前ですが、この星はうしかい座の１等星アルクトゥルスとおとめ座の１等星スピカを結んでできる正三角形、「春の大三角」を形づくる星となっています。

しし座の全景をすばやくたどるときには、ライオンの頭部を形づくる「ししの大鎌」と尾にあたるデネボラを大まかに結びつければよいわけです。

▲**M66銀河群**　しし座の後ろ足のところにある3つの銀河は望遠鏡の同じ視野内に見られます。

●美しい連星アルギエバ

ししの大鎌の中ほどにあるγ（ガンマ）星は、アルギエバとよばれる2等星で、これは「額（ひたい）」を意味するアラビア名からきているものです。このγ星に望遠鏡を向けると、オレンジ色の2.6等星と黄色の3.8等星の2つがぴったりよりそってならぶ二重星だということがわかります。

じつは、この2つの星は周期619年でめぐりあう連星というのが実態で、今が両者の間隔が最も離れた状態になっていて見やすくなっているところです。170年ばかり前、W・ハーシェルが発見し、「北天一美しい連星」と絶賛したペアとして有名な二重星です。

▲**しし座流星雨**　1833年アメリカで見られた大出現のようすを描いた木版画です。

●しし座流星群

毎年11月18日から19日ごろにかけ、γ星アルギエバの近くに輻射点（ふくしゃてん）をもつ流星群が出現を見せてくれます。この流星群は、33年ごとに大出現を見せるのものとして有名で、1833年には、アメリカで人々が「世界が火事だ」と泣き叫んだほどの流星雨となり、1966年にも再びアメリカで大出現が目撃されています。

2001年の大出現の後は、母彗星のテンペル・タットル彗星との軌道の関係がずれてしまって、しばらくは大出現が見られなくなるかもしれません。

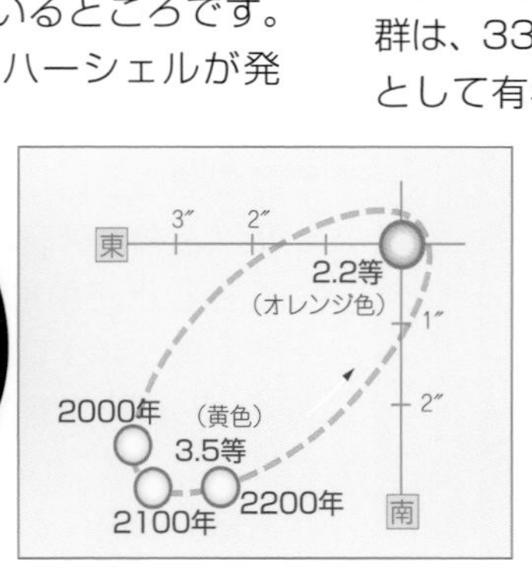

▲**γ星アルギエバの見え方と連星の軌道**

こじし座

Leo Minor (LMi)　小獅子座：Lesser Lion

概略位置：赤経10^h20^m　赤緯＋33°
20時南中：4月22日　高度：88度
面積：232平方度
肉眼星数：35個
設定者：ヘベリウス

●しし座の頭にのる小さな獅子

春の宵のころ、南の空高く、しし座のみごとな姿がありますが、そのすぐ頭に接するようにもうひとつ小さなライオンの星座、こじし座が見えていますので、これにも注目してほしいものです。

といっても、いちばん明るい星が４等星で、あとはみなそれより淡い星ばかりですから、小さな獅子の姿を見つけるのは、実際には無理といっていいほどのもので、とくに夜空の明るい都会では注目のしようがないかもしれません。それもそのはずで、この小さな星座は17世紀のポーランドの天文学者ヘベリウスが、しし座とおおぐま座の空き地を埋めるようにして新設したもので、もともと星のならびから小さなライオンの姿を想像してつくられたものではないからです。

●ヘベリウスの新作星座

ヘベリウスの死後、1787年に出版された彼の著作『ソビエスキーの天空』の星図には、しし座の頭のすぐ上にのる小さなライオンの姿が描かれており、すぐ西隣りに同じくヘベリウスが新設したやまねこ座の尾にじゃれつくようにうずくまって見えています。しかし、しし座とおおぐま座の間に割り込むようにしてつくられたせいか、小獅子がきゅうくつそうにも見えます。

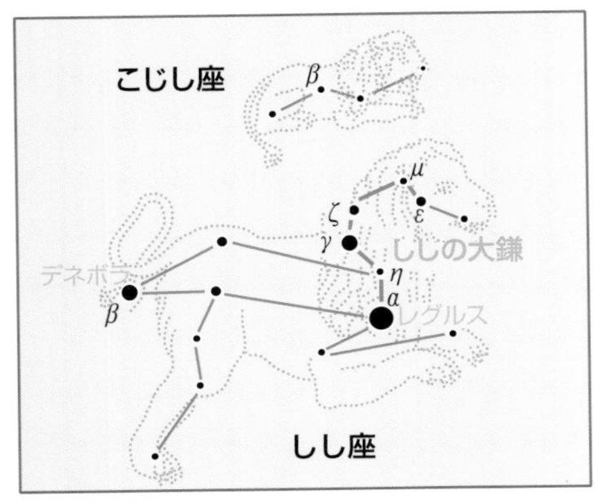

▲しし座とこじし座　こじし座にはα星がありません。

▲こじし座とやまねこ座　どちらもヘベリウスが新設した星座です。

ヘベリウスは、それでもこの星座でいちばん明るい東端の４等星46番星にプラエキプアという名をつけました。「主要なもの」というラテン語からきているものですが、名前のわりに目をひくはずもなく、もちろん、今ではこの名はすたれてしまっています。

なお、ヘベリウスが新設した10星座のうち、７星座が現在も残されていますが、そのうち、こじし座をはじめ、やまねこ座、ろくぶんぎ座、りょうけん座の４星座が春のころ見える星座となっています。

昔からあった星座を独立させたといわれるりょうけん座をのぞけば、どれも淡く小さな星座ばかりです。

うみへび座

Hydra (Hya)　海蛇座：Water Snake

概略位置：赤経10h30m　赤緯−20°
20時南中：4月25日　高度：35度
面積：1303平方度
肉眼星数：228個
設定者：プトレマイオス

●全天一東西に長く面積の広い星座

うみへび座は、頭から尾までじつに100度をこえる、とてつもなく東西に長い星座です。このため、全身を一度に見わたすためには、よいタイミングをとらえなければなりません。

たとえば、5月中旬なら午後8時ごろとなります。もし頭から尾まで全身が少しずつ姿をあらわすようすを見ようとすれば、6時間近く見つづけていなくてはならないのですから、これはたいへんなことです。やはり、南の空に長々と横たわる姿をいっぺんに見わたすというのがおすすめです。

さて、こんなふうでうみへび座は、下の星座絵のように、とてつもない大蛇の姿をイメージしていますが、ギリシア神話では、頭が9つもあるヒドラという怪物の水蛇というのがその正体です。近くには、英雄ヘルクレスに退治されたしし座やかに座といった悪役星座があり、このうみへび座もそんな仲間の一つなのです。

▲ヘルクレスとヒドラ（モロー画）

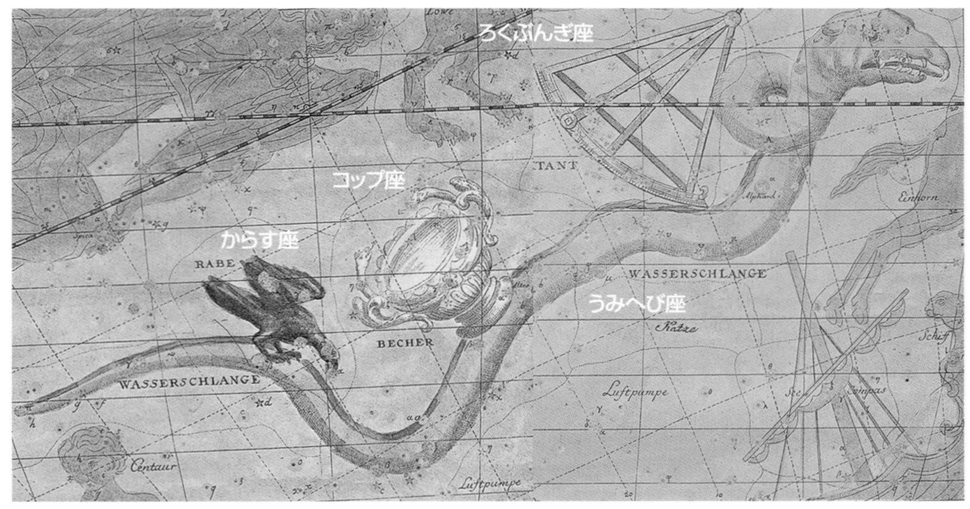

▲うみへび座の全景　うみへび座の頭の部分と尾の部分の2枚の星座絵をつなぎ合わせたものです。

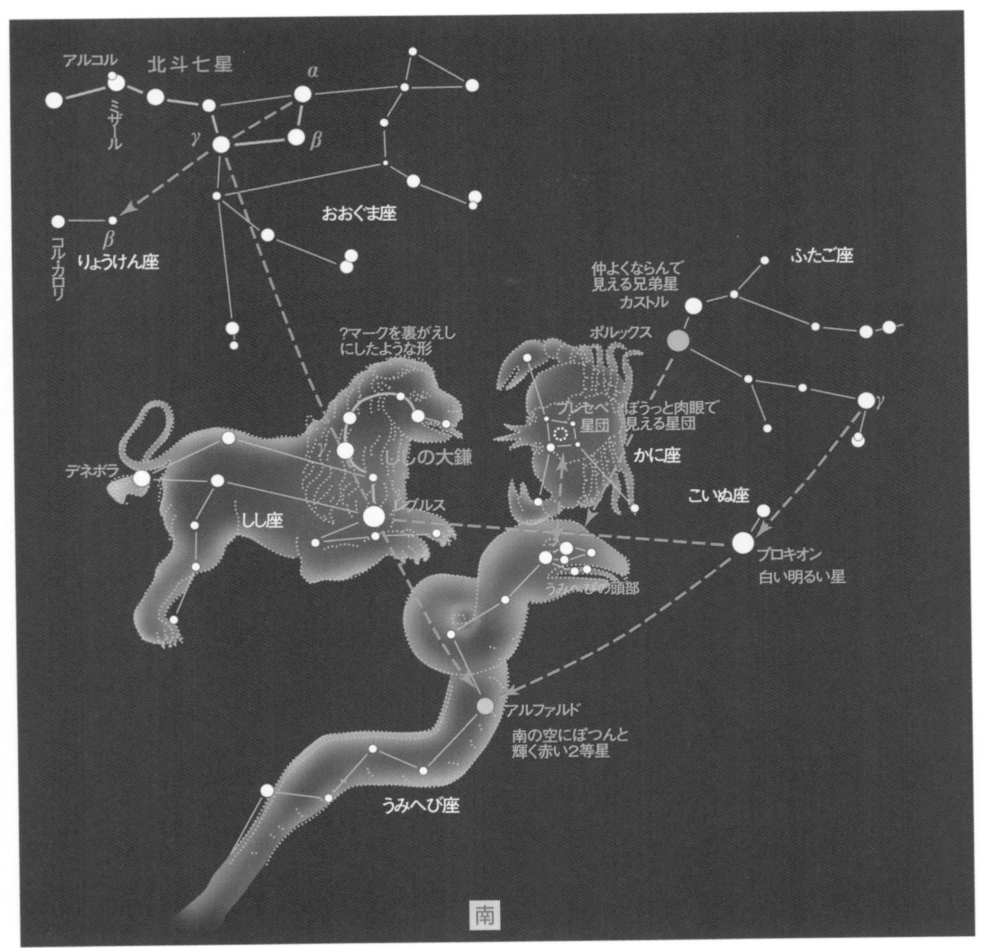

▲春の悪役星座たちの見つけ方

目をひくほどの明るい星はありませんが、ヒドラの心臓の位置に輝く赤い２等星アルファルドは、「孤独なもの」という意味そのままのイメージで見えています。

●ヘルクレスのヒドラ退治

英雄ヘルクレスは、12の冒険談のうちの２番目の仕事として、このヒドラ退治にアミモーネの沼へ出かけていきました。

ヘルクレスは、力まかせに棍棒（こんぼう）を振るい、９つの首を次々と打ち落としていきましたが、驚いたことに、１つの切り口からは２つの首がはえてくるというありさまで、これではいつまでたってもきりがなく、さすがのヘルクレスも困りはててしまいました。

これを見たお供のイオラオスは、たいまつをつくり、ヘルクレスが打ち落とす首の切り口を次々にジュッジュッと焼いていきました。これで新しい首がはえてく

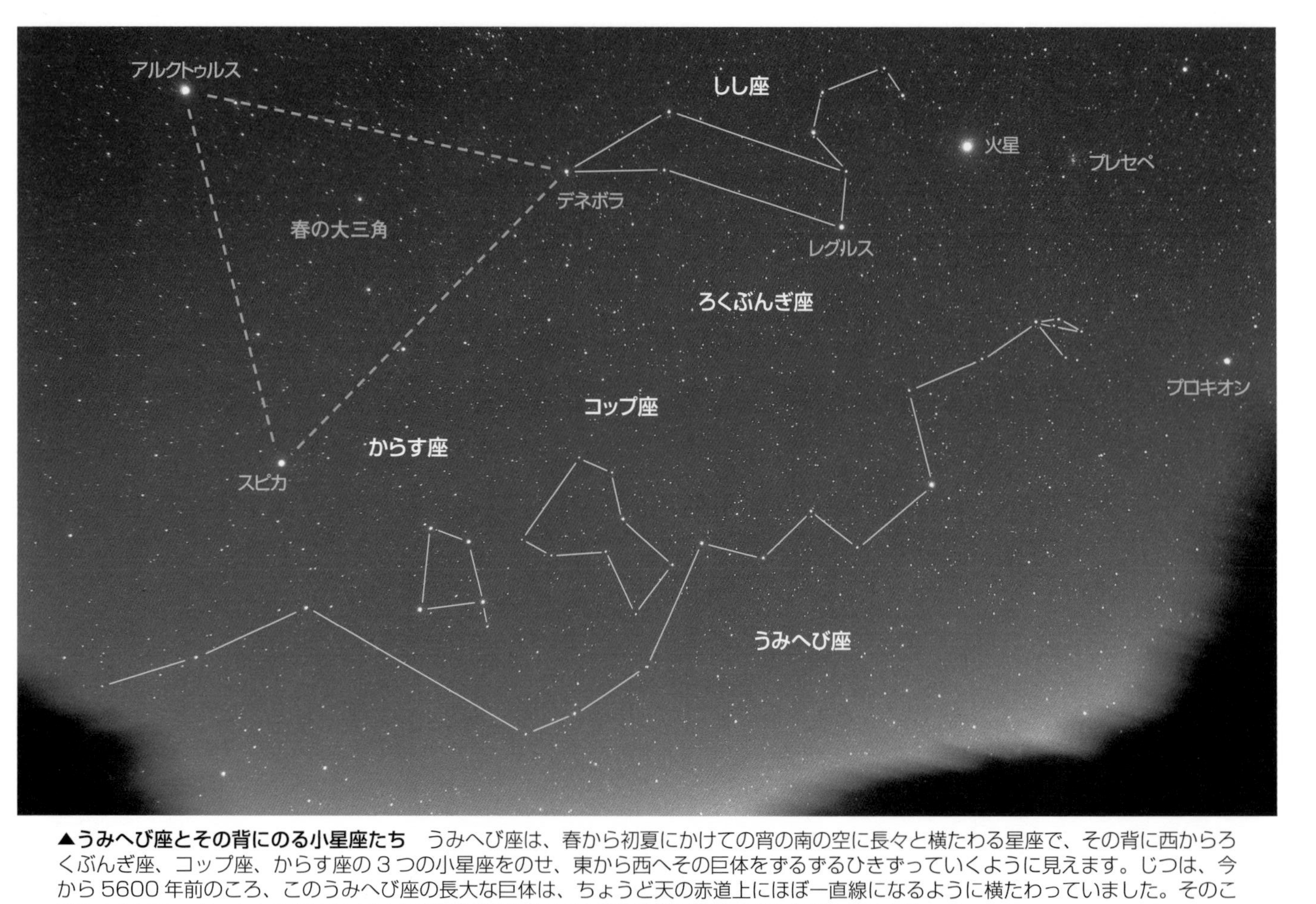

▲うみへび座とその背にのる小星座たち　うみへび座は、春から初夏にかけての宵の南の空に長々と横たわる星座で、その背に西からろくぶんぎ座、コップ座、からす座の３つの小星座をのせ、東から西へその巨体をずるずるひきずっていくように見えます。じつは、今から5600年前のころ、このうみへび座の長大な巨体は、ちょうど天の赤道上にほぼ一直線になるように横たわっていました。そのころの人々には、点々とつらなる小さな星の列が星空にひかれた天の赤道の線のように見えたことでしょう。

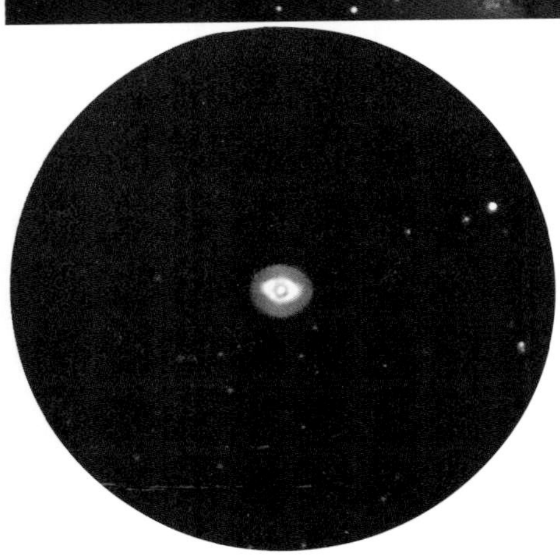

▲うみへび座の渦巻銀河M 83（上）と明るい惑星状星雲NGC3242（左） M 83はうみへび座の尾のあたり、ケンタウルス座との境界近くにあり、小口径でも渦巻らしさが見えます。NGC3242は木星状星雲の名で知られる惑星状星雲で、小さな望遠鏡でも高倍率にすると円盤状の姿がわかります。

るのを防ぐことができ、さすがのヒドラも退治されてしまいました。

この闘いのとき、ヒドラの味方をしてあらわれ、ヘルクレスに踏みつぶされてしまったお化けがにが199ページにあるかに座です。

ろくぶんぎ座

Sextans (Sex)　六分儀座：Sextant

概略位置：赤経10h10m　赤緯－1°
20時南中：4月20日　高度：54度
面積：314平方度
肉眼星数：35個
設定者：ヘベリウス

●ウラニアの六分儀の名で登場

しし座の1等星レグルスとうみへび座の心臓のアルファルドの間には、目をひくほどの星もありませんが、ここにろくぶんぎ座があります。星座の全体像は、「へ」の字を大きく曲げたように3個の星を結びつければよいのですが、淡い星たちなので、夜空の暗い場所でないと見つけるのがむずかしいでしょう。

このろくぶんぎ座は、ヘベリウスの死後に刊行された1690年の著作『天文学の先駆者』の星図に描かれているもので、しし座の足下に「ウラニアの六分儀」の名で登場しています。

ウラニアは天文をつかさどる女神ムサイたちのひとりです。現在はウラニアの名のほうは省略され、単に六分儀の名でよばれています。

●焼失した六分儀

ポーランドの天文学者ヘベリウスは、17世紀に活躍した人で、10個の星座

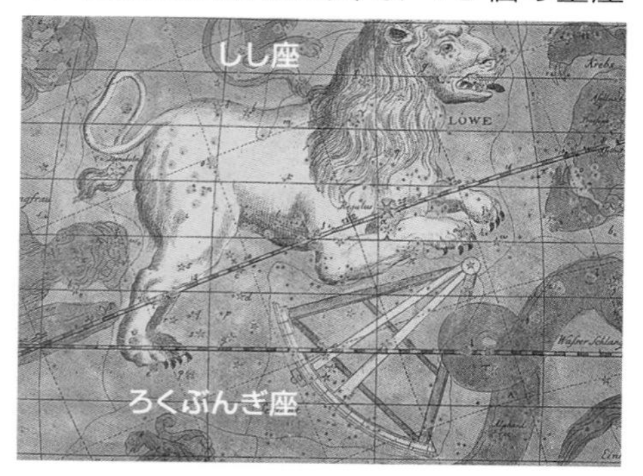

▲ろくぶんぎ座　しし座とうみへび座の間に割り込ませて設定されました。

▲六分儀で観測するヘベリウス夫妻

を新しく考えだして、そのうち7つの星座が現在残されています。そのうちの一つがこのろくぶんぎ座です。六分儀というのは、かつて天体観測や航海のときに使われた、角度を正確に測る器械です。

1697年のことですが、ヘベリウスは、自分の家が火事で焼ける不運に見まわれました。そこで、火事で焼けてしまった六分儀をしし座とうみへび座の間に置き、二度と災難にあわないよう、勇敢な2つの星座たちに守ってもらうことにしたといわれます。

その焼けた六分儀が上に描かれていますが、彼は市会議員などをつとめた有力者で、自宅に「星の城」と名づけた個人天文台を持つ知識人でした。

ポンプ座

Antlia (Ant)　　ポンプ座：Air Pump

概略位置：赤経10h00m　赤緯－35°
20時南中：4月17日　高度：20度
面積：239平方度
肉眼星数：42個
設定者：ラカイユ

●科学実験用のポンプ

フランスの天文学者ラカイユが設定した14星座の一つで、春の宵の南の空に長々と横たわるうみへび座のすぐ南に接しています。

ポンプという名前からは消防のポンプや水をくむポンプを連想してしまいますが、これは真空ポンプのことで、科学実験に使われたものをあらわしています。

ラカイユの星図に描かれているものは17世紀にフランスのデニス・パパンが作ったものとされていますが、明るい星はなく、星のならびからそんな特定の真空ポンプの姿をイメージするのは無理といえます。

ラカイユは、星座のなかった部分、いいかえれば明るい星のない部分に自分の考えた星座をかなり強引に押し込んできました。このためラカイユの設定した14の星座はすべて現在に残されたものの、いずれも目をひかない淡い星座ばかりとなっています。

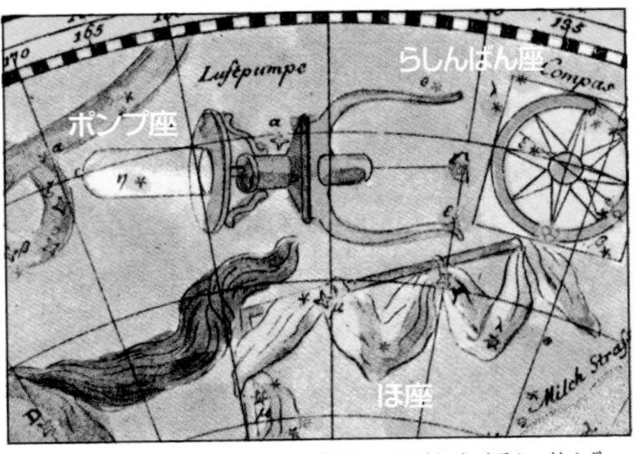

▲ポンプ座　アルゴ船の帆柱を折り曲げてポンプ座が割り込ませてあります。

ポンプ座もうみへび座の南でアルゴ船座との間の帆柱付近をへし折ってすぐ隣りのらしんばん座とともに新しく設定されたことが、彼の星図からうかがえます。

▲ポンプ座　春の宵の南の地平線の近くにありますが、ほとんど目立たない星座です。

コップ座

Crater (Crt)　コップ座：Cup

概略位置：赤経11ʰ20ᵐ　赤緯－15°
20時南中：5月8日　高度：40度
面積：282平方度
肉眼星数：34個
設定者：プトレマイオス

●台付きの盃（さかずき）

コップなどといわれると、ついジュースやビールを飲むときのガラスコップのようなものを思い浮かべてしまいがちですが、このコップ座になっているものは、それとは大ちがいで、ギリシア美術でおなじみの把手（とって）の付いた台付きのりっぱな盃のことです。

つまり、クラーテルとよばれる酒と水を混ぜる器といったほうがイメージしやすいかもしれません。さらにわかりやすくというのであれば、運動競技などで優勝したときに受けるあのりっぱなカップを思い浮かべてもらえればよいでしょう。

ただし、いちばん明るい星でも４等星という淡い星座ですから、うみへび座の背にのるクラーテルの姿を春がすみの夜空に見つけだすのは、少々やっかいかもしれません。目じるしはからす座の四辺形のすぐ西側に接する星座ということで、星座の形そのものは、あんがいよく整っていますので、見なれてしまえば優勝カップのようなクラーテルの姿をイメージするのはむずかしくありません。

●ディオニュソスの鉢（はち）

古代ギリシアでは、クラーテルが日常いろいろなものに使われていたせいか、この酒杯の持ち主については、じつにいろいろと語り伝えられています。

まず、酒とぶどうの神バッカス（ディオニュソス）が酒をつくる鉢とみて、「ディオニュソスの鉢」とよばれていました。

ディオニュソスは、アテネに滞在していたとき、王のもてなしに感謝し、美酒をつくる技術を授け、鉢も贈りました。王はさっそく酒をつくり、農民たちに振る舞ったのですが、気分のよさに毒を飲まされたと早合点した農民たちに打ち殺

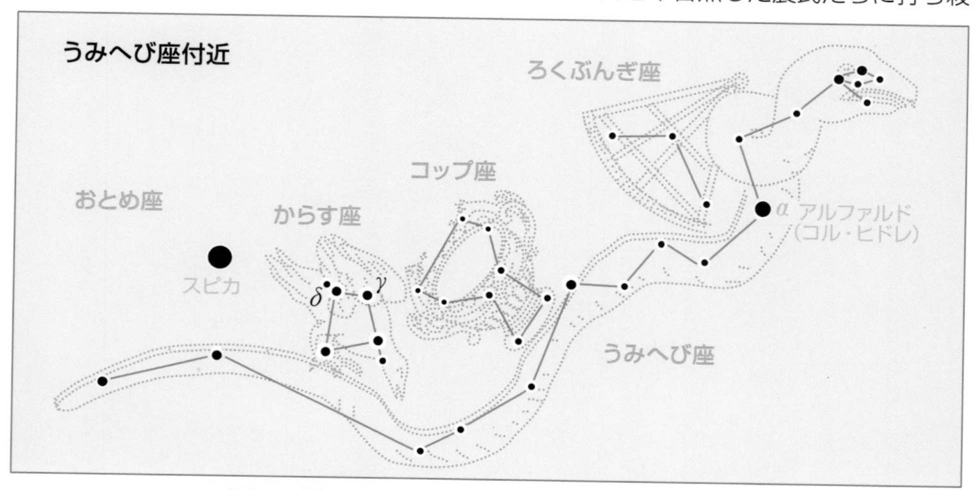

▲うみへび座の背にのるからす座、コップ座、ろくぶんぎ座

▲春の宵の南の空のながめ　しし座の尾に輝くデネボラとおとめ座のスピカ、それにうしかい座のアルクトゥルスを結んでできる正三角形が「春の大三角」です。これを目じるしにすれば、淡いコップ座の姿も見つけやすくなります。

されてしまったといわれています。

別の神話では、うそつきカラスに腹を立てたアポロンが、カラスを真っ黒な姿に変え、見せしめのために鉢とともに星空にさらしたのだともいわれます。

このためからす座は、今でも鉢のそばで喉（のど）をかわかしているのだといわれます。たしかに鉢はからす座のほうにいくぶん傾いたように星空で見えています。

このほか、魔女メーディアが若返りの薬草を溶かすのに使った鉢などともいわれ、淡いわりに、物語の多い星座といえます。歴史も思いのほか古く、メソポタミアですでに「蛇（へび）の鉢」とよばれていました。

からす座

Corvus (Crv)　　烏座：Crow

概略位置：赤経12h20m　赤緯−18°
20時南中：5月23日　高度：37度
面積：184平方度
肉眼星数：27個
設定者：プトレマイオス

●春の南の空で目につく四辺形

春から初夏にかけて、宵の南の空にはうみへび座の長大な姿が横たわっています。そしてその背はろくぶんぎ座とコップ座、それにからす座の３つの小さな星座たちがのり、東から西へ日周運動でずるずると動いていく海蛇の動きに合わせ、移動していきます。

このろくぶんぎ座とコップ座は、星が淡く一目でそれとわかるものではありませんが、からす座の小さな四辺形だけは妙に目につきます。北斗七星の弓なりにそりかえった柄(え)のカーブをうしかい座のアルクトゥルスからおとめ座のスピカへとたどる春の大曲線を、そのままさらに延長していくと、このからす座の四辺形にいきあたるというわかりやすさもあるのかもしれませんが、３等星４個が少々いびつな四辺形を描くようすは、とにかく目につく存在となっています。そのため日本でも各地で「四つ星」とか「四星(しぼし)」とかいろいろによばれ、なかには「むじなの皮」などとよぶ地方もありました。

▲スピカとからす座の小四辺形

能登半島あたりでは春の海に浮かぶ小舟のようだというので、「帆(ほ)かけ星」とよんでいましたが、これに似た見方で、イギリスの船乗りたちが「スパイカのスパンカー」とよんでいたといわれます。おとめ座のスピカとの位置関係で、からす座の四辺形を大型帆船の後尾に張るスパンカーとよばれる縦(たて)帆と見たてたわけです。

●うそつきカラス

からす座になっているカラスは、もともとは太陽の神アポロンの使い鳥で、輝く銀の翼をもち人間の言葉を自由に話すことができる賢いカラスだったといわれています。ただ、困った性質が一つありました。ひどくおしゃべりでけっこううそつきだったことです。

アポロンは、テッサリア王の娘コロニスを愛し、幸福に暮らしていました。ところが事情があってパルナッソスの山へ帰らなければならなくなりました。そこで、コロニスにこういって安心させました。

「毎朝カラスに使いをさせ、ようすを知らせてもらうから、離れていても私たちの心は通いあっているのだからね……」

ある朝のことです。使い鳥のカラスは道草を食って遅くなったいいわけに「コロニスは、アポロン様の留守の間にもう他の男に心を移してし

▲春の星座たち　コップ座の水を飲むことができないからす座のようすもわかります。

まっていますよ」と口からでまかせをいいました。怒ったアポロンは、急いで山を下り、我が家の近くに見えた人影を一矢で射殺してしまいました。しかし、近寄ってみると、それは自分を迎えに出てきた妻コロニスだったではありませんか。

アポロンはひどくなげき、うそをついたカラスから人間の言葉をうばいとり、ただカアカア鳴くだけのまっ黒なみにくい姿に変え、うそつきの見せしめのため星空にさらしたといわれます。このうそつきカラスは、すぐ隣りのコップ座の水を飲もうとして届かず、いつも渇きに苦しめられているともいわれています。

うしかい座

Bootes (Boo)　牛飼座：Herdsman

概略位置：赤経14ʰ35ᵐ　赤緯＋30°
20時南中：6月26日　高度：85度
面積：906平方度
肉眼星数：140個
設定者：プトレマイオス

●麦星(むぎぼし)アルクトゥルス

もう初夏のころといったほうがよいのかもしれませんが、春の宵の頭上にオレンジ色の明るい星が見えています。

北斗七星の弓なりにそりかえった柄(え)のカーブを南に延長してたどる春の大曲線上にある星の一つ、うしかい座の１等星アルクトゥルスです。

日本では、麦秋(ばくしゅう)の６月の麦刈りのはじまるころ、この星が頭上に輝くところから「麦星」のよび名で親しまれてきたものですが、今はその麦刈りの風景そのものが珍しくなり、しかもコンバインでさっさと行なわれるので、遅い夕暮れ時、アルクトゥルスの輝きを見るまで農作業が続くこともなくなってきていて、麦星のよび名の風情を味わうのはむずかしいかもしれません。しかし、熟れた麦の穂の色とアルクトゥルスの色あいがじつにぴったりして「麦星」のよび名は残しておきたい気にさせられます。

●猟犬を連れた巨人

うしかい座の姿は、アルクトゥルスから北へ全体に贈り物の包みにそえる“熨(の)

▲春の宵の空で東の空にのぼりはじめた春の大曲線　北斗七星の柄のカーブを延長すると、うしかい座のアルクトゥルスからおとめ座のスピカへとどく大きなカーブが描けます。これが春の星座さがしの目じるしになる春の大曲線です。

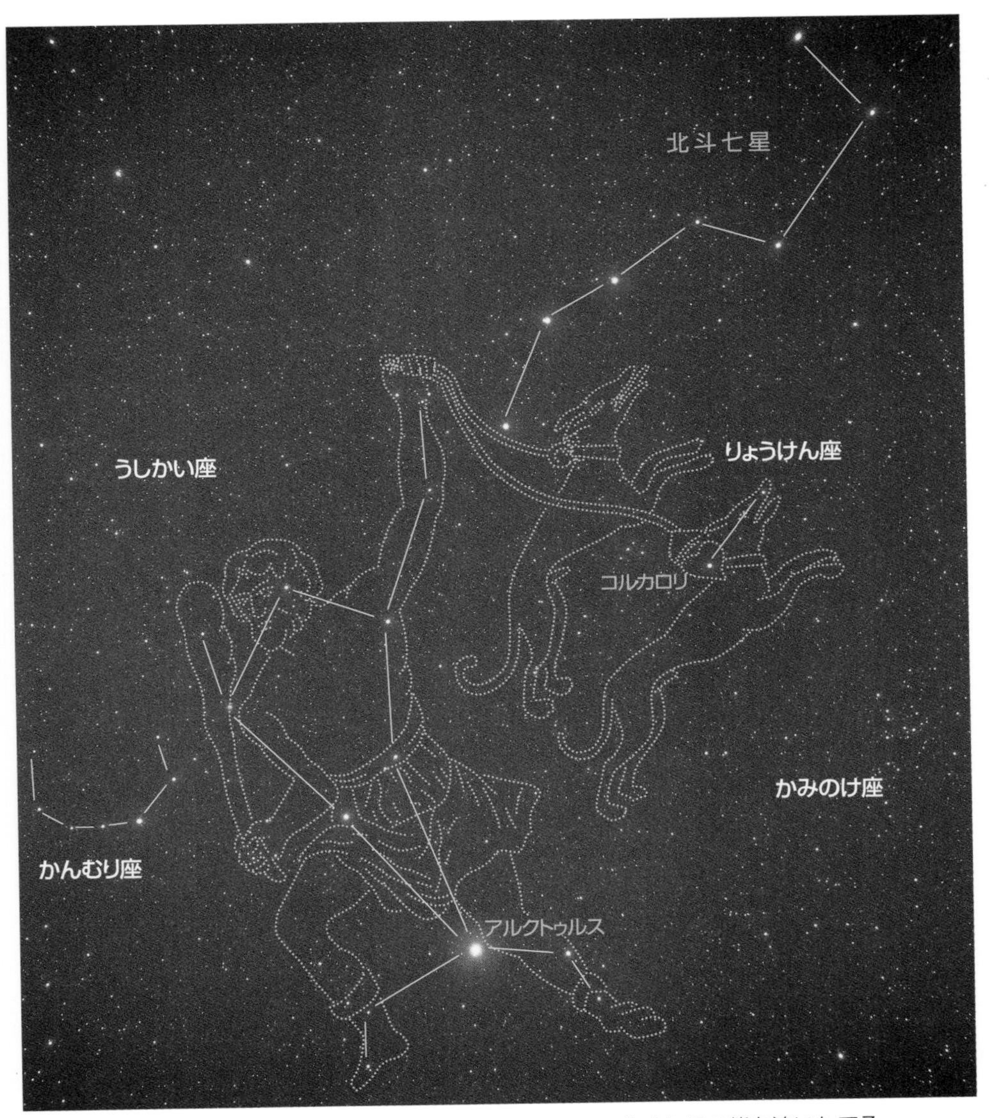

▲**うしかい座とりょうけん座**　２匹の猟犬をつれ、北斗七星の熊を追いたてる牛飼いの姿は一体の星座として見たほうがイメージしやすいといえます。

斗”のような形に星をたどって描きだしますが、これは西洋凧のような、ネクタイのような形といいかえてもよいかもしれませんので、そのイメージはつかみやすいことでしょう。

牛飼いの腕は、北斗七星の柄の先端あたりまで高々とのび、もう片方の手にもつ棍棒はすぐ隣りにくるりと小さな半円形を描くかんむり座に接しています。こんなふうに、実際の夜空に牛飼いの姿を

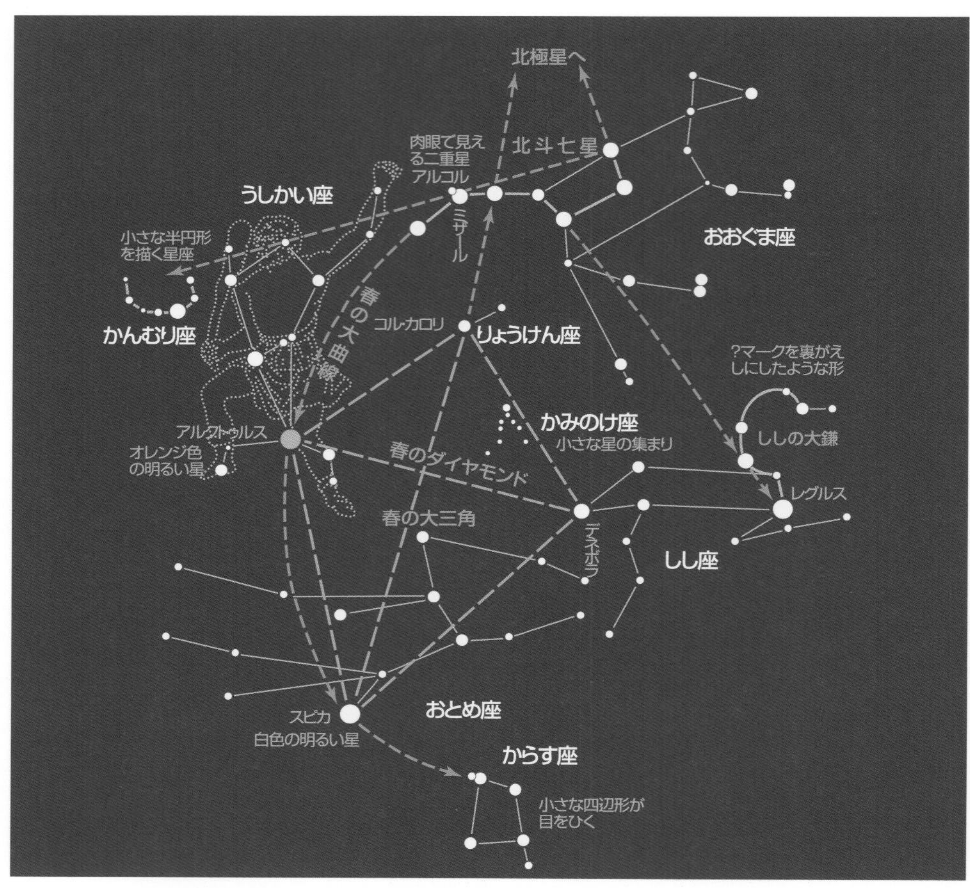

▲春の星座の見つけ方　春の大曲線や春の大三角、春のダイヤモンドなど、目をひく星のならびをまず見つけだすのがよいでしょう。

描いてみると、そのひろがりの大きさから、この牛飼いがなかなかの大男であることがうかがえるでしょう。

しかし、牛飼いの姿はこれだけで完全というわけではありません。すぐ隣りのりょうけん座の２匹の犬を引き連れていて、牛飼いとりょうけん座は一体の姿としてイメージしなければならないからです。しかも、うしかい座とりょうけん座は、そのすぐ隣りの北斗七星の大熊を追いたてる構図にもなっているため、うしかい座を見るときには、２匹の猟犬をつれ、大熊を追い立てる星の動きまで頭に入れてながめるようにしなければならないわけで、そこまでまとめて見あげると、春から初夏にかけて北の空でちょっとした名画をながめる気分が味わえることでしょう。

ところで、この牛飼いの巨人を何者と見るかですが、これは人それぞれに意見があって、オレンジ色の１等星アルクトゥルスが「熊の番人」という意味の名であることのほかは、正体不明といったところです。

●気のいいアトラス

ここでは、この牛飼いを天をかつぐアトラスの姿と見て、そのお話をしておきましょう。ギリシア神話の英雄ヘルクレスは、西の果てのヘスペリデスの園に金のリンゴをとりに出かけることになりました。そのためには、リンゴの木を守るヘスペリデスの三人姉妹の父親アトラスにたのむのがよいと教えられ、アトラスに会いに出かけました。

アトラスは重い天をかつぐ仕事をずっと続けてあきあきし、うんざりしているところでしたから、ヘルクレスから「リンゴをもってきてくれるなら、仕事を肩代わりしてあげるよ」ともちかけられると、よろこんで娘たちのところへ出かけリンゴをもってきてくれました。するとヘルクレスはまたこういいました。

「肩当てがないと痛くてたまらないから、肩当てをとってくる間ちょっとかわっていてくれないか……」

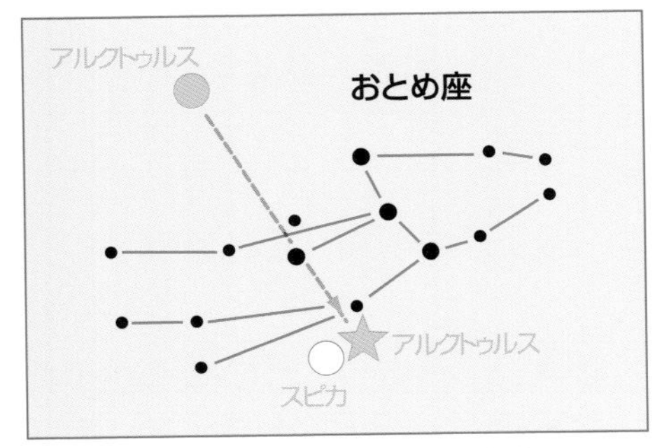

▲**アルクトゥルスの移動**　6万年後ころの夜空では、アルクトゥルスとスピカがならんで輝くのを目にすることができます。

▲**春の夫婦星**　左がうしかい座のオレンジ色の0.0等星アルクトゥルス、右がおとめ座の白色の1.0等星スピカです。この2つの星のペアが春の夜空で輝くようすを日本では「春の夫婦星」とよびました。

人のいいアトラスは、まんまとヘルクレスにだまされ、再び重い天をかつぐはめになってしまったのでした。

●春の夫婦星（めおとぼし）

麦星（むぎぼし）アルクトゥルスは、0.0等星で、1等星の仲間としても明るい星の一つですが、非常に動きの速いことでも知られています。現在、距離37光年のところを秒速なんと125キロメートルのスピードでおとめ座のスピカの方向へ移動しているのです。これは東京と大阪間をわずか4秒間でかけぬけてしまうほどの速さです。

しかし、それでもアルクトゥルスが見かけ上、満月の直径分動いたのがわかるのに800年もかかるのですから、宇宙は広いものです。ギリシア時代に記録されたこの星の位置と現在の位置が満月の2倍半もずれていることからも、その猛スピードぶりがわかります。

このため、今から6万年もたつとアルクトゥルスは、おとめ座のスピカのすぐそばにやってきて、ほんとうに「春の夫婦星」のようにならんで輝いて見えることになります。

りょうけん座

Canes Venatici (Cvn) 猟犬座：Hunting Dogs

概略位置：赤経13ʰ00ᵐ　赤緯＋40°
20時南中：6月2日　高度：90度
面積：465平方度
肉眼星数：58個
設 定 者：ヘベリウス

●おおぐま座から独立

春の夜の見ものの一つは、なんといっても北の空高くかかる北斗七星ですが、りょうけん座はその北斗七星とうしかい座のオレンジ色の１等星アルクトゥルスの間にある星座です。

というより、この星座はもともとはおおぐま座に含まれていたもので、それを17世紀になってポーランドの天文学者ヘベリウスがうしかい座の連れた２匹の猟犬の星座として独立させたものなのです。

この猟犬たちは、北の犬をアステリオン、南の犬をカーラといい、牛飼いの革ひもにつながれ、大熊を追いたてる姿は、東から西へ回転する日周運動ともうまく一致していて、なかなか味わいのある星空の見たて方となっているといえましょう。

●王の心臓コル・カロリ

りょうけん座のα星は、コル・カロリというよび名で親しまれています。これ

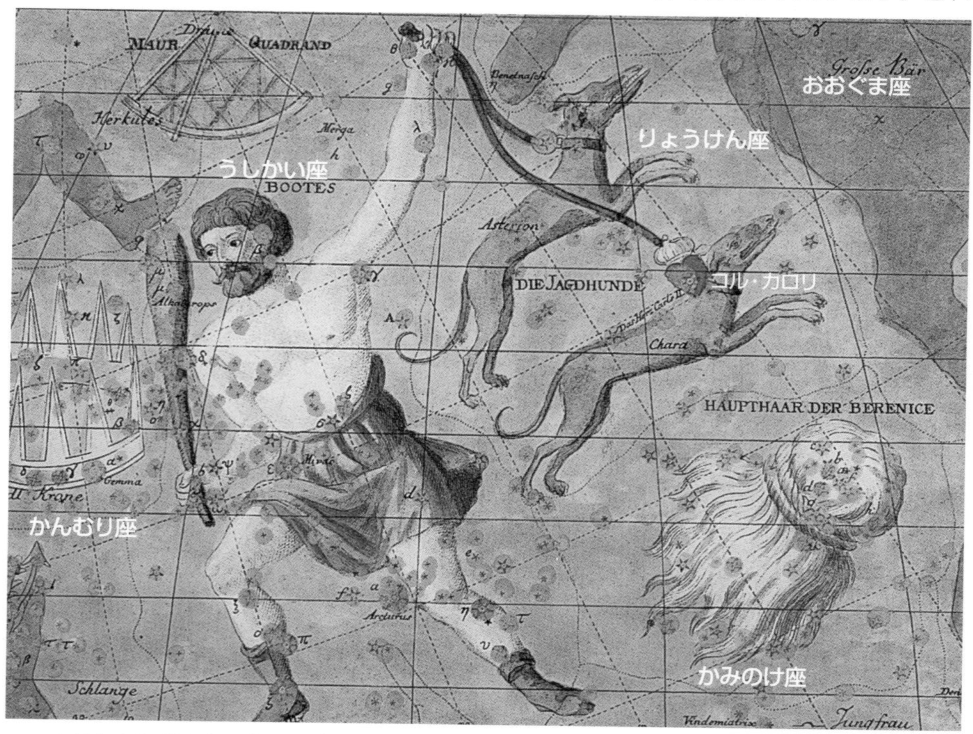

▲**うしかい座とりょうけん座**　王冠に心臓がかぶせられたコル・カロリには「チャールズⅡ世の心臓」と書かれています。しかし、ここには初め「チャールズⅠ世の心臓座」が設定されていたのです。1782年に刊行されたボーデのこの星図あたりから、そのミスが広まってしまったらしいといわれます。

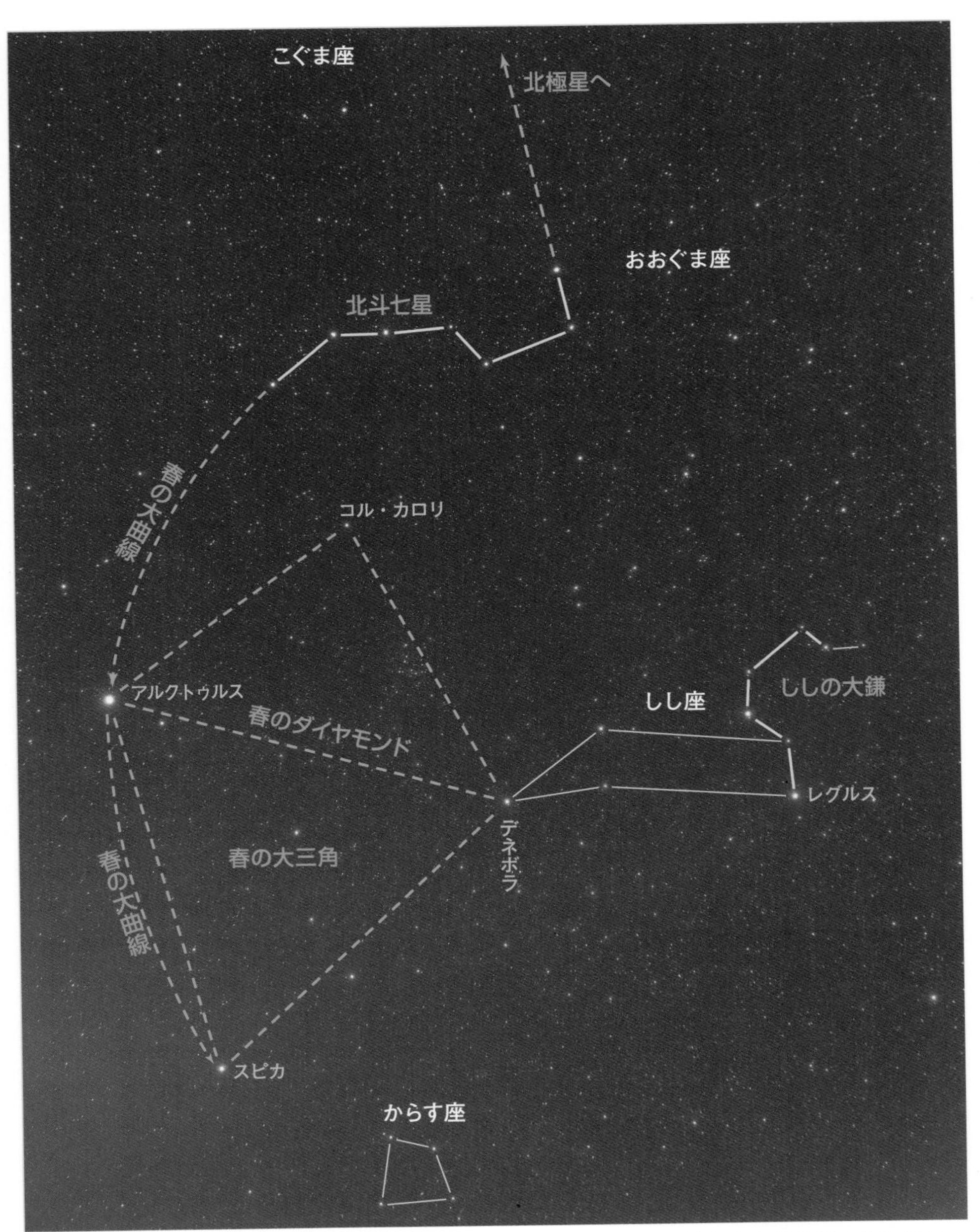

▲春の大曲線、春の大三角、春のダイヤモンドなど　春の宵の頭上にかかる星座たちを見つけだすのによい手がかりを与えてくれる星の結び方が示してあります。一番の目じるしは、北斗七星の弓なりにそりかえった柄のカーブを南に延長してたどる春の大曲線で、ついで春の大三角もわかりよいものです。春のダイヤモンドの星の一つコル・カロリは３等星ですが、りょうけん座のこのあたりには明るい星がないので、思いのほか目につきます。

▲りょうけん座の渦巻銀河M 51　大小 2 つの銀河が仲よく手をつないでいるように見えるところから「子もち銀河」のよび名で親しまれているものです。上の円内は小望遠鏡での見え方で、大望遠鏡との見え方のちがいがわかります。りょうけん座付近は、天の川からも遠く離れているため、銀河系内の星々の密集度が薄く見通しがよいため、銀河系の外のはるか遠い銀河がたくさん見えています。M 51 は 2100 万光年のところにあります。

は「チャールズ王の心臓」という意味の名で、実際、古星図にはこのα星に王冠をかぶせたハートが描かれているものがたくさんあります。なんとも奇妙な絵柄ですが、これについては次のようなエピソードが語りつがれてきました。

「1649年1月、クロムウェルの清教徒の革命によって処刑されたイギリス王チャールズⅠ世の子チャールズⅡ世が、王権復活によって1660年5月29日、亡命先のパリからロンドンにもどり王位についたのを記念して、ハレー彗星でおなじみのハレーが命名したもの……」というものです。

そもそものきっかけが、チャールズ王の侍医スカーボロー卿が、当日、このα星が異常に輝くのを目にとめ、ハレーにこのことを話し、ハレーも「天が陛下を祝福しておられるのでしょう」といって命名したと言い伝えられてきたものです。

ところが、このときハレーは4歳の幼児であり、このエピソードは上手にはできているが怪しい、と星座の研究家たちの間で当然取り沙汰(ざた)されるようになりました。

調べが進んでみると、これは“チャールズⅠ世”の心臓とするのが正しく、王権復古のときチャールズⅠ世を讃えて“殉教者チャールズ王の心臓座”として、1673年に刊行された古い星図に出たのが初めてだと明らかになりました。

▲二重星コル・カロリ

▲球状星団M3 銀河ばかりが目につくこのあたりでは珍しい明るい球状星団です。うしかい座との境界近くにあります。

そのころのヨーロッパでは、王が亡くなったあとにその心臓を祀(まつ)ることがあったらしいのです。そして、それからおよそ100年後に刊行された星図あたりから、“チャールズⅡ世の心臓”と誤って記載されるようになり、それがそのまま今に伝えられたのが真相だったというわけです。

●美しい二重星コル・カロリ

だれの心臓なのかの決着は、これでつきましたが、コル・カロリが猟犬の名に似合わない妙な名前なのは、この部分が後にヘベリウスによってりょうけん座として独立させられてしまったからなのです。

話が少しややこしくなりましたが、このコル・カロリは、2.9等と5.6等のペアが19.4秒角の間隔でならぶ二重星としても知られています。りょうけん座付近には銀河などもたくさん見えています。

かみのけ座

Coma Berenices(Com) **髪座：Berenices's Hair**

概略位置：赤経12ʰ40ᵐ　赤緯＋23°
20時南中：5月28日　高度：78度
面積：386平方度
肉眼星数：66個
設定者：ティコ・ブラーエ

●散開星団が星座に

春の日暮れどき、ほとんど頭の真上あたりを見上げると、ごく小さな星つぶの群れが春がすみの夜空にひとかたまりの光芒(こうぼう)のようにかすんで見えているのが目にとまります。もっと具体的には、しし座のデネボラとりょうけん座のコル・カロリの中間あたりになりますが、これが「ベレニケの髪」とよばれるかみのけ座の中心をなす星の集まりです。

その正体は、距離288光年のところにあるMel.111とよばれる星数およそ40個ばかりの散開星団で、星数もあまり多くないうえ距離も近いため、あんなにまばらに広がって見えているというわけです。つまり、かみのけ座は、散開星団そのものが星座というめずらしいものです。

そして、古くからあったこの星座を復活させた人物が、デンマークのあの個性派天文学者ティコ・ブラーエというのもいささか変わっているといえましょう。

●ベレニケ王妃の髪

紀元前3世紀のころ、エジプトを治めていたのはエウエルゲテス善行王でしたが、王には美しい髪の毛の持ち主ベレニケという妃(きさき)がありました。

あるとき、王がアッシリアとの長い苦しい戦いで大敗し、王自身が敵軍に捕らえられるという大ピンチに陥(おちい)ってしまったことがありました。

ベレニケ王妃は、アフロディテの神殿に詣でると、こう誓いをたてました。

▲かみのけ座と春の星座たち

「もし、夫が無事に帰ることができましたら、私のこの髪の毛を断ち切って神殿に捧げることをお約束しましょう」

それからまもなく、エウエルゲテス王は、アッシリア軍の手から逃れ、軍を立て直すと反撃に出て、みごと大勝利をおさめることができたのでした。

ベレニケ王妃のもとにうれしい勝利の報告がもたらされると、王妃はこれこそアフロディテ女神の加護のおかげと、誓いのとおり、美しい髪の毛を切り取って神殿の祭壇に捧げました。

●星空にあげられた髪の毛

大勝利をおさめて帰還した王は、ベレニケ王妃との再会を喜び合い、しかも、ベレニケが自分の無事を願ってなにものにもかえがたい琥珀(こはく)色の髪の毛を切ったと聞かされ、その愛の深さに感じ入ったのでした。

ところが、不思議なことに、祭壇に祭

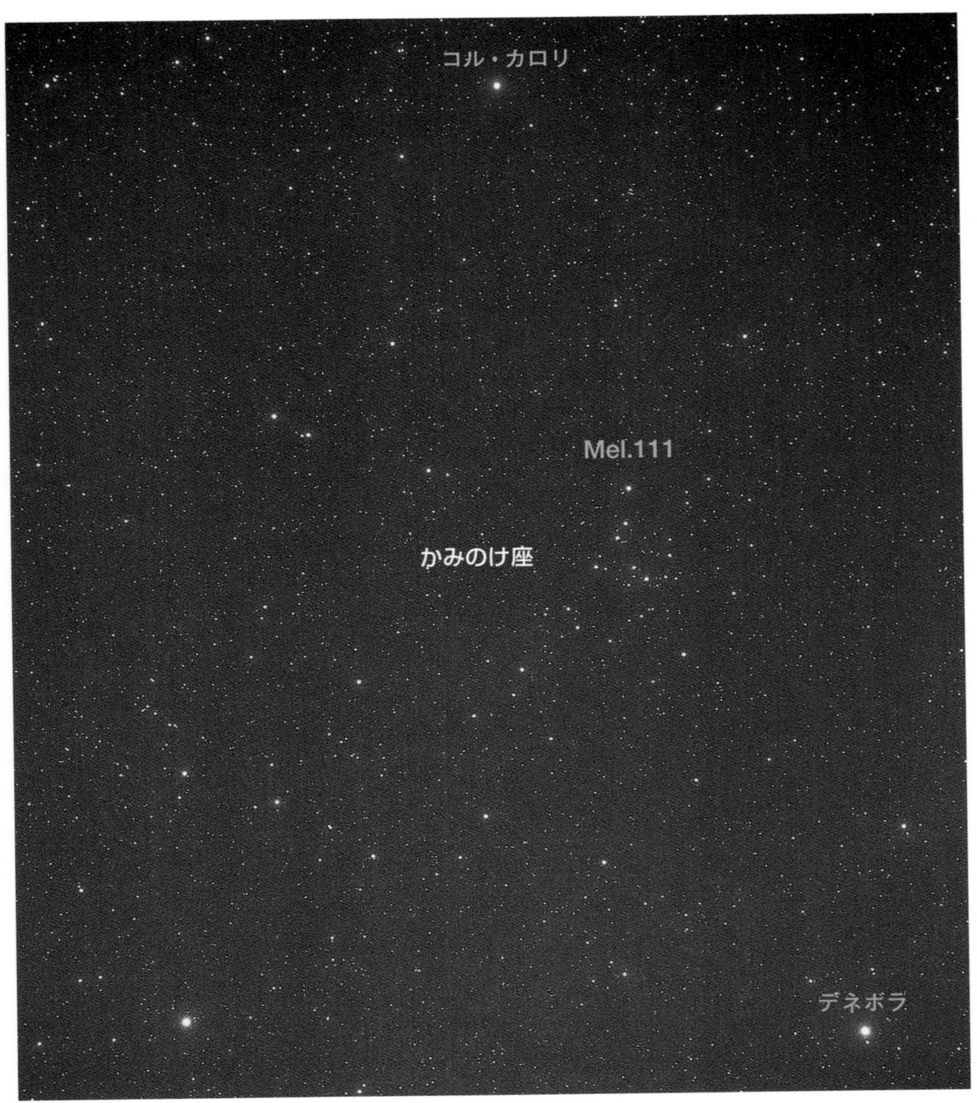

▲かみのけ座　まばらな星の群れは髪の毛のイメージそのものに見えます。

られていたはずの王妃の髪の毛がこつぜんと消え失せてしまっていたのです。

そのとき、宮廷天文学者のコノンが進み出て天を指していいました。「大神ゼウスさまが、王妃の髪の毛の美しさを愛で、星座にされたのでございます……」

ティコ・ブラーエは、この史実に近い愛の物語に心を打たれたのか、ギリシア時代以来「よき行いのベレニケの髪の毛座」などとよばれていたこの星座を「ベレニケの髪の毛座」として正式に復活させたといわれます。

おとめ座

Virgo (Vir)　　乙女座：Virgin

概略位置：赤経13ʰ20ᵐ　赤緯－2°
20時南中：6月7日　高度：53度
面積：1294平方度
肉眼星数：167個
設定者：プトレマイオス

●淡い春の大星座

北の空高くのぼった北斗七星の弓なりにそりかえった柄（え）のカーブをそのまま南に延長してくると、うしかい座のオレンジ色の１等星アルクトゥルスをへておとめ座の白色の１等星スピカにとどきます。

これが春の宵の頭上に輝くおなじみの「春の大曲線」で、おとめ座の主星スピカを見つけ、確認するよい目じるしになっています。

おとめ座は全天で2番目という大きな星座ですが、スピカのほかに明るい星もなく南の中天に横たわる乙女の姿を連想するのは、じつは、少々めんどうといえます。とくに都会の夜空では、その背に翼のある麦（むぎ）の穂（ほ）を手にした美しい乙女の姿が見つけだせるものかどうか心もとなく、春がすみの淡いヴェールに包まれた乙女の姿といったイメージかもしれません。

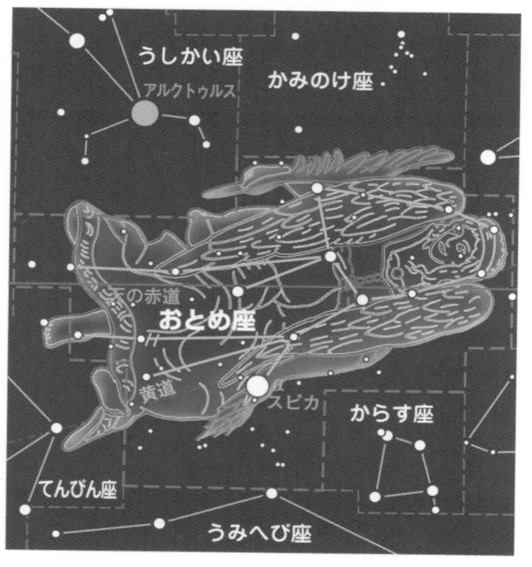

▲おとめ座　8月24日から9月23日生まれの人の誕生星座です。

●女神の正体

星座神話のほうもまことにあいまいで、女神の正体もいま一つはっきりしていません。起源がかなり古いといわれるだけにそれも致し方ないかもしれませんが、星座が考えだされたバビロニアで、すでに女神イシュタルとか、地の神ベルの姿として仰がれていたといいます。

このほかエジプトでも大神オシリスの妃（きさき）イシスなどとみられていましたが、それが現在のように、はっきり麦の穂をたずさえた女神の姿になったのは、ギリシア神話に登場する農業の女神デメテル、またはその娘ペルセポネをまつりあげたからではないかといわれます。

このほか別のギリシア神話では、大神ゼウスと女神テーミスの間に生まれた正義の女神アストラエアだともされています。アストラエアが使った正義をはかる天秤は、おとめ座の東隣りでてんびん座になっていますので、この見方もうなずけることでしょう。

さらにこのほか、アテネ王イカリイオスの娘エーリゴネとする見方もあります。しかし、ふつうには星座絵に描かれた麦の穂をもつ姿からは、やはり農業の女神デメテルかその娘ペルセポネとみるのがイメージしやすいことでしょう。

●さらわれたペルセポネ

大神の姉デメテルは、地の母とされ、大地からのびる草木や花はことごとくこ

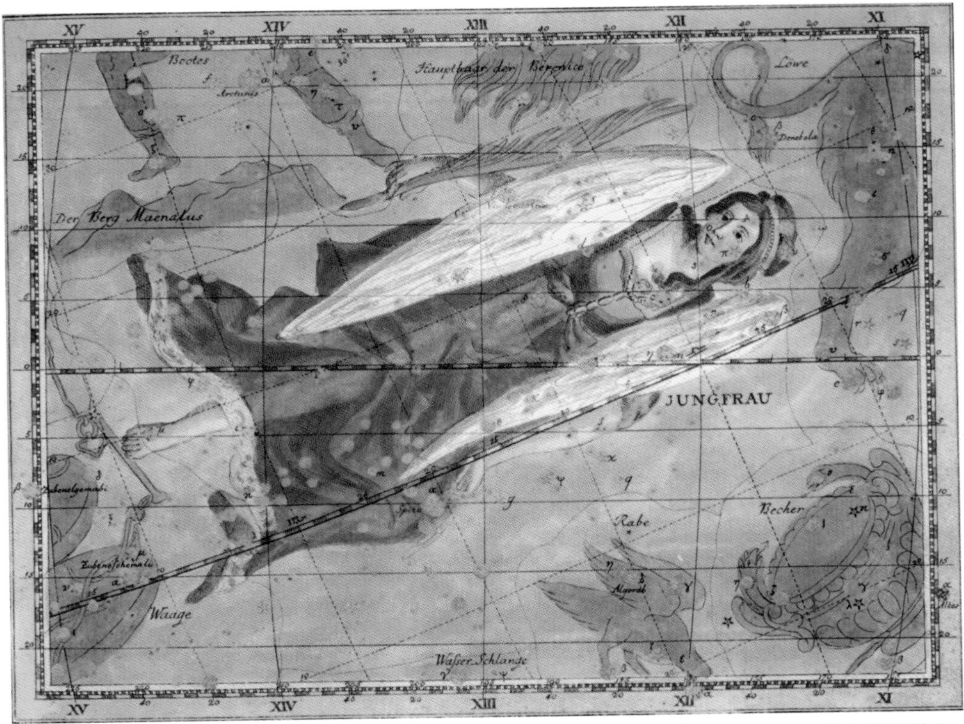

▲ボーデの古星図のおとめ座　描かれた乙女は、右手に長い麦の穂を持ち、左手にも短い穂を持ち、その先端に 1 等星スピカが輝いています。右下の星座名 JUNGFRAU はドイツ語で「少女」。

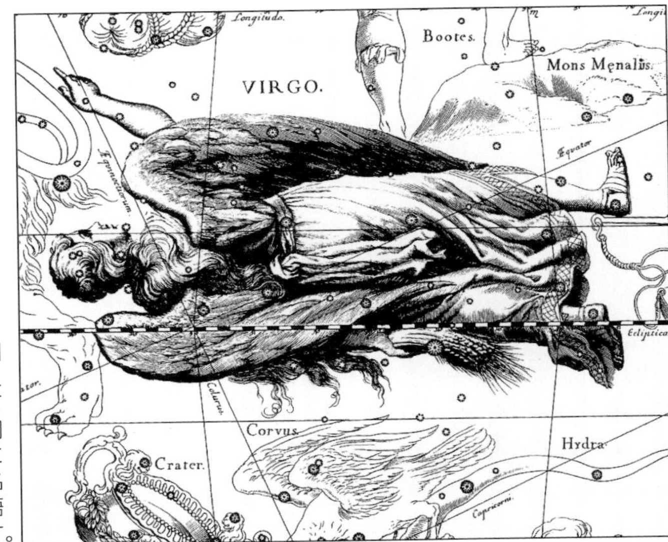

▶ヘベリウスのおとめ座　図の右下に太い麦の穂が見えます。右手は何かを指さしているようです。顔も指先と同じように向いています。上に記されたラテン語の星座名 VIRGO は英語の Virgin の語源で同じく「少女」の意味です。

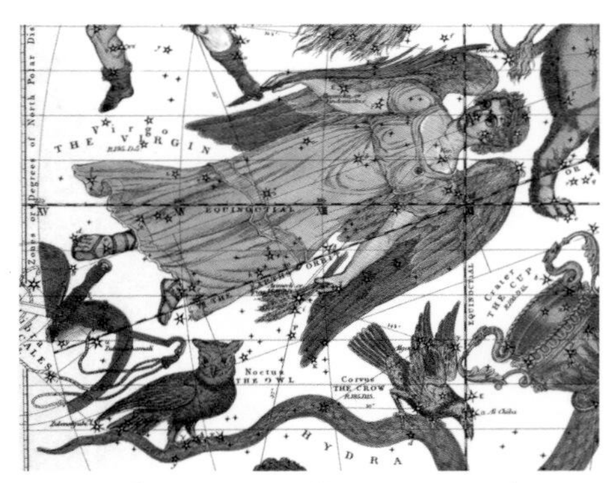

▲バリット星図に描かれたおとめ座

の女神に支配されていました。そのデメテルにはペルセポネという美しい一人娘がありました。

ある日のこと、ペルセポネが友だちのニンフたちと草原で花を摘んでいると、これまで見たこともないきれいな珍しい花が咲いているのを見つけました。

ペルセポネが力をこめ、根ごと引き抜こうとすると、突然、地面に大きな穴があき、中から４頭だての黒い馬車が金色の車をひいてとび出してきました。

その馬車には王冠を頭にのせた青白い顔の王が乗っていて、いきなりペルセポネを抱き上げると、たちまちのうちに地中へと姿を消していきました。

この王こそ大神ゼウスの弟の冥土の神のプルトーンで、かねてから想いを寄せていたペルセポネを地底の宮殿にさらっていったのでした。

遠い地方まで穀物の実りぐあいを見まわりに出かけていたデメテルは、娘が行方知れずになったと聞くと、驚き、娘の行方をたずね歩きました。そして、とうとう娘をさらったのが冥土の神プルトーンで、娘はもうその妃になっているとの情報を耳にすると、絶望のあまりエンナ谷の洞穴にこもって、それっきり姿を見せなくなってしまいました。

●大神ゼウスのいいつけ

地の母のデメテルがいなくなっては、たとえ春がめぐってきたとしても、草花は芽の吹きようもありません。

地上は一年中冬枯れの季節のままとなってしまいました。

さあ、困ったのは地上の人間や動物たちです。大神ゼウスでさえさすがに見かねて、なんとかしなければと考え込んでしまいました。

「もしもだ……ペルセポネが冥土の食べ物を口にしていないのであれば、この世へ戻れる可能性があるのだが……」

こう気づいたゼウスは、さっそく伝令神ヘルメスを冥土に使いにやりました。

「ペルセポネを母親のもとへ帰すようにとの大神ゼウスさまのいいつけです」

こう伝えられてはさすがのプルトーンもいうことを聞かないわけにはいきません。

●口にしたザクロの実

ペルセポネは、冥土のプルトーンの妃になり、冥土の暮らしにもすっかりなれていましたが、やはり母親のもとへ帰りたいと哀願しましたので、プルトーンもしかたなしに承知しました。

しかし、プルトーンが帰り際にザクロの実をもいできて、ペルセポネにそっと渡しました。そして、ペルセポネはなにげなくその実を４つぶ食べてしまいました。

やがてペルセポネが冥土から戻ってくると、デメテルは身を隠していた洞穴から飛び出してきて娘をしっかり抱きしめました。するとどうでしょう。これまで冬

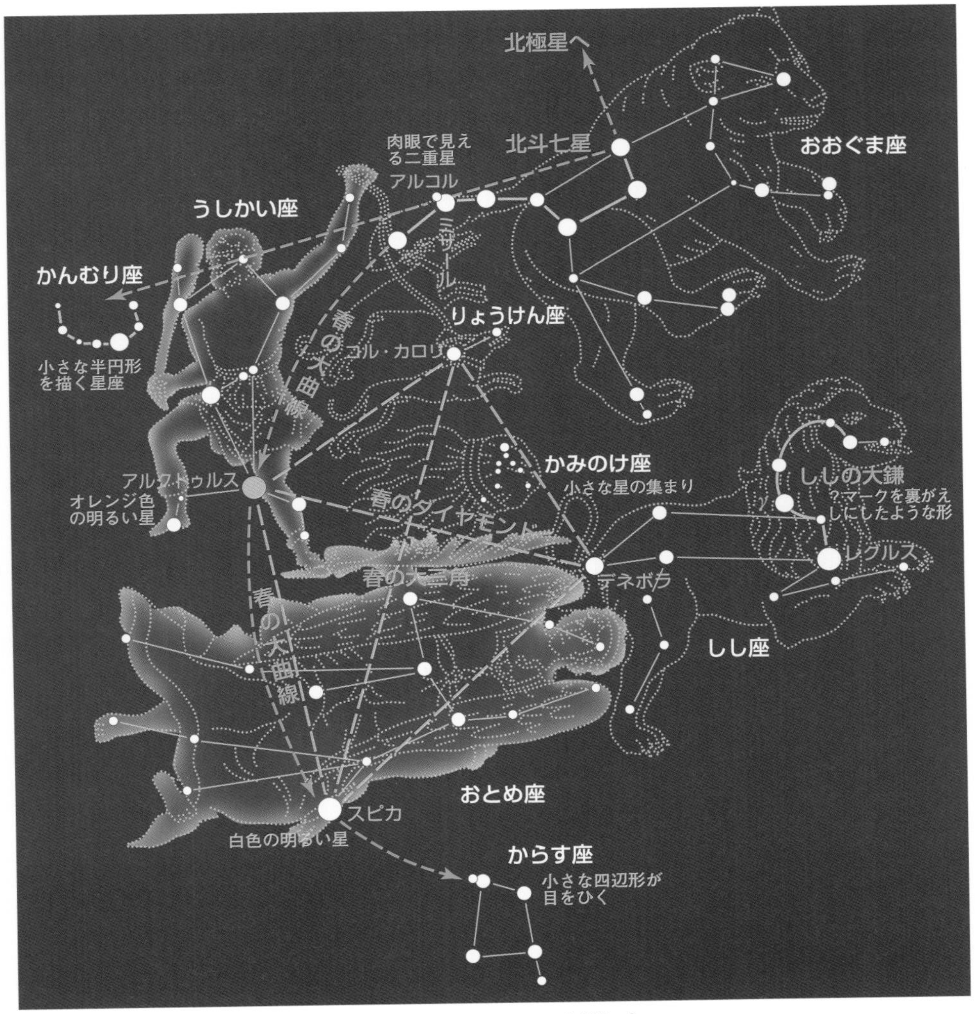

▲春の星座たちとそのさがし方

枯れのままだった大地はみるみる緑におおわれ草木はいっせいにのびはじめました。

人々の喜びの声が天にも地にも満ちあふれひびきわたりました。けれども何事もそう順調に運ぶというものではありませんでした。

「おまえは、冥土の食べ物を、まさか口にしてはいまいね……」

ふと不安にかられた母親デメテルが娘にたずねると、

「ザクロの実を４つぶ食べてしまったの、とてもおいしかったわ……」

ペルセポネはそう答えました。

それを聞くとデメテルはふたたび絶望し、「ああ……」と頭をかかえ「なんとかしてください」と大神ゼウスに訴えました。

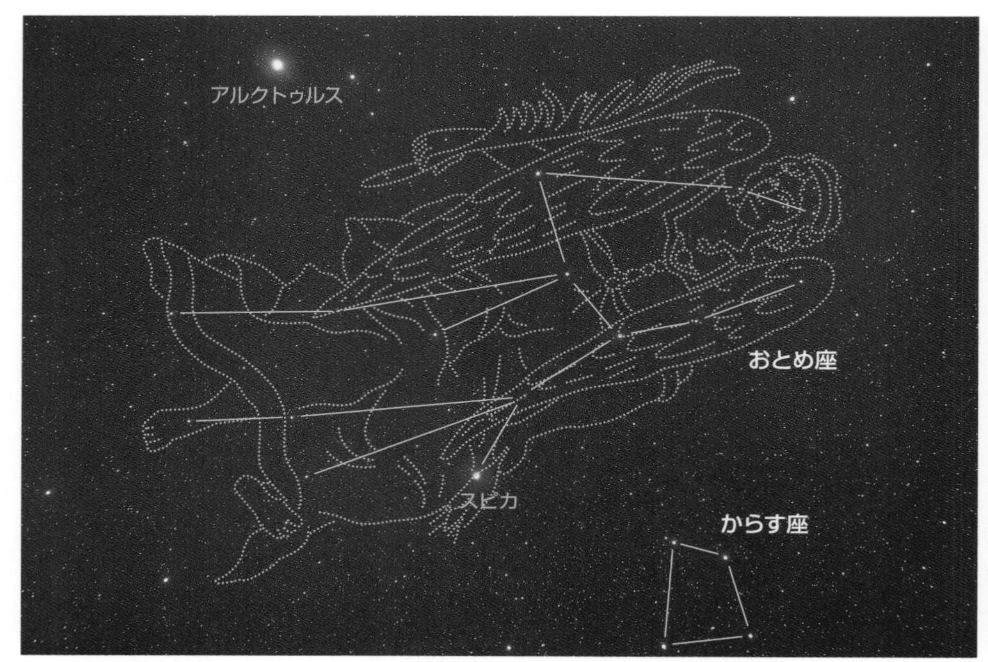

▲**おとめ座**　全体にやや形のくずれたＹ字形を横に寝かせたような星のつらなりと見当をつけ、ていねいに星をたどってみてください。白色の１等星スピカは女神のもつ麦の穂先に輝く星です。

そこで大神ゼウスは、ペルセポネに毎年８か月間は母のもとで暮らし、食べたザクロの実の数にあたる４か月間だけは冥土のプルトーンのもとで暮らすようにいいつけました。

このため、娘のいない４か月間、デメテルは洞穴にこもりっきりになるので、その間だけこの世に冬が訪れるようになったのです。そして残りが春、夏、秋となり、四季の変化が起こるようになったと伝えられています。

●１等星スピカの実像

おとめ座でいちばん目につく白色の１等星スピカは、針とか穂先といった意味の名で、その名のとおり女神が手に持つ麦(むぎ)の穂先に輝いています。

日本ではかつて福井県のあたりで「真珠星」とよばれていたとも伝えられていますが、そのイメージどおりスピカの白色の輝きの清々(すがすが)しさはおぼろな春の宵ではひときわ目をひく存在となっています。

ところが、距離250光年のところで輝くこの星の実態は、そんなものとは似ても似つかぬものなのです。ちょっと目には、１つの星のようにしか見えませんが、実際には表面温度２万度と１万8000度の灼熱の高温星２つが、わずか４日の周期でぐるぐるめぐりあうという「近接連星」なのです。しかも、主星の直径は太陽のおよそ５倍、伴星は25倍あり、自転も主星の赤道付近で秒速200キロメートル、伴星のほうも秒速50キロメートルという猛スピードぶりで、そのためお互い

▲おとめ座銀河団 銀河ののぞき窓といわれるほど、おとめ座付近には銀河系と同じような星の大集団「銀河」が群れ集まっています。これは、おとめ座の方向およそ6000万光年のところに、おとめ座銀河団という銀河の大集団の中心があるためです。私たちの銀河系もじつはこのおとめ座銀河団の端にあるそのメンバーの一員なのです。

に引きあう潮汐力なども加わって重ね餅のように平べったい形になっていると見られています。ちなみに、太陽の表面温度は6000度、自転スピードは赤道付近で秒速2キロメートルというおだやかさです。

▲ソンブレロ銀河M 104 中南米の人たちが愛用する帽子によく似たこの銀河は小望遠鏡でもよく見えます。

●おとめ座銀河団

おとめ座からかみのけ座付近の星図を見ると、やたら「銀河」のマークがあるのが目にとまり、その混雑ぶりはあきれさせられるほどのものです。

それはこの付近が「銀河の原」とよばれる銀河の密集域で、写真に写すと恒星よりも銀河のほうが多く写るといわれることからもうかがえます。

とくに直径12度角の範囲に明るめのものだけで2500個以上の銀河が集まる「おとめ座銀河団」が目をひき、小さな望遠鏡でもその中のかなりの数のものを目にすることができ、銀河ウオッチングが楽しめる一番の領域となっています。

かんむり座

Corona Borealis (CrB) 冠座：Northern Crown

概略位置：赤経15ʰ40ᵐ　赤緯＋30°
20時南中：7月13日　高度：85度
面積：179平方度
肉眼星数：35個
設定者：プトレマイオス

●目につく半円形の星座

かんむり座は、小さなうえに際だって目をひくほどの明るい星があるわけではありませんが、うしかい座のすぐ北東に接して、7個の星がぐるりと美しい半円形を描く姿は、初夏の宵のころの頭上で妙に目につきます。見なれてしまえば、酒神ディオニュソスがアリアドネ王女に贈った美しい宝冠と見たてられた星座のいきさつも、なるほどとうなずけることでしょう。

目につくこの半円形は、世界各地で早くから注目されていたらしく、冠のほかにもいろいろなイメージで見られていました。日本の見方では「鬼の釜(かま)」「長者の釜」「太鼓星」「車星」「首飾り星」、さらには「馬のわらじ」などというのさえありました。

お隣りの中国では、牢屋(ろうや)の形と見て「貫索(かんさく)」、アラビアでは、半円形の中央に輝くα星を半分欠けた皿という意味の名で「アルフェッカ」とよんでいました。オーストラリアでは、アボリジニの人々は、半円形が逆さまになり、空を飛ぶ「ブーメラン」と見ていました。古代ギリシアでは、花や葉でつくった首飾りの環「リース」の意味でステファノスとよんでいましたが、どれもお国柄とはいえ、半円形のイメージどおりとうなずけることでしょう。

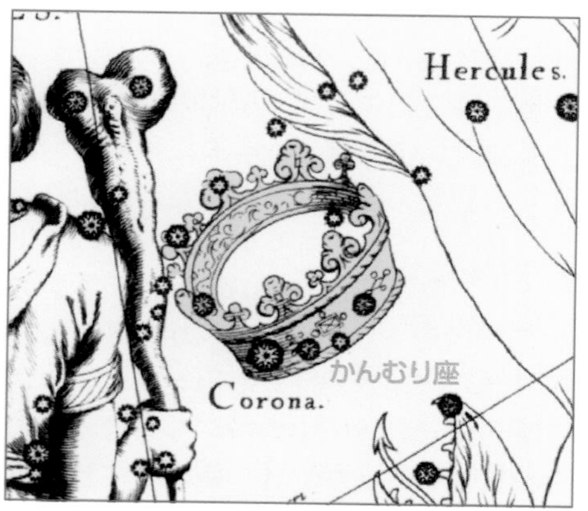

▲ヘベリウス星図のかんむり座

●置き去りにされた王女

アテネの王子テーセウスは、クレタ島の王女アリアドネの糸車の助けを借りて、迷宮の牛の魔物を退治することができました。そして、アリアドネを妻に迎えると故郷に向けて船出していきました。

ところが、テーセウス王子の夢にアテナ女神があらわれ、「アリアドネを妻にすると災いが起こる。アリアドネを島に残し急いで船出せよ」と告げました。

テーセウス王子は、王女アリアドネが眠っている間に帆をあげると、そのまま船出していってしまいました。

夜が明けて目を覚ましたアリアドネは、ひとり置き去りにされたことを知ると、悲しみのあまり海に身を投げようとしました。ちょうどそこへやってきたのが、酒の神ディオニュソスの行列です。

ディオニュソスは、アリアドネからわけを聞くと王女をなぐさめ、自分の花嫁に迎えることにして、7つの宝石で飾った冠を贈りました。

結婚したふたりは幸せな日々を送り、そのとき贈られた宝冠がのちにかんむり座になったと伝えられています。かんむ

▲かんむり座とうしかい座　かんむり座R（矢印）の写真は18ページにもあります。

り座のα星は、ゲンマともよばれ、これはラテン語で「宝石」を意味する名前です。星座名のコロナ・ボレアリ（Corona Borealis）は北の冠のことで、コロナは、皆既日食のとき見られるのでおなじみですが、これは“丸いもの”をいいあらわす言葉でもあります。

●変光星かんむり座R

半円形の中ほどにある変光星Rは、ふだんは5.7等星くらいの明るさなので双眼鏡があればよく見えます。ところが、ときおり、まったく突然に暗くなりはじめると、ときには14等近くまで減光してしまうことがあります。もちろん、再び増光をはじめもとの明るさに落ち着くのですが、いつ暗くなるのか予想ができませんので、暗くなりはじめていないかどうかときおりたしかめておく必要があります。

この種の変光星は、この星を代表して「かんむり座R型変光星」とよばれています。星の表面から放出される炭素のチリに星自身がおおわれて暗くなるためで、減光期間は数か月から数年間も続きます。

ケンタウルス座

Centaurus (Cen)　ケンタウルス座：Centaur

概略位置：赤経13^h20^m　赤緯－47°
20時南中：6月7日　高度：8度
面積：1060平方度
肉眼星数：276個
設定者：プトレマイオス

●半人半馬の怪人

腰から下が馬身という、なんとも奇妙な半人半馬の怪人たちは、ギリシア神話では「ケンタウロス族」とよばれる馬人で、その多くは山の洞穴にすみ、ひどく乱暴で野蛮な種族と見られていました。

ギリシアの詩人ホメロスもケンタウロス族のことを「野獣」とよんでいたほどで、神々さえないがしろにする野蛮なやからと見られていたわけです。

その姿をあらわしたのがケンタウルス座で、星座でも東隣りのおおかみ座（238ページ）を槍で突き刺す姿として描かれるのがふつうです。

●よき馬人フォロー

もちろん、そんなケンタウロス族の中でも、英雄に教育をほどこしたいて座のケイローンのような賢者もあれば、フォローのような親切な馬人もいたのです。

フォローは、酒の神ディオニュソスの養父シレノスの子でしたが、あるときヘルクレスと親しくなり、自分の洞穴に招くと酒壺（つぼ）を出してきて蓋（ふた）を開けました。

立ちのぼる酒のにおいに馬人たちが押しかけてきましたが、ヘルクレスはうみへび座のヒドラの毒を塗った矢を放ち追い散らしました。

フォローは、矢のどこにそんな強い力があるのかと見ているうちに誤って自分の足の上に落としてしまいました。

ヒドラの毒は少しでも触れるとだれでもたちどころに死んでしまう猛毒ですからたまりません。毒はたちまちフォローの全身にまわり息絶えてしまいました。

大神ゼウスは、この良き馬人の姿を星座にあげたといわれます。

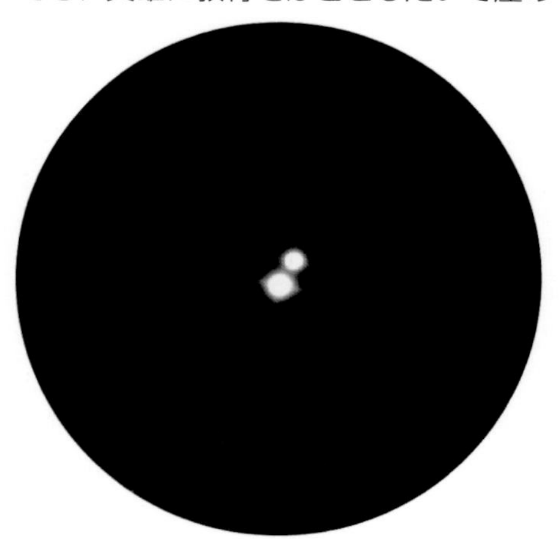

▲**ケンタウルス座のα星**　われわれに最も近い4.4光年のところにあるα星は、望遠鏡では周期80年でめぐる連星だとすぐにわかります。

▲**ケンタウルス座ω（オメガ）星団**　肉眼で見えるため、昔は恒星とみられ、恒星につけられるωの記号をもらっています。双眼鏡でも星つぶが見えてきます。

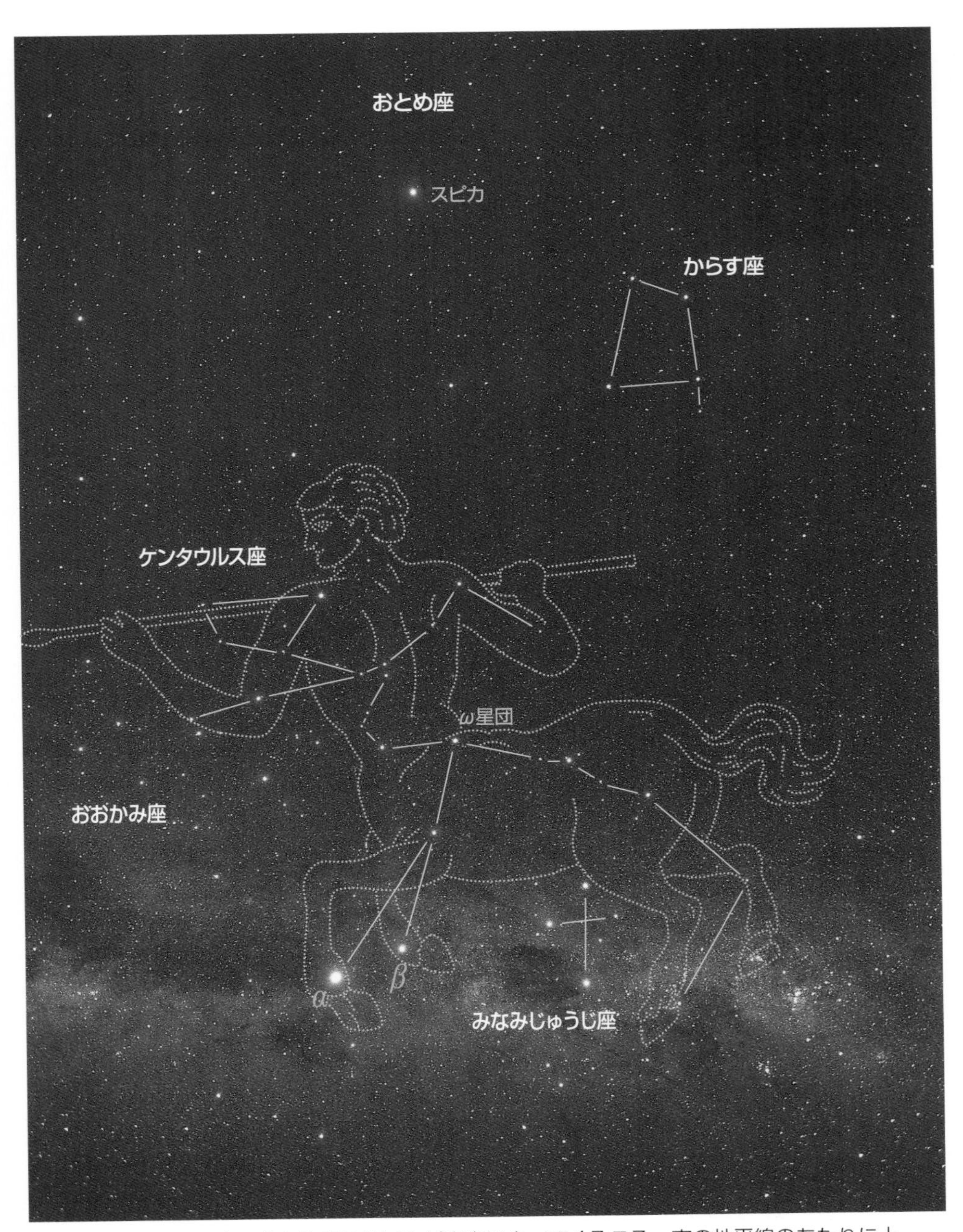

▲ケンタウルス座　おとめ座のスピカが真南にやってくるころ、南の地平線のあたりに上半身だけが見えています。これはケンタウルス座が南天の星座であるためで、南の地方へ南下するにつれ、しだいに全身像が見えるようになってきます。沖縄や小笠原あたりでは、水平線上にα星とβ星、それに足下に入り込んでいる南十字星までも見ることができます。

おおかみ座

Lupus(Lup)　狼座：Wolf

概略位置：赤経15^h00^m　赤緯－40°
20時南中：7月3日　高度：15度
面積：334平方度
肉眼星数：116個
設定者：プトレマイオス

●ケンタウルスと狼の星座

夏至のころは、一年中で最も日が暮れるのが遅くなりますが、その遅い日暮れのころ、南の地平線近くに思いのほか明るい星がいくつか目にとまります。ケンタウルス座からおおかみ座にかけての星々です。

古代ギリシアのアラトスの天文詩に「ケンタウルスの右手につかまれた野獣」と詠われていたように、このおおかみ座は独立した星座ではなくケンタウルス座の一部と見られていましたので、この2つの星座は同時に見たほうがイメージがつかみやすいといえます。

●狼にされた王とその一族

古代ギリシアのアルカディオンの王だったリュカオンのところへ、ある日、大神ゼウスがやってきました。

リュカオンはさっそくご馳走をならべてもてなしたのですが、大神ゼウスはその料理が人間の肉であることに気づいて大いに怒りました。

そして、王のリュカオンをはじめその一族をことごとく狼の姿に変えてしまいました。その狼がこのおおかみ座なのだともされています。

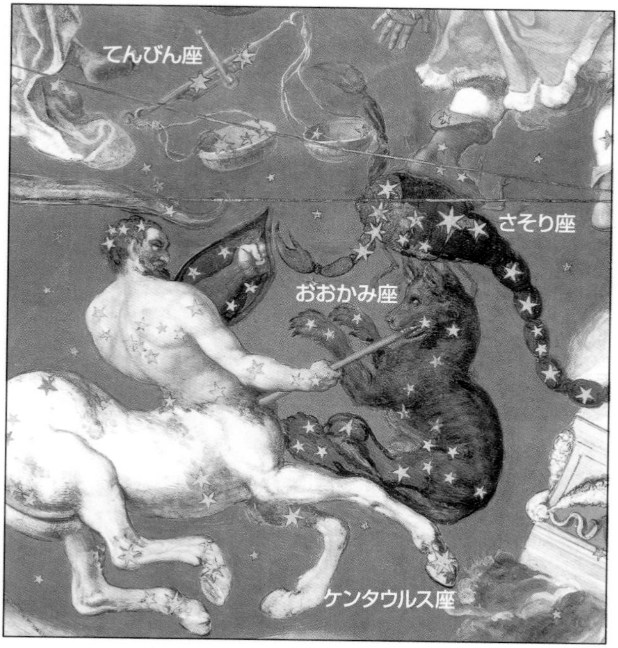

▲**ケンタウルス座とおおかみ座**　ケンタウルスの槍で突かれるおおかみ座は、かつて「ケンタウルスの犠牲」とよばれたこともあり、一体の星座として見たほうがわかりよいでしょう。

●明るい星々の正体

おおかみ座付近に目を向けると、隣りのケンタウルス座やさそり座のあたりにかけ、意外に多くの明るく青白い星たちが輝いているのに気がつきます。じつは、この付近に散在する星たちは、「さそり—ケンタウルス OB アソシエーション」とよばれる星の集まりで、およそ70度にもひろがる領域に同じころ誕生した星たちが同じ方向に動いている、いってみれば兄弟のような星たちの群れなのです。

このグループの仲間には南天のカノープスやアケルナルなども含まれ、全天にひろがって存在しています。

南天の星座

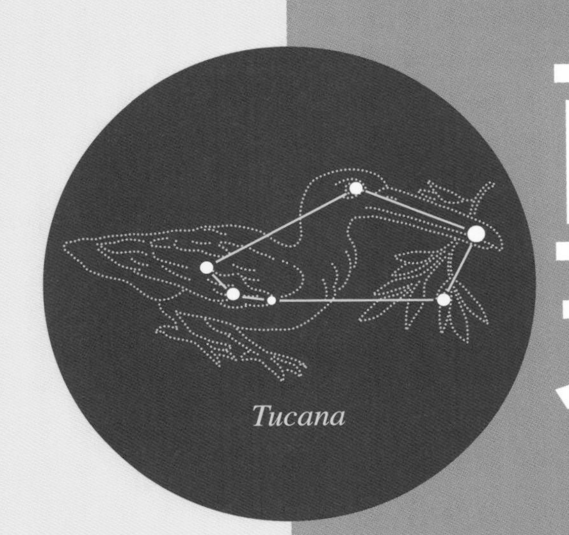

みなみじゅうじ座

Crux (Cru)　**南十字座：Southern Cross**

概略位置：赤経12ʰ20ᵐ　赤緯−60°
20時南中：5月23日　高度：−5度
面積：68平方度
肉眼星数：48個
設定者：ロワイエ

●日本でも見える

沖縄の南部のあたりで水平線上にわずかに姿を見せる星座をのぞけば日本からまったく見ることのできない星座は、全天88星座のうち天の南極に近い、はちぶんぎ座とカメレオン座、ふうちょう座、テーブルさん座の４星座だけです。

しかし、南の地平線上にわずかに顔をのぞかせる星座たちを国内で実際に目にする機会はごく少なく、南天の星座をしっかり見るためには、やはりオーストラリアやニュージーランドなど南半球の国々へ出かけなくてはなりません。

▲**南半球で見た逆さまのオリオン座と冬の大三角**（ニュージーランドで撮影）

●南天星座の成り立ち

大昔からアフリカやオーストラリアのアボリジニの人たち、南米やポリネシアの人たちが南天の星々をながめ関心を抱いていたことは、伝えられる伝説や航海術などから明らかです。

しかし、現在、南天に設定されている星座はすべて15世紀になってヨーロッパの人々が遠く外洋に出かけるようになった、いわゆる大航海時代以後につくられたものです。とくに大きく貢献したのは、オランダの地理学者で地図作者のプランキウスとその弟子のケイザーやホウトマンたちでした。彼らは、インドや東南アジアへの航海で目にした珍しい鳥や魚、昆虫などを12の南天星座としてその天球儀にはじめて描きだしました。そして、それを受け継いだドイツのバイヤーが『ウラノメトリア』という美しい星図の中におさめて発表、これによってまず南天に12の星座が確立することとなりました。

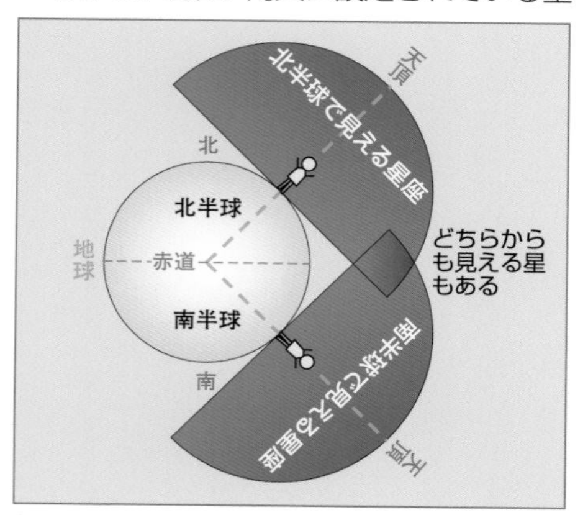

▲**北半球と南半球での星空の見え方の違い**

さらに18世紀に入って、フランスの天文学者ラカイユがケープタウンで観測した星々をもとに14の南天星座を追加、現在使われている南半球の星座が完成す

▲みなみじゅうじ座付近 中央の４個の明るい星がみなみじゅうじ座で、すぐ左わきの黒い部分がコールサック（石炭袋）、右側の赤い散光星雲がりゅうこつ座η星雲、左端の黄色味を帯びた輝星は、太陽に最も近い恒星としておなじみのケンタウルス座のα星で、4.4光年の近くにあります。なお、星座として南十字を最初に示したのはフランスで発行されたロワイエの星図上でした。

ることになりました。

●全天一小さな南十字の星座

南天星座の中で最も美しいとだれもが一致して認めるのは、南十字星のよび名でおなじみのみなみじゅうじ座でしょう。

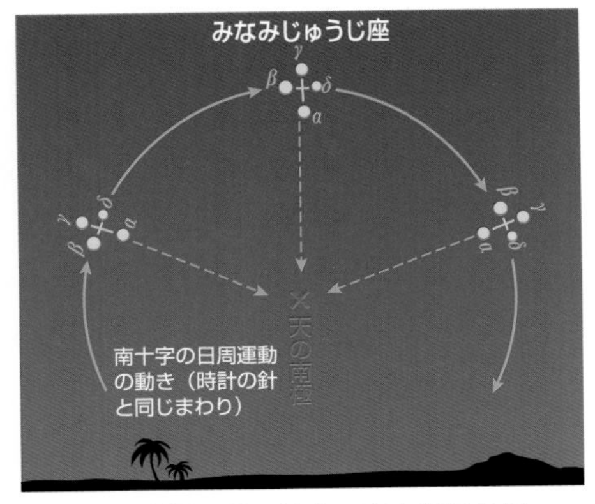

▲天の南極の見つけ方 南十字星の長い辺をおよそ５倍延長すると天の南極の位置を知ることができます。

全天一小さな星座名ながら、明るい４個の星で描く十字の星のならびは、南天の天の川のまっただ中にあり、そばに石炭袋（コール・サック）という暗黒部を伴ってより明るさを増し、東寄りに南十字星を指し示すポインターとよばれるケンタウルス座のα（アルファ）星とβ（ベータ）星を従え、西寄りにはりゅうこつ座のη（エータ）星を伴って豪華そのものといった印象で見えます。

この南十字だけは、一足早く航海者たちに注目され、荒海を行く彼らはこの十字の星に神の加護を祈ったと伝えられます。南十字は真南の天の南極の方向を知るためにも航海の実用上重要な目じるしでもあったのです。

春の宵、沖縄やグアム、ハワイでも見ることができますが、できればオーストラリアなど南半球の国々で頭上高く仰ぎたい星座といえます。

みなみのさんかく座

Triangulum Australe (TrA) 南三角座：Southern Triangle

概略位置：赤経15ʰ40ᵐ　赤緯−65°
20時南中：7月13日　高度：−10度
面積：110平方度
肉眼星数：34個
設定者：バイヤー

●ほぼ正三角形

3個の星を三角形につなげればよいのですから“三角座”というのはどこにでもできそうですが、秋の宵のアンドロメダ座とおひつじ座の間にある小さな「さんかく座」と南天にある「みなみのさんかく座」は、それなりに見る者を納得させるところがあるのはおもしろいといえます。

ケンタウルス座のα星とβ星の近くにある「みなみのさんかく座」は2等星と3等星の明るい星が、正三角形をつくり、単純ながらなかなか見ばえがします。

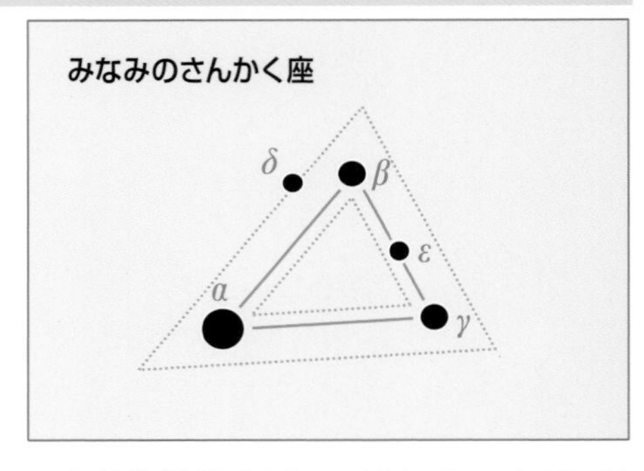

大航海時代の早いころから、すでに航海者たちに知られていたといわれ、南半球の夜空では見つけやすい星座の一つといえます。

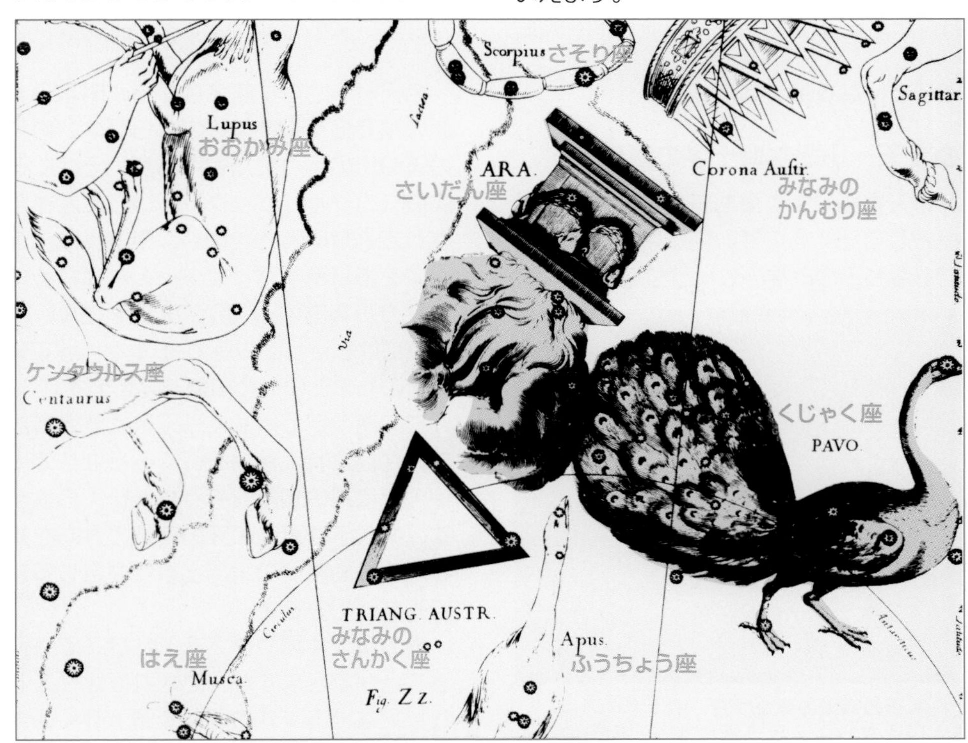

▲古星図に描かれた南天の星座たち

ぼうえんきょう座

Telescopium (Tel) **望遠鏡座：Telescope**

概略位置：赤経19ʰ00ᵐ　赤緯−52°
20時南中：9月2日　高度：3度
面積：252平方度
肉眼星数：53個
設定者：ラカイユ

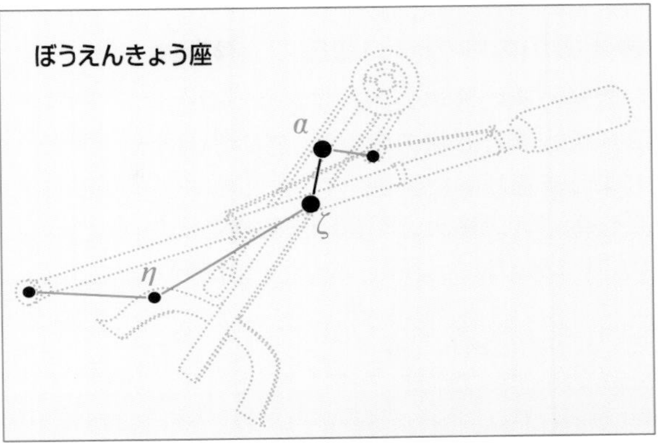

●空中望遠鏡がモデル

いて座の南でくるりと半円形を描くみなみのかんむり座のすぐ南に接する星座で、夏の宵の地平線上にわずかに姿をあらわします。

しかし、明るい星もなく、実際にこの星座を目にするチャンスはほとんどないといっていいくらいです。

ラカイユが新設した14星座の一つで、ラカイユがいたパリ天文台の初代台長J. D. カッシーニが使った空中望遠鏡をモデルにしているといわれますが、その姿は想像しにくいといえます。

▲銀河中心方向の天の川　画面下端にぼうえんきょう座があります。

コンパス座

Circincus (Cir) コンパス座：Compass

概略位置：赤経14^h50^m　赤緯−63°
20時南中：6月30日　高度：−8度
面積：93平方度
肉眼星数：38個
設定者：ラカイユ

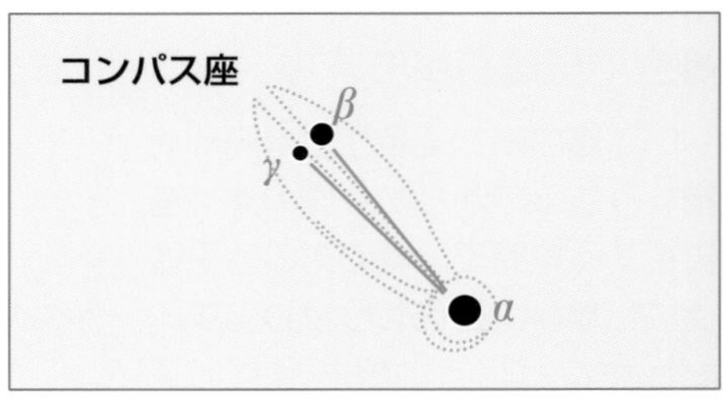

●天の川の中の淡い星座

さそり座のＳ字のカーブとケンタウルス座のα星とβ星の間に、コンパス座とじょうぎ座があります。

この付近は南天の明るい天の川の流れの中にあるため、目につきやすい部分ですが、あいにく明るい星がなく、その明るい天の川の中に埋もれるようにして存在するコンパス座とじょうぎ座の姿を見つけだすのはむずかしいかもしれません。

２つともフランスの天文学者ラカイユの新設した星座に含まれるもので、コンパスは文字通り製図用のコンパスをあらわしたものです。

ケンタウルス座のα星とβ星を目じるしに、みなみのさんかく座との間のごく狭い部分に、Ｖ字形の左右を強く押し縮めたようにならぶ小さな３個の星を見つければ、すぐそれとわかります。ごくこぢんまりした星座ですが、位置がわかりやすいところにあるという点で得をしているといえます。

形も単純でイメージしやすいことでしょう。

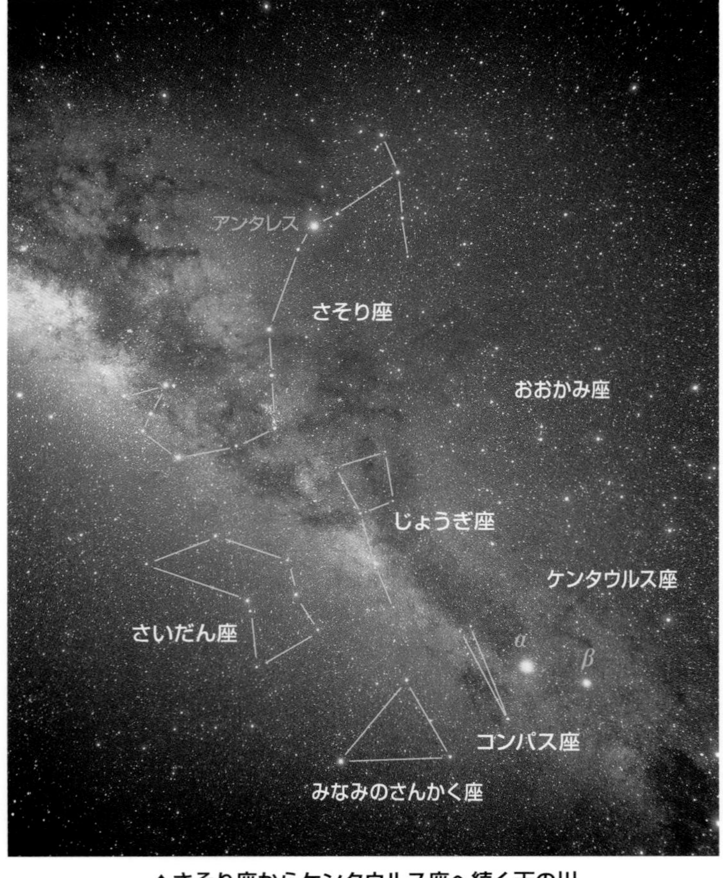

▲さそり座からケンタウルス座へ続く天の川

じょうぎ座

Norma (Nor)　定規座：Square

概略位置：赤経16^h00^m　赤緯－50°
20時南中：7月18日　高度：5度
面積：165平方度
肉眼星数：43個
設定者：ラカイユ

●小さな旗のような形

じょうぎ座は、さそり座からケンタウルス座のα星とβ星へと流れ下る明るい天の川の中にある星座で、近くのコンパス座と同じくフランスの天文学者ラカイユが新設した星座です。

この定規(じょうぎ)は大工さんが使う直角定規(曲尺(かねじゃく))とまっすぐな定規をあらわしたもので、ラカイユの星図にもこの２つの定規が描かれています。

明るい天の川の輝きの中にあるうえ、星も小さく見つけにくい星座ですが、大まかな見当としては、おおかみ座、さいだん座、みなみのさんかく座に囲まれた部分にあると見ればよいでしょう。逆にこれらの明るい星の多い星座の間を埋めるようにしてはめ込まれた星座とみてもよいでしょう。

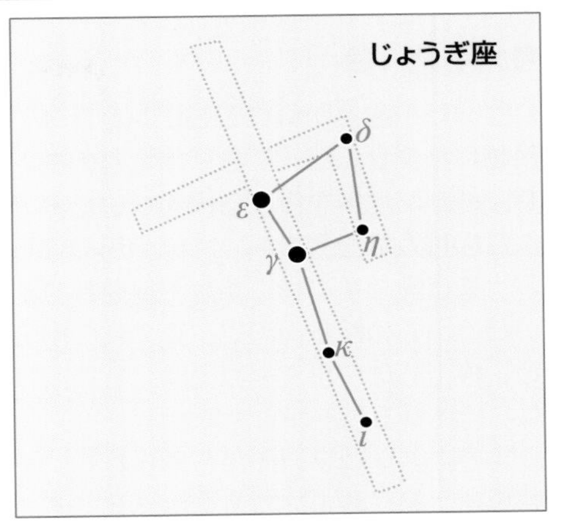

小さな星ばかりですが、小さな旗のような形は、見つけなれてしまえば、わかりよく、定規のイメージも何とか思い浮かべられることでしょう。

●明るい散開星団

なお、この星座の中ほどにある明るい散開星団NGC6067は、肉眼でも存在のわかるすばらしい見ものです。双眼鏡なら天の川がとくに明るくなった部分のようにも見えてきます。このほかに散開星団NGC6087も見ばえのするものです。

▲銀河系中心方向の天の川　中央がいて座で、それより下の部分は日本から見えない南天の天の川です。

さいだん座

Ara (Ara)　　**祭壇座：Altar**

概略位置：赤経$17^h 10^m$　赤緯−55°
20時南中：8月5日　高度：0度
面積：237平方度
肉眼星数：67個
設定者：プトレマイオス

●火をたく台

さいだん座といわれてもピンとこないかもしれませんが、これは祭壇座のことで、神々に生贄（いけにえ）を捧げる火をたいた台のようなもののことです。

さそり座のすぐ南にあり、星もわりあい明るいものが多いので、夏の宵の南の地平線上あたりまで視界の開けた場所でなら目にすることができます。

すでにギリシア時代から知られていたもので、天文詩人アラトスなども、その天文詩『ファイノメナ』の中で、「犠牲を捧げるもの」として、この星座のことを詩（うた）っています。

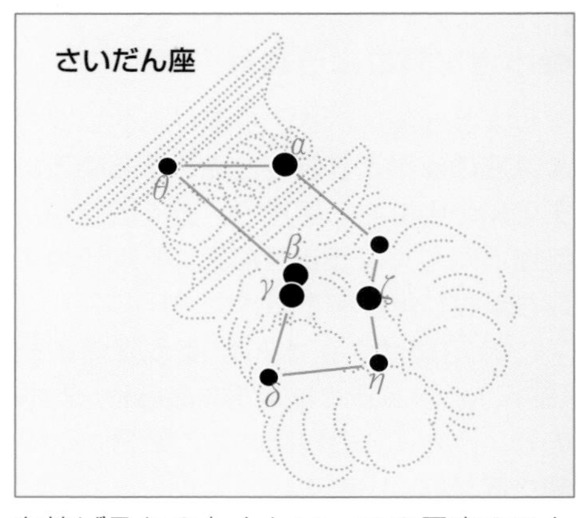

古星図絵でその姿をイメージしてみると、日本からはひっくり返った星座として見えていることがわかります。

なにしろ南に低い星座なので、日本からは星座の姿がたどれただけでも上々といったところですが、南半球の頭上高く見える場合は、さいだん座の中ほどにある球状星団NGC6397などにも注目してみたいものです。明るさが6等星くらいなので存在は肉眼でもわかりますが、双眼鏡なら星の集団らしささえうかがえるようになります。

小さな望遠鏡では星つぶも見えてきて驚かされることでしょう。

▲**さいだん座**　上方にさそり座の尾が見えています。

インディアン座

Indus (Ind)　インディアン座：Indian

概略位置：赤経21^h20^m　赤緯$-58°$
20時南中：10月7日　高度：0度
面積：294平方度
肉眼星数：40個
設定者：バイヤー

●アメリカのインディアン

秋の宵の南の地平線上に姿を見せるつる座の南西寄りにある星座なので、日本からはインディアンの上半身のごく一部分が見えるにすぎません。

オランダのケイザーやホウトマンが提唱したもので、それにもとづいて描かれたドイツのヨハン・バイヤーの南天星図にもその姿が描かれている12の新星座の一つです。南天星座としても歴史の古いもので、その点からインド人座と思われてしまいそうですが、頭に鳥の羽根飾りをつけ、矢を持つ裸の人物はどう見てもアメリカのインディアンの姿で、実際にもそうであろうとされています。

インディアンの足は、小マゼラン雲の近くまでのびて描かれていますので、この星座は南北にかなり長い星座ということになります。

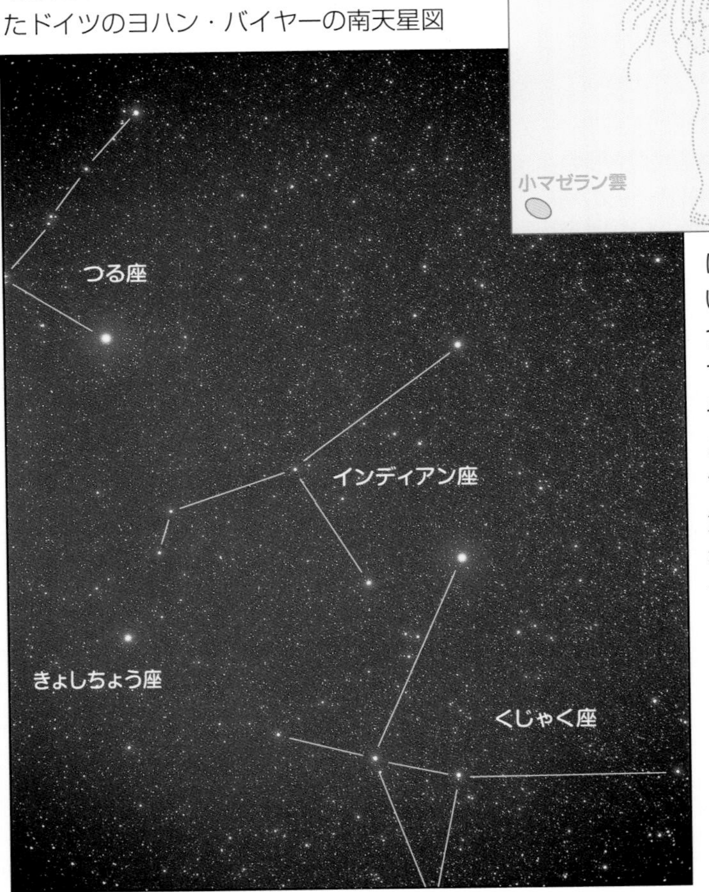

▲**インディアン座**　日本では秋の宵、α星が南の地平線上ごく低く見えます。

くじゃく座

Pavo (Pav)　孔雀座：Peacock

概略位置：赤経19ʰ10ᵐ　赤緯－65°
20時南中：9月5日　高度：－10度
面積：378平方度
肉眼星数：82個
設定者：バイヤー

●形のつかみやすい星座

美しい尾羽根を大きく開いてディスプレイする孔雀(くじゃく)は、インドの国鳥でもあり、インドから東南アジアに多く見られるものですが、初期の南天星座の設定に深くかかわったオランダのケイザーやホウトマンたちもその航海の途上ではじめて目にして強い印象を受けたのでしょう。南天12星座の一つとしてくじゃく座を星座にあげたとして、なんの不思議もありません。

南天星座としてもなかなか形のよく整ったわかりやすい星座で、天の南極の近くで大きく尾羽根を開いた孔雀の姿はすぐイメージできることでしょう。とくに頭部に輝く2等のα星は、このあたりでは、ひときわ明るく見え目立つ存在となっています。そして、このα星は近くのぼうえんきょう座やインディアン座など、形のすぐにはつかみにくい星座の位置の見当をつけるためのよい目じるしにもなってくれています。

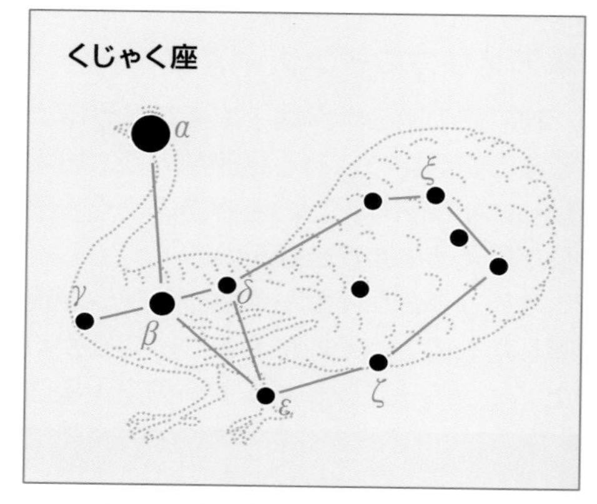

▲くじゃく座の球状星団NGC6752

● 2つの見もの

くじゃく座の天体で注目してみたいのは、明るい球状星団NGC6752です。5.4等の明るさなので、双眼鏡でもぼんやり丸く見え、小望遠鏡でも星つぶが見えてきます。この近くにある渦巻銀河NGC6744にも注目してみたいところです。渦巻の腕の美しい天体写真でおなじみのものです。

みずへび座

Hydrus (Hyi) 水蛇座：Water Snake

概略位置	：赤経2ʰ40ᵐ　赤緯−72°
20時南中	：12月27日　高度：−17度
面積	：243平方度
肉眼星数	：33個
設定者	：バイヤー

●小マゼラン雲が目じるし

エリダヌス座の1等星アケルナルのすぐ近くにあるα（アルファ）星と天の南極に近いβ（ベータ）星、γ（ガンマ）星の3個の3等星を結んでできる大きな三角形で、星座のおよその広がりをつかむことができます。

水蛇（へび）の曲がりくねった姿を想像するのは、にわかにはむずかしいかもしれませんが、α星とγ星を結んだ線上の途中にある2個の星などを結びつけながらたどりなおしてみれば、長々とのびる水蛇のイメージはそれなりに思い浮かべられることでしょう。この星座で目につくものとしては、α星とβ星を結んだ線上で、β星よりのところに小マゼラン雲が見えていることがあります。小マゼラン雲の属する星座はきょしちょう座ですが、このみずへび座との境界に近く、みずへび座の三角形の線上にあるという点で、みずへび座に属しているようにも見えます。

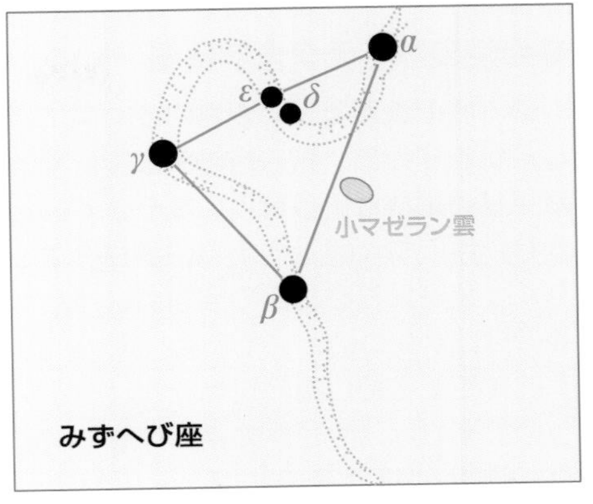

▲南天のながめ　いて座の銀河系の中心方向から南十字星付近までの天の川が頭上に横たわり、地平線近くにちぎれ雲のように浮かぶ大小マゼラン雲が見えています。

けんびきょう座

Microscopium (Mic)　顕微鏡座：Microscope

概略位置：赤経20^h50^m　赤緯－37°
20時南中：9月30日　高度：18度
面積：210平方度
肉眼星数：41個
設定者：ラカイユ

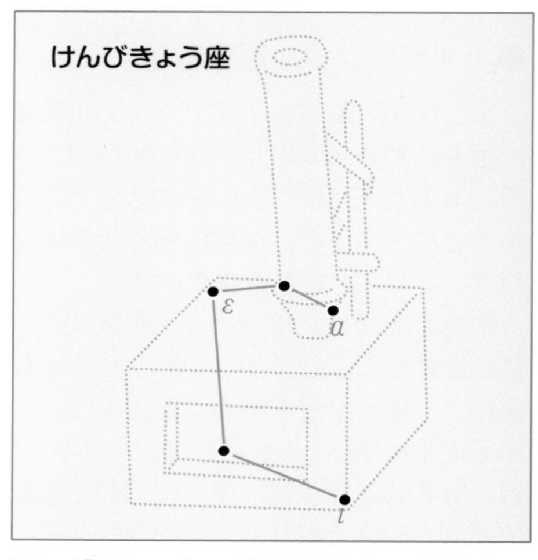

●当時のハイテク光学機器

いて座の東側で、やぎ座のすぐ南に接していますので、秋の宵の南の空低く姿を見せる星座ということになります。しかし、目につくほどの明るい星が一つもなく、実際にこの星座の姿を思い浮かべるのはむずかしいといえます。

あえて星座の位置の見当をつけるというのであれば、やぎ座の逆三角形の南よりの頂点ω（オメガ）星と南のインディアン座の3等星のα（アルファ）星の間にあると見ればよいでしょう。しかし、南の地平線上近くとあれば、それもそうたやすいものではないかもしれません。ところで、顕微鏡はオランダのヤンセンが1590年ごろ発明したといわれていますが、この星座の設定者ラカイユの活躍した時代には、その性能も格段に向上し、当時のいわゆるハイテク光学機器として注目されていました。そんなことからラカイユは星空にあげたのでしょうが、現在から見ればなんとも古風な顕微鏡の姿が彼の星図に描かれています。

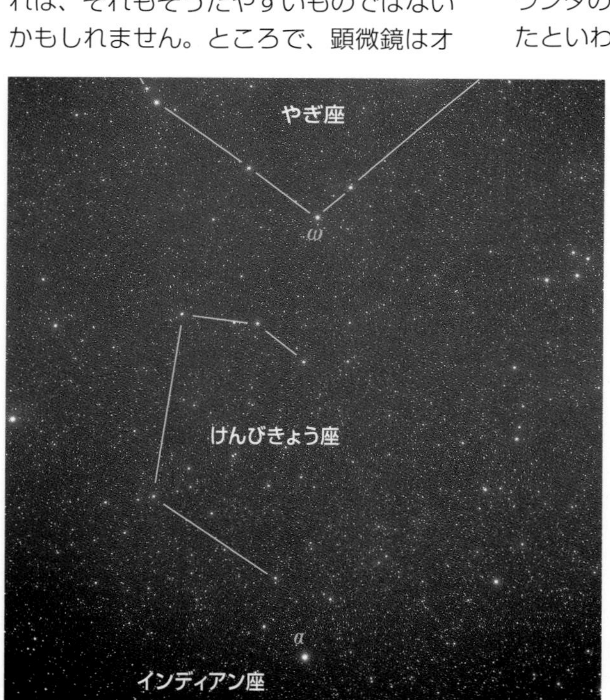

▲**けんびきょう座**　目をひく星はありません。

というわけで、けんびきょう座のイメージをここに思い描くのはむずかしいわけですが、もともと星座の星の少ない隙間のようなところに無理に押し込んでつくったというのが、ラカイユの新星座の一般的な特徴ですから、星々も暗く、星座の名前どおりのイメージが星空に浮かんでこないのも無理はないといえます。

はちぶんぎ座

Octans (Oct)　八分儀座：Octant

概略位置：赤経21ʰ00ᵐ　赤緯－87°
20時南中：10月2日　高度：－32度
面積：291平方度
肉眼星数：53個
設定者：ラカイユ

●航海用具の星座

天の南極にある星座で、1731 年ごろ、イギリスのハドレーが発明した角度を測る機器で、天体の離角（りかく）や水平線からの高度などを測定するのに用いられた航海用具のことです。これが後に改良されて六分儀になるわけですが、そんな意味あいもあってか、ラカイユは天の南極にこの星座を当てはめたのかもしれません。

天の南極には、北の北極星のような明るい星はなく、1度ほど離れたところに5等の σ（シグマ）星があるだけです。はちぶんぎ座そのものも星が淡く、南の空で天の南極を知るのには苦労させられることでしょう。

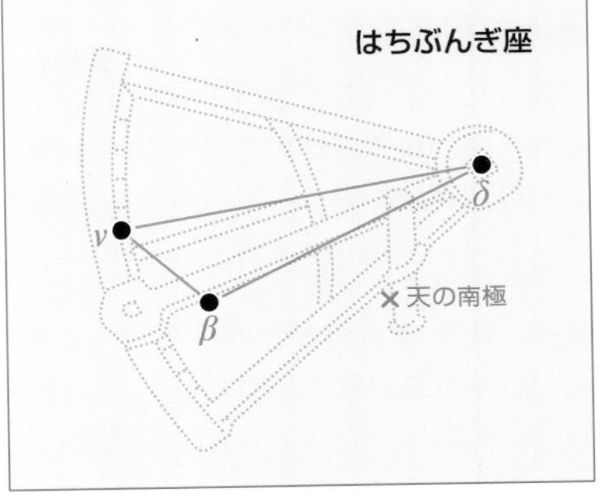

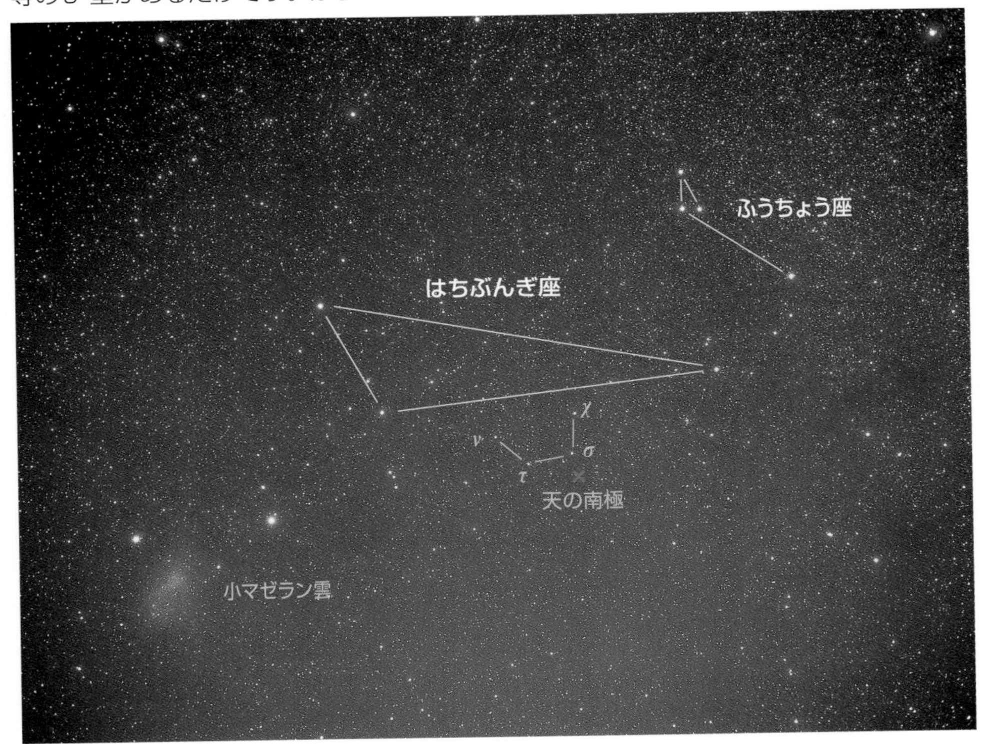

▲**はちぶんぎ座**　×印のところが天の南極です。近くに小さな4個の星があります。

きょしちょう座

Tucana (Tuc)　　巨嘴鳥座：Toucan

概略位置：赤経23^h45^m　赤緯−68°
20時南中：11月13日　高度：−13度
面積：295平方度
肉眼星数：43個
設定者：バイヤー

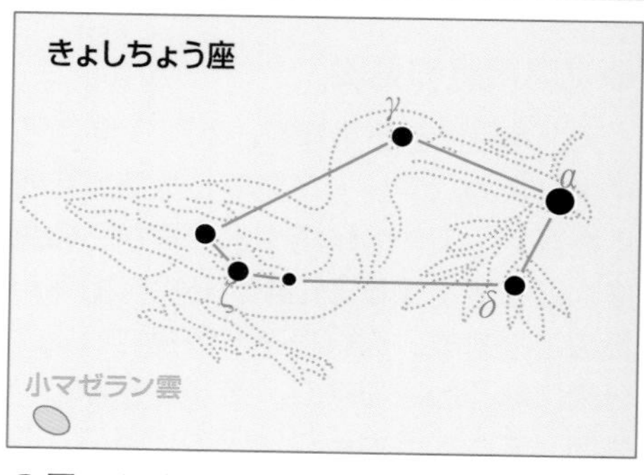

●南米の珍鳥

きょしちょう座と書いたのでは何のことかと思われる方があるかもしれません。これは巨嘴鳥座のことで、つまり巨嘴鳥とは嘴（くちばし）の大きな南米の鳥のことです。

この鳥の姿を星座にしたのは、最初に南天12星座を設定したオランダのケイザーやホウトマンたちでした。しかし、彼らが航海したのはインドから東南アジア、インドネシアあたりですから、南米の珍鳥ともいえる巨嘴鳥は直接には見たことがなかったはずです。それが星座にあげられているのは、南米に大航海に出かけたヨーロッパ人が持ち帰った巨嘴鳥の姿を見知っていたからかもしれません。

●小マゼラン雲のある星座

その巨嘴鳥の姿は、エリダヌス座の川の果てにある1等星アケルナルと、ほうおう座、つる座、くじゃく座など、鳥の星座たちに囲まれたところにあります。明るい星はありませんが、ぎょしゃ座の五角形を大きく押しつぶしたような形は思ったよりはたどりやすいといえます。

しかし、この星座を有名にしているのは、このつぶれた五角形から少し離れたところで、隣りのみずへび座との境界近くに浮かぶ小マゼラン雲の存在です。

▲**小マゼラン雲**　双眼鏡ならこんなイメージに見えます。

南半球の空での第一の奇観は、天の南極の近くで天の川から離れて、そのちぎれ雲のように浮かぶ大小2つの光芒（こうぼう）の「大マゼラン雲」と「小マゼラン雲」ですが、そのうちの小マゼラン雲がこのきょしちょう座にあるのです。

逆にいえば、小マゼラン雲のあるあたりにきょしちょう座があると見当づけてもよいことにもなります。ただ、巨嘴鳥本体の星たちは、小マゼラン雲からは少し離れたところにあって、むしろ、みずへ

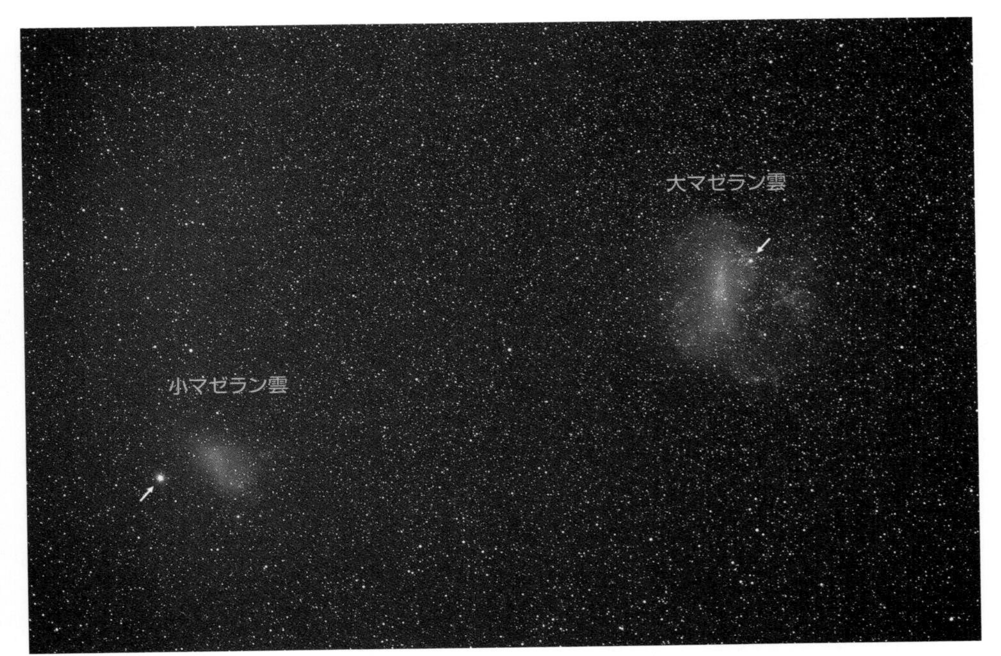

▲小マゼラン雲と大マゼラン雲　小マゼラン雲近くの矢印が球状星団NGC104、大マゼラン雲中の矢印がタランチュラ星雲。2つとも肉眼で存在がわかります。

び座の大きな三角形の一辺上にあるように見えることに注意する必要があります。

●肉眼で見える小マゼラン雲

小マゼラン雲の正体は、銀河系から20万光年のところに浮かぶ星の大集団で、銀河系の周囲をめぐる伴銀河といったものです。見え方も天の川の一部を小さく切り取ったようで、そのぼんやり輝く人魂のような形は肉眼でもすぐわかります。もちろん、天の川の見えないような都会の夜空ではまったくそれとわかりませんが、夜空の暗い郊外でなら、肉眼でもよく見えますし、双眼鏡なら近くにある明るい球状星団NGC104とともによりはっきりその姿をたしかめることができます。

260ページに紹介してある大マゼラン雲とともにきょしちょう座にあるこの小マゼラン雲は南天第一の見ものといえます。

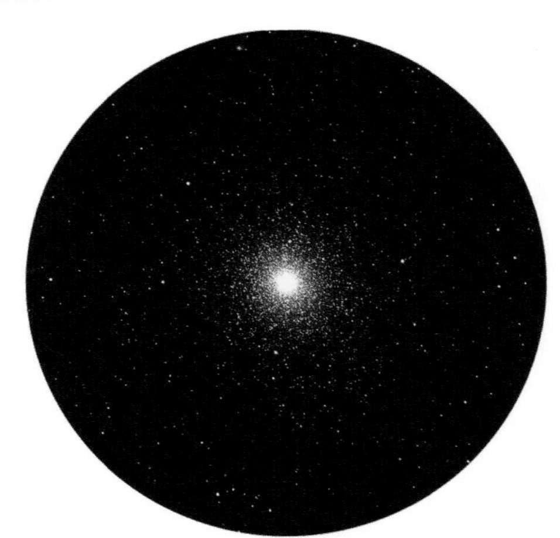

▲きょしちょう座の球状星団NGC104
肉眼でも4等星くらいの星のように見えるところから47Tuc（きょしちょう座）という星の番号もつけられています。

とけい座

Horologium (Hor)　時計座：Clock

概略位置：赤経3^h20^m　赤緯－52°
20時南中：1月6日　高度：3度
面積：249平方度
肉眼星数：31個
設定者：ラカイユ

●大きな振り子時計

今では振り子時計を目にすること自体が珍しくなっていますが、南の空にかかるこの大時計の星座は、まさしくその振り子時計そのものです。

ラカイユが設定した南天の14星座の一つで、彼自身が南アフリカに遠征して南天の星を観測したときに持参した2台の振り子時計を記念して設定したものと思われ、ラカイユの星図にも長い振り子を持つ秒針まで付いた時計の姿として描かれています。振り子時計は、17世紀の中ごろ、オランダのホイヘンスによって実用化されてから進歩したもので、当時の星の観測の機材として欠かせないものだったのでしょう。

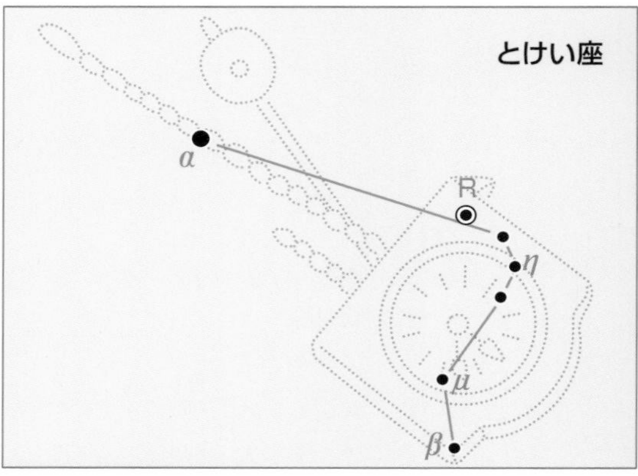

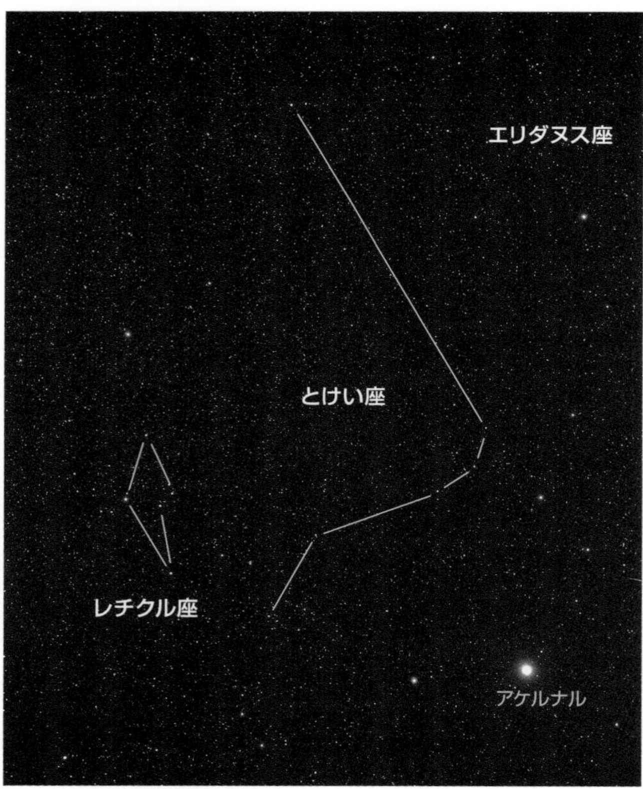

▲**とけい座**　明るい星はエリダヌス座の１等星アケルナルで、淡いとけい座を見つけるのに役立ってくれます。

●淡く見つけにくい星座

とけい座の星は、どれも淡く、振り子時計をイメージして星座を見つけだすのは空の暗いところでないとかなりやっかいです。

ラカイユの南天星座は、すでに完成していた南天12星座の隙間を埋めるようにしてかなり無理をしてつくられたものが多いので、それもしかたのないことなのでしょう。

レチクル座

Reticulum (Ret)　レチクル座：Net

概略位置：赤経3^h50^m　赤緯−63°
20時南中：1月14日　高度：−8度
面積：114平方度
肉眼星数：23個
設定者：ラカイユ

●測定用のネット

かつて日本で小網（こあみ）座などと訳されてよばれていたことのある星座ですが、これは星の位置を測定するために望遠鏡の焦点面に貼った十字線のことです。

レチクルの訳は「菱形（ひしがた）のネット」で、南アフリカに遠征したラカイユは、自分のアイディアによる菱形のレチクルをつくって望遠鏡につけて観測し、それを記念して南天星座にあげたといわれます。

レチクル座は、エリダヌス座のアケルナルとりゅうこつ座のカノープスの明るい２つの１等星を結んだほぼ中間にある小さな星座ですが、意外によく目につきます。そのためか、ラカイユ以前にこれを菱形として星図に描いた人もすでにあったといわれます。

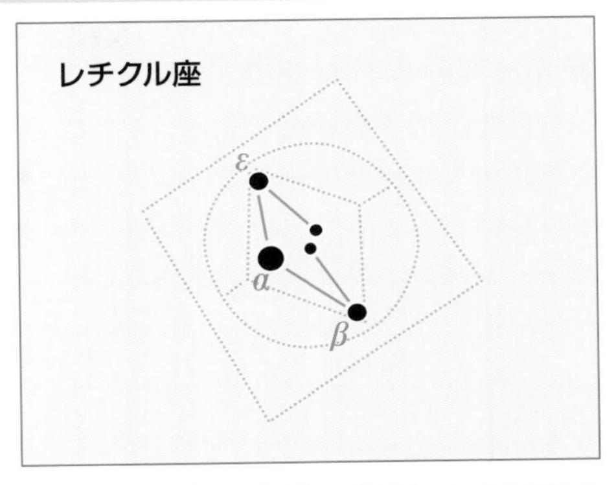

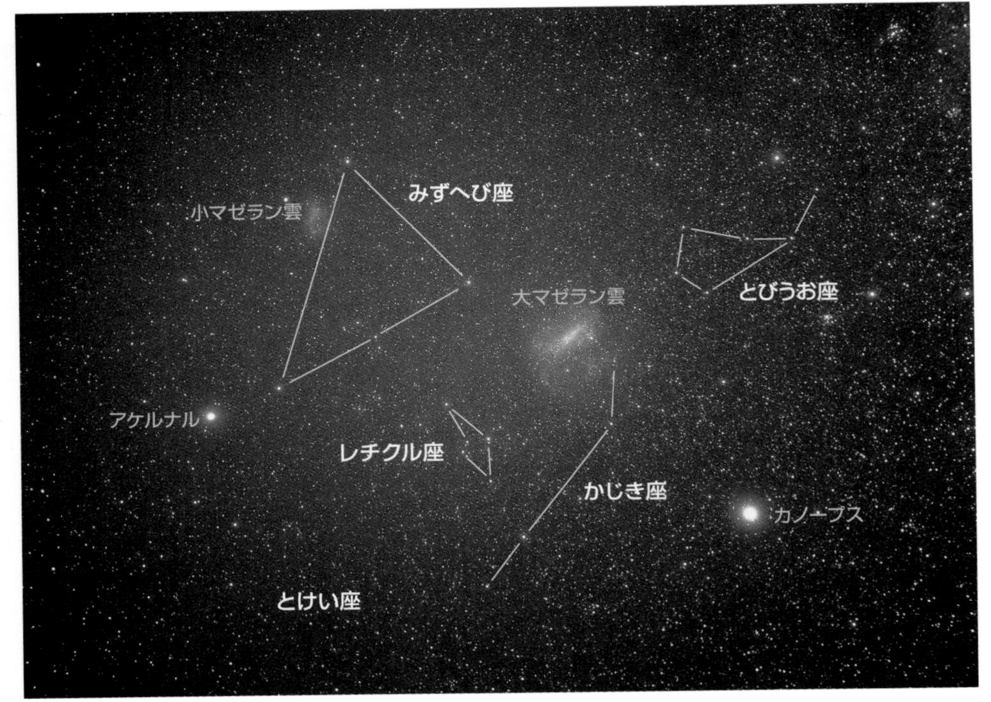

▲レチクル座付近　大マゼラン雲の近くにあります。

がか座

Pictor (Pic)　　画架座：Painter

概略位置：赤経5^h30^m　赤緯−52°
20時南中：2月8日　高度：3度
面積：247平方度
肉眼星数：47個
設定者：ラカイユ

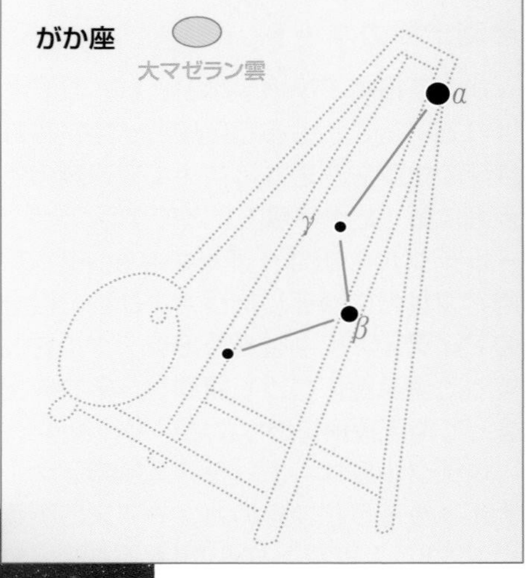

●イーゼルとパレット

フランスの天文学者ラカイユの設定した南天の14星座の一つで、フランス名は「ル・シュバレ・エ・ラ・パレット」です。つまり、画家の使う木の架台イーゼルと絵の具を溶(と)くパレットのことです。

ラカイユの星図にもイーゼルとパレットが描かれていますが、フランス人らしく芸術的なものの星座としたかったのでしょう。この他にも「彫刻具座」や「彫刻室座」も星座としています。

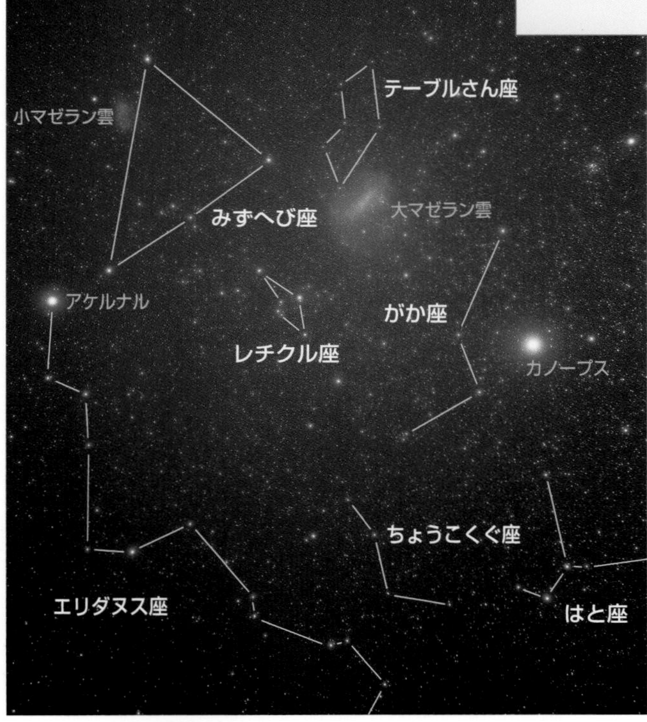

▲南天のながめ　がか座はりゅうこつ座の1等星カノープスのすぐそばにあります。

●カノープスが目じるし

3等のα星のほかに目をひく星もないので、見つけにくいかもしれませんが、りゅうこつ座の1等星カノープスのすぐ近くにありますので、それを手がかりに、夜空の暗い場所でなら、イーゼルとパレットの星座らしい星をたどることができます。カノープスの近くですから、日本ではその一部が冬の宵の南の地平線上に姿を見せるだけで、実際にその姿を見るのはむずかしいといえます。

なお、すぐそばにちょうこくぐ座があることにも注目してください。

ちょうこくぐ座

Caelum (Cae) **彫刻具座：Sculptor's Tool**

概略位置：赤経4^h50^m　赤緯－38°
20時南中：1月29日　高度：17度
面積：125平方度
肉眼星数：20個
設定者：ラカイユ

●彫刻刀とノミ

冬の宵の南の地平低く見えるはと座のすぐ西よりにある星座なので、日本では冬の星座として見られるものです。

しかし、明るい星があるわけでもありませんので、よほどその気になってみないとわからないことでしょう。

これもフランスの天文学者ラカイユが設定した14の南天星座の一つで、彼の星図にも彫刻家が使う彫刻刀とノミが交差する一組の道具が描かれています。

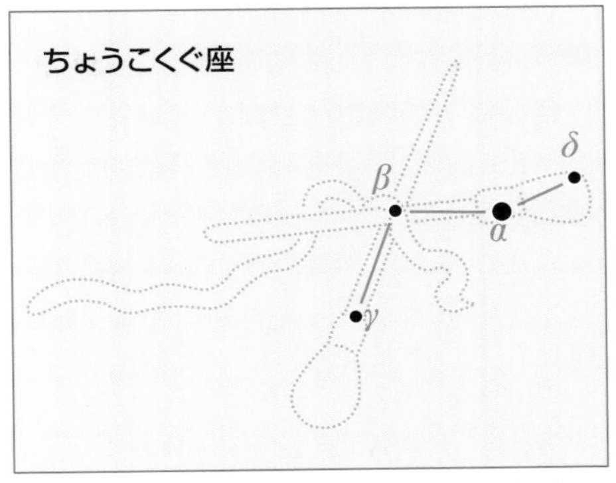

近くにがか（画架）座という芸術作品を生みだすのに必要な画家のイーゼルとパレットを描きだした星座もあります。

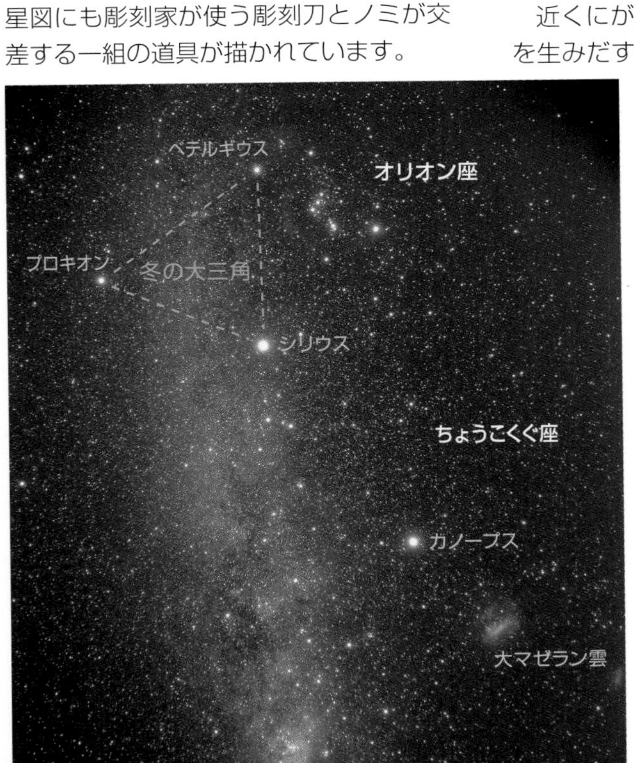

▲南天の天の川　冬の大三角から南十字星までのながめです。

●はと座が目じるし

冬の宵の南の空低いながらはと座は意外に目につきやすい星座なので、このちょうこくぐ座の姿は、はと座を目じるしにエリダヌス座との間にある小星座と見当づければよいでしょう。

しかし、夜空の暗い南半球の空でさえそれほど目をひく存在でもありませんので、大気の澄む冬とはいえ、南の地平線上に顔を出す星座を日本で見るのはあまり面白味がないかもしれません。

芸術的香りを好むフランス人のラカイユらしい設定といえますが、かなり無理な感じがするのは否(いな)めません。

とびうお座

Volans (Vol) **飛魚座：Flyng Fish**

概略位置：赤経7^h40^m　赤緯－69°
20時南中：3月13日　高度：－14度
面積：141平方度
肉眼星数：29個
設定者：バイヤー

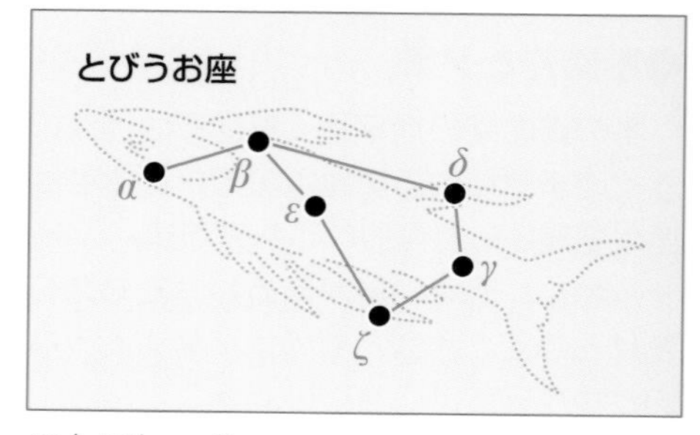

●航海者たちが見た大群

飛び魚そのものの星座で、南天の大星座アルゴ船のすぐそばで翼のはえた魚が海面を飛ぶ姿として描きだされています。

大きくはありませんが、おなじみのニセ十字にも近く星のまとまりもよいので、見なれてしまえば意外によく目につく星座といえます。

最初に南天の12星座を設定したオランダのケイザーやホウトマンもインドから東南アジアへの航海の途上、飛び魚の大群が海面を飛ぶ姿をしばしば目にしたことでしょう。

オランダの航海士であったケイザーは、地理学者で地図作者の師プランキウスから天文学を教わり、南極付近の星々を観測のためインドから東南アジアの船隊に加わり、その途中、1596年9月にジャワ島で亡くなった人物です。彼のデータはちゃんとプランキウスのもとに届けられ、その天球儀に南天の星座として描きだされることになりました。

もうひとりのホウトマンはケイザーの助手役を務め、再度東南アジアの航海に出てスマトラ島で島民に捕まえられてしまうことになります。その2年間の捕虜（ほりょ）生活中にも星を観測、その結果を帰国後発表しています。

こうしてケイザーやホウトマンたち航海者たちが目にした珍しい南の国々の鳥や魚、昆虫などがまず南天の12星座としてあげられることになったわけです。

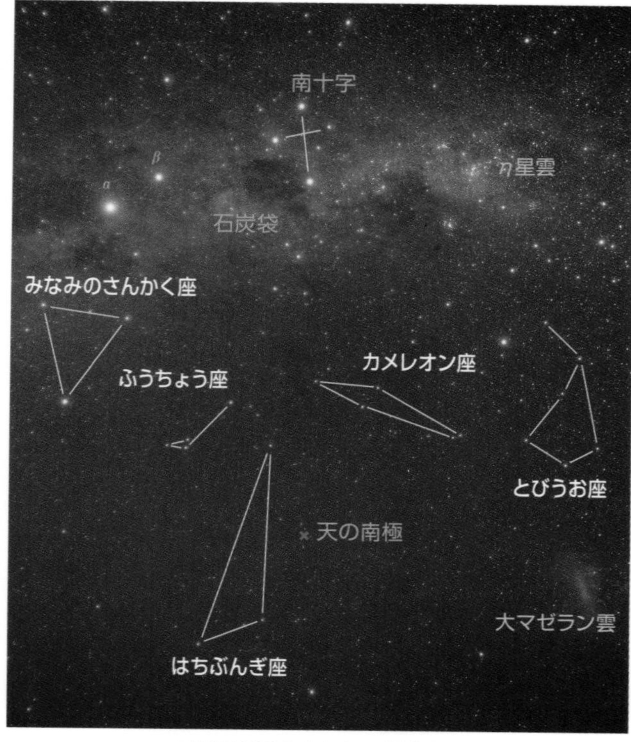

▲天の南極のまわりの星座たち

ふうちょう座

Apus (Aps)　風鳥座：Bird of Paradise

概略位置：赤経$16^{h}00^{m}$　赤緯−76°
20時南中：7月18日　高度：−21度
面積：206平方度
肉眼星数：36個
設定者：バイヤー

●小さな風鳥

「ふうちょう」とは風鳥のことです。ニューギニア周辺にすむ極楽鳥（ごくらくちょう）で、その美しい羽根のせいでヨーロッパで珍重（ちんちょう）され、盛んに捕獲（ほかく）され送られました。しかし、そのときなぜか足が切り取られていたため、これを見た人々がこの鳥は木にとまることがなく、一生風に乗って優雅に飛んでいるのだろうとしてこんな名がつけられたといわれます。

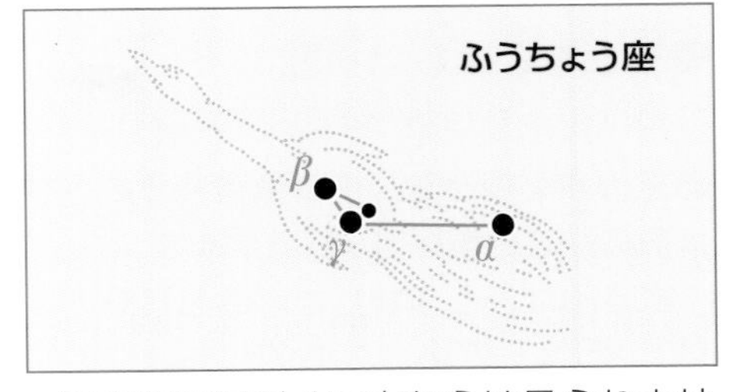

天の南極に近く日本からは見られませんが、小さな逆「へ」の字形の星のならびは南天ではあんがいよく目につきやすいものです。

▲天の南極の星座たちを描いた古星図　17 世紀後半のセラリウスの天球図の初期の南天 12 星座たちで、ラカイユの 14 星座は当然まだ含まれていません。

かじき座

Dorado (Dor)　　旗魚座：Goldfish

概略位置：赤経5^{h}00^m　赤緯−60°
20時南中：1月31日　高度：−5度
面積：179平方度
肉眼星数：30個
設定者：バイヤー

●もともとはしいら座

古い星座絵には258ページのとびうお座のすぐ後ろを、飛び魚を追うような大魚のかじき座が描かれています。

ところが、このかじき座はもともとは「しいら座」であったものが、いつのまにやら「めかじき」とよばれるようになったものらしく、かじき座とするより「しいら座」とよぶほうがよいのではないかという説が浮上してきています。実際、シイラは飛び魚を追いかけることが多く、飛び魚が着水するところに先回りさえしてこれを捕らえることもあるといわれます。つまり、星空の中のアルゴ船の波間を飛ぶとびうお座を追うかじき座の姿はシイラとしてここに描きだされているというわけです。

星座の原名もドラドで、これは金色に由来するスペイン語で、ドラドはシイラという魚とされています。事実、シイラは金色に近い色をした大魚でもあります。

●見ものは大マゼラン雲

かじき座の名を高めているのは、252ページのきょしちょう座で紹介してある

▲大マゼラン雲に現れた超新星 1987A　左は出現前、右は1987年2月の出現後のようすです。タランチュラ星雲のそばで突然明るくなったこの超新星は、肉眼で見えるものとしてはおよそ400年ぶりのもので2.9等星の明るさまで増光し、オレンジ色に輝くようすが印象的でした。

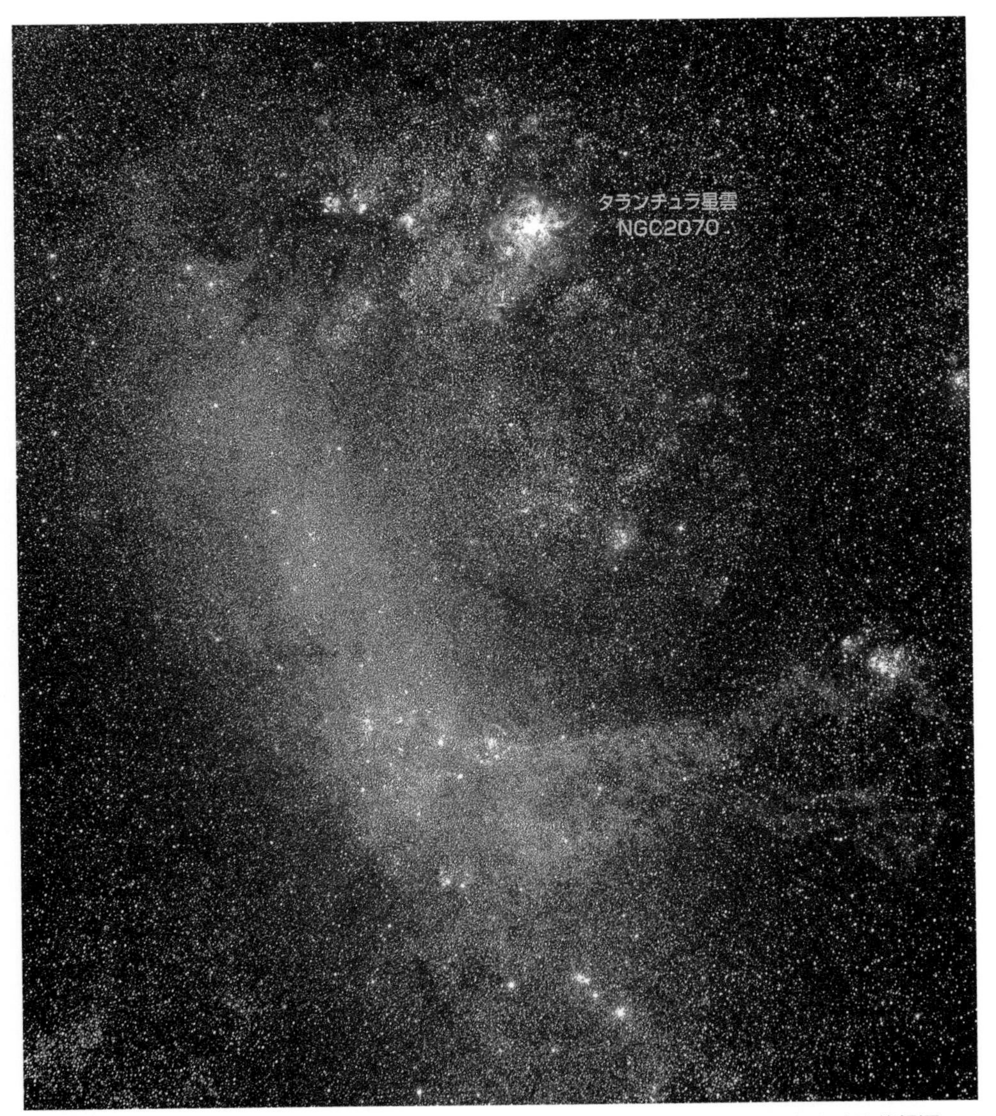

▲大マゼラン雲　16 万光年のところに浮かぶ星の大集団で、銀河系の周囲をめぐる伴銀河です。右上方の赤い散光星雲がタランチュラ毒ぐも星雲で、前ページの超新星はこのすぐ近くに出現しました。双眼鏡で見ると視野いっぱいにこれと似たイメージで見られます。

小マゼラン雲と似た星の大集団大マゼラン雲が見えていることです。小マゼラン雲よりずっと大きく、文字通り夜空に浮かぶ雲のようで、南天でまず最初に注目してほしい一番の見ものといえます。なお、フランスのロワイエは、彼の 1679 年の著書の中で、「大雲座（おおぐもざ）」としてこの大マゼラン雲を星座あつかいにしています。

はえ座

Musca (Mus)　蠅座：Fly

概略位置：赤経12ʰ30ᵐ　赤緯−70°
20時南中：5月26日　高度：−15度
面積：138平方度
肉眼星数：59個
設定者：バイヤー

●南十字のすぐ南

南天で最も目をひくのは、なんといっても南十字星、つまり、みなみじゅうじ座ですが、小さなはえ座はその南十字星のすぐ南に見えています。

小さな星座ですが、あんがい明るめの星がこぢんまりとまとまっているので意外によく目につく星座となっています。

ケイザーとホウトマンの南天12星座を受け継いで1603年に美しい星座図を刊行、これらの南天星座を決定的なものとしたヨハン・バイヤーは、これをうっかり「みつばち座」としてしまいましたが、ケイザーとホウトマンは「はえ座」と考えていたようです。そのことはすぐ隣りにカメレオン座があって、このはえ座をねらっているところからもわかります。

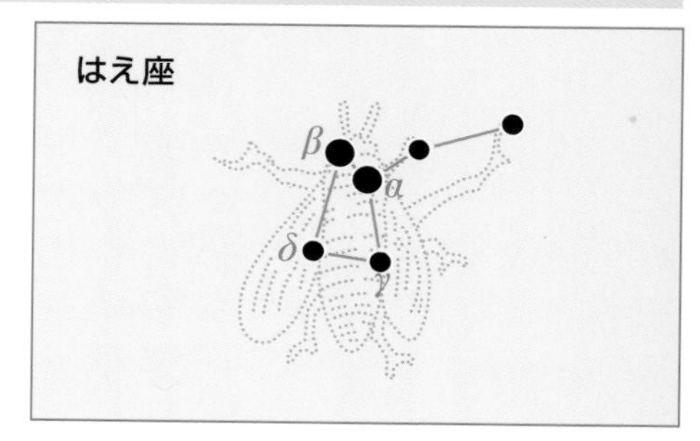

▲南十字とニセ十字　はえ座は南十字星のすぐ下（南）にとまっています。ニセ十字は南十字星によく似た十字の星の結びをいいますが、本物の南十字のほうがはっきりくっきり見えます。

カメレオン座

Chamaeleon (Cha) カメレオン座：Chameleon

概略位置：赤経10^{h}40^{m} 赤緯−78°
20時南中：4月28日 高度：−23度
面積：132平方度
肉眼星数：32個
設定者：バイヤー

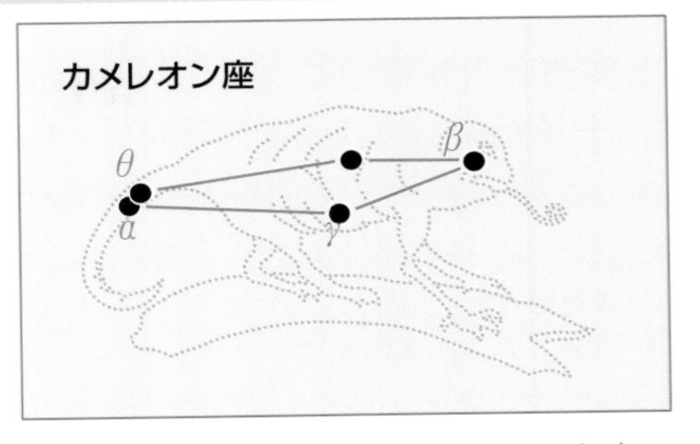

●はえ座をねらう

長い舌をのばし一瞬のうちに蠅(はえ)などを捕食してしまうカメレオンの早業(はやわざ)には恐れ入るしかありません。クルクル動く目、ゆっくりした動作、身体の色彩のあざやかさ、どこをとってもじつに不思議な生き物としかいいようがありません。

最初の南天12星座を創り出したオランダのケイザーやホウトマンたちも航海の旅で目にして感動を覚えたのか、さっそく星座の仲間入りをさせたのでした。しかも、ごていねいなことにその餌となるはえ座もその口先にちゃんと設定されているのです。

南天の星座は、ギリシア時代に完成した北天の星座にくらべると星座の姿もはっきりせず面白味が少ないといわれますが、よく見るとあんがいそうでもなく、星座の結び方といい、星座同士の関係といい、それなりにちゃんとしていることがわかります。

とくにケイザーとホウトマンらがつくりだし、バイヤーによって確定された、初期の南天12星座は、思いのほか優れていることがわかります。

明るい星をその段階で取られてしまった後のラカイユの14星座は結局、暗い星ばかりで、面白味が少なくなってしまうことになってしまいました。

▲はえ座とカメレオン座

テーブルさん座

Mensa (Men)　テーブル山座：Table Mountain

概略位置：赤経5^h40^m　赤緯$-77°$
20時南中：2月10日　高度：-22度
面積：153平方度
肉眼星数：23個
設定者：ラカイユ

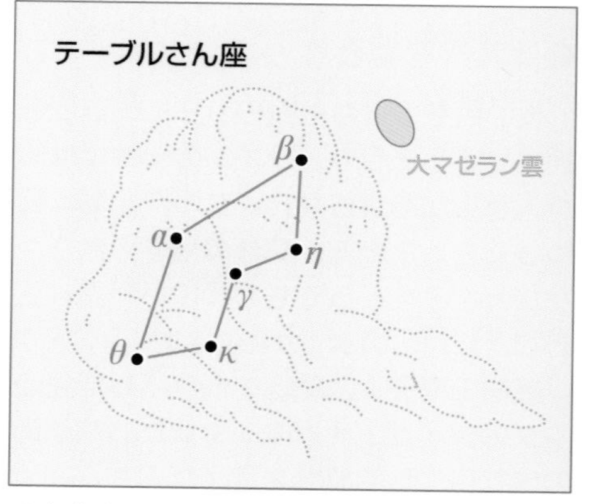

●実在の山が星座に

「テーブルさん」などといったのでは、何のことかわかりにくいのですが、この「さん」は「山」のことで、つまり、この星座はテーブル山という山の星座のことです。この山は南アフリカのケープタウンのすぐ後ろにある、頂上がテーブルのように平たいところからそう名づけられた有名な山で、この星座を設定したラカイユは、その山の麓（ふもと）のケープタウンに観測所を設置し、およそ１万個の南天の星の位置を観測しました。

夜な夜なテーブル山の上に輝く南天の星々をながめ親しみを持ったからなのでしょうが、なにしろ、地上の実在の風景がそのまま星座になっている唯一の珍しい例でもあります。しかも、ごていねいなことにテーブル山にかかる白雲は、テーブルクロスともよばれていて、もしかするとラカイユは、大マゼラン雲をテーブルさん座にかかる白雲と見たてたのかもしれないといわれています。

実際、大マゼラン雲は、テーブルさん座に接していて、そう見えなくもありません。しかし、５等星以下の暗い星ばかりですから、テーブルさん座そのものの姿を見つけだすのが夜空の暗い場所でさえむずかしいのは困りものです。

目をこらして見つけだすときの目じるしは、そのテーブルクロスの大マゼラン雲ですが、天の南極に近く日本からはまったく見ることができません。

▲南アフリカのケープタウンのジョン・ハーシェルの観測所　後方に見えるのがテーブル山で、この山の麓でヨーロッパの天文学者たちの南天の星々の観測がよく行なわれてきました。

データ編

全天星座リスト

星座は全天で88きめられています。日本からまったく見えないのは天の南極に近い4星座だけで、あとは星座のごく一部にしろ見ることができます。表の中の20時子午線通過とあるのは、午後8時ごろその星座が見やすくなる目安です。地方によって見える高度に多少のちがいがあります。

星座名	略号	学名	概略位置 赤経	概略位置 赤緯	20時子午線通過	広さ(平方度)	肉眼星数	備考
アンドロメダ	And	Andromeda	0h40m	+38°	11月27日	722	149	大銀河M31
いっかくじゅう（一角獣）	Mon	Monoceros	7 00	−3	3 3	482	136	冬の大三角の中
◎いて（射手）	Sgr	Sagittarius	19 00	−25	9 2	867	194	銀河系の中心方向・南斗六星
いるか（海豚）	Del	Delphinus	20 35	+12	9 26	189	41	小さな菱形
◆インディアン	Ind	Indus	21 20	−58	10 7	294	40	一部が見える
◎うお（魚）	Psc	Pisces	0 20	+10	11 22	889	134	北と西の魚
うさぎ（兎）	Lep	Lepus	5 25	−20	2 6	290	70	オリオン座の下（南）
うしかい（牛飼）	Boo	Bootes	14 35	+30	6 26	906	140	1等星アルクトゥルス
うみへび（海蛇）	Hya	Hydra	10 30	−20	4 25	1303	228	全天一東西に長い
エリダヌス	Eri	Eridanus	3 50	−30	1 14	1138	189	鹿児島以南で全部が見える
◎おうし（牡牛）	Tau	Taurus	4 30	+18	1 24	797	219	プレアデスとヒアデス星団
おおいぬ（大犬）	CMa	Canis Major	6 40	−24	2 26	380	140	全天一明るいシリウス
おおかみ（狼）	Lup	Lupus	15 00	−40	7 3	334	116	南に低い
おおぐま（大熊）	UMa	Ursa Major	11 00	+58	5 3	1280	207	北斗七星
◎おとめ（乙女）	Vir	Virgo	13 20	−2	6 7	1294	167	白いスピカ
◎おひつじ（牡羊）	Ari	Aries	2 30	+20	12 25	441	85	裏返しの“へ”の字形
オリオン	Ori	Orion	5 20	+3	2 5	594	197	三つ星と大星雲
がか（画架）	Pic	Pictor	5 30	−52	2 8	247	47	一部が見える
カシオペヤ	Cas	Cassiopeia	1 00	+60	12 2	598	153	W字形
◆かじき（旗魚）	Dor	Dorado	5 00	−60	1 31	179	30	一部が見える
◎かに（蟹）	Cnc	Cancer	8 30	+20	3 26	506	97	プレセペ星団
かみのけ（髪）	Com	Coma Berenices	12 40	+23	5 28	386	66	散開星団の星座
★カメレオン	Cha	Chamaeleon	10 40	−78	4 28	132	32	見えない（南天）
からす（烏）	Crv	Corvus	12 20	−18	5 23	184	27	いびつな小四辺形
かんむり（冠）	CrB	Corona Borealis	15 40	+30	7 13	179	35	小半円形の7個の星
◆きょしちょう（巨嘴鳥）	Tuc	Tucana	23 45	−68	11 13	295	43	一部が見える
ぎょしゃ（馭者）	Aur	Auriga	6 00	+42	2 15	657	154	1等星カペラと五角形
きりん（麒麟）	Cam	Camelopardalis	5 40	+70	2 10	757	146	北極星に近い
◆くじゃく（孔雀）	Pav	Pavo	19 10	−65	9 5	378	82	一部が見える
くじら（鯨）	Cet	Cetus	1 45	−12	12 13	1231	178	変光星ミラ
ケフェウス	Cep	Cepheus	22 00	+70	10 17	588	148	淡い五角形
ケンタウルス	Cen	Centaurus	13 20	−47	6 7	1060	276	南の地平線で上半身だけ
けんびきょう（顕微鏡）	Mic	Microscopium	20 50	−37	9 30	210	41	南に低い
こいぬ（小犬）	CMi	Canis Minor	7 30	+6	3 11	183	41	プロキオン
こうま（小馬）	Equ	Equuleus	21 10	+6	10 5	72	15	ペガスス座の鼻さき
こぎつね（小狐）	Vul	Vulpecula	20 10	+25	9 20	268	73	はくちょう座の十文字の下（南）
こぐま（小熊）	UMi	Ursa Minor	15 40	+78	7 13	256	39	北極星
こじし（小獅子）	LMi	Leo Minor	10 20	+33	4 22	232	35	ししの大鎌の上
コップ	Crt	Crater	11 20	−15	5 8	282	34	からす座の四辺形の右（西）
こと（琴）	Lyr	Lyra	18 45	+36	8 29	286	70	七夕の織女星ベガ
◆コンパス	Cir	Circinus	14 50	−63	6 30	93	38	一部が見える

肉眼星数は6.49等星までの星の個数。

星座名	略号	学名	概略位置		20時子午線通過	広さ(平方度)	肉眼星数	備考
			赤経	赤緯				
◆さいだん(祭壇)	Ara	Ara	17h10m	−55°	8月5日	237	67	さそり座の下(南)
◎さそり(蠍)	Sco	Scorpius	16 20	−26	7 23	497	169	アンタレスとS字のカーブ
さんかく(三角)	Tri	Triangulum	2 00	+32	12 17	132	26	アンドロメダ座の下(南)
◎しし(獅子)	Leo	Leo	10 30	+15	4 25	947	118	しし座の大鎌とレグルス
じょうぎ(定規)	Nor	Norma	16 00	−50	7 18	165	43	一部が見える
たて(楯)	Sct	Scutum	18 30	−10	8 25	109	29	いて座の上(北)の天の川
ちょうこくぐ(彫刻具)	Cae	Caelum	4 50	−38	1 29	125	20	一部が見える
ちょうこくしつ(彫刻室)	Scl	Sculptor	0 30	−35	11 25	475	52	くじら座の下(南)
つる(鶴)	Gru	Grus	22 20	−47	10 22	366	56	地平線上の2つの星
★テーブルさん(テーブル山)	Men	Mensa	5 40	−77	2 10	153	23	見えない(南天)
◎てんびん(天秤)	Lib	Libra	15 10	−14	7 6	538	80	くの字を裏返した形
とかげ(蜥蜴)	Lac	Lacerta	22 25	+43	10 24	201	65	ペガスス座の足もと
◆とけい(時計)	Hor	Horologium	3 20	−52	1 6	249	31	一部が見える
◆とびうお(飛魚)	Vol	Volans	7 40	−69	3 13	141	29	見えない(南天)
とも(船尾)	Pup	Puppis	7 40	−32	3 13	673	230	アルゴ船の一部
◆はえ(蠅)	Mus	Musca	12 30	−70	5 26	138	59	一部が見える
はくちょう(白鳥)	Cyg	Cygnus	20 30	+43	9 25	804	262	北の大十字と1等星デネブ
★はちぶんぎ(八分儀)	Oct	Octans	21 00	−87	10 2	291	53	見えない、天の南極
はと(鳩)	Col	Columba	5 40	−34	2 10	270	69	うさぎ座の下(南)
★ふうちょう(風鳥)	Aps	Apus	16 00	−76	7 18	206	36	見えない(南天)
◎ふたご(双子)	Gem	Gemini	7 00	+22	3 3	514	118	カストル、ポルックスの兄弟星
ペガスス	Peg	Pegasus	22 30	+17	10 25	1121	169	大四辺形
へび(蛇)	Ser	Serpens	15 35	+8	7 12	428	68	頭と尾が東西に分割
			18 00	−5	8 17	208	39	
へびつかい(蛇遣)	Oph	Ophiuchus	17 10	−4	8 5	948	161	巨大な将棋の駒形
ヘルクレス	Her	Hercules	17 10	+27	8 5	1225	234	H形と大球状星団M13
ペルセウス	Per	Perseus	3 20	+42	1 6	615	158	人の字形と変光星アルゴル
ほ(帆)	Vel	Vela	9 30	−45	4 10	500	204	アルゴ船の一部
ぼうえんきょう(望遠鏡)	Tel	Telescopium	19 00	−52	9 2	252	53	いて座の下(南)
ほうおう(鳳凰)	Phe	Phoenix	1 00	−48	12 2	469	69	秋の南の地平線上
ポンプ	Ant	Antlia	10 00	−35	4 17	239	42	うみへび座の下(南)
◎みずがめ(水瓶)	Aqr	Aquarius	22 20	−13	10 22	980	165	逆Yの字形のならび
◆みずへび(水蛇)	Hyi	Hydrus	2 40	−72	12 27	243	33	沖縄で一部が見える
みなみじゅうじ(南十字)	Cru	Crux	12 20	−60	5 23	68	48	沖縄で全景が見える
みなみのうお(南魚)	PsA	Piscis Austrinus	22 00	−32	10 17	245	47	1等星フォーマルハウト
みなみのかんむり(南冠)	CrA	Corona Australis	18 30	−41	8 25	128	41	いて座の下(南)の小半円形
◆みなみのさんかく(南三角)	TrA	Triangulum Australe	15 40	− 65	7 13	110	34	一部が見える
や(矢)	Sge	Sagitta	19 40	+18	9 12	80	28	はくちょう座の嘴のあたり
◎やぎ(山羊)	Cap	Capricornus	20 50	−20	9 30	414	79	逆三角形
やまねこ(山猫)	Lyn	Lynx	7 50	+45	3 16	545	93	かに座の上(北)
らしんばん(羅針盤)	Pyx	Pyxis	8 50	−28	3 31	221	39	アルゴ船の一部
りゅう(竜)	Dra	Draco	17 00	+60	8 2	1083	213	大びしゃく、小びしゃくの間に
◆りゅうこつ(竜骨)	Car	Carina	8 40	−62	3 28	494	216	カノープス、アルゴ船一部
りょうけん(猟犬)	CVn	Canes Venatici	13 00	+40	6 2	465	58	コル・カロリ
◆レチクル	Ret	Reticulum	3 50	−63	1 14	114	23	一部が見える
ろ(炉)	For	Fornax	2 25	−33	12 23	398	57	エリダヌス座の右(西)
ろくぶんぎ(六分儀)	Sex	Sextans	10 10	−1	4 20	314	35	しし座の下(南)
わし(鷲)	Aql	Aquila	19 30	+2	9 10	652	116	七夕の牽牛星アルタイル

◎は黄道12星座　◆は一部が日本から見える星座　★は日本からはまったく見えない星座

北天・南天全星座図

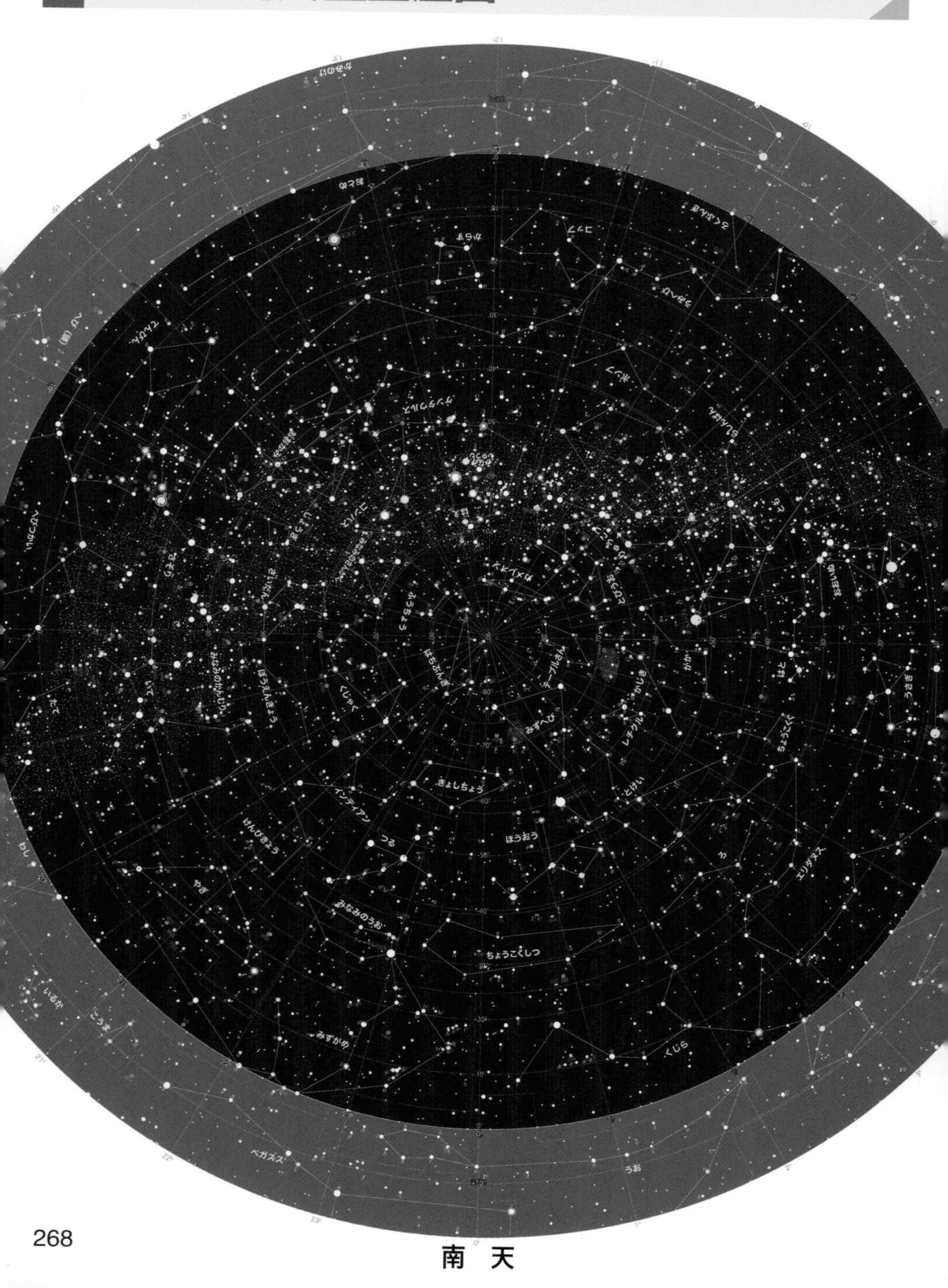

きょしちょう
インディアン
つる
ほうおう
ちょうこくしつ
みなみのうお
けんびきょう
みずがめ
くじら
エリダヌス
みずへび
テーブルさん
レチクル
とけい
かじき
はと
がか
うさぎ
ちょうこくぐ
くじゃく
はちぶんぎ
ぼうえんきょう
みなみのかんむり
いて
やぎ
いるか
こうま
ペガスス
うお

南　天

1等星
2等星
3等星
4等星
5等星
6~9等星
重星
変光星
散開星団
球状星団
散光星雲
惑星状星雲
銀河
天の川の微星
ケフェウス
カシオペヤ
ペルセウス
アンドロメダ
とかげ
さんかく
おひつじ
ペガスス
うお
くじら
みずがめ
こうま
いるか
はくちょう
こぎつね
わし
やぎ
オリオン

北 天

天体カタログ

メシエ天体

メシエ番号	NGC番号	性状	星座	赤経	赤緯	光度	視直径	距離	備考
				h m		等		光年	
1	1952	超新星	おうし	5 34.5	+22° 1′	8.5	6′×4′	7200	かに星雲
2	7089	球状	みずがめ	21 33.5	− 0 50	6.9	12′	3.75万	
3	5272	球状	りょうけん	13 42.2	+28 23	6.9	19′	3.29万	
4	6121	球状	さそり	16 23.7	−26 31	7.1	23′	7200	
5	5904	球状	へび	15 18.5	+ 2 5	6.7	20′	2.45万	
6	6405	散開	さそり	17 40.0	−32 12	5.3	25′	1900	星数50
7	6475	散開	さそり	17 54.0	−34 49	4.1	60′	800	星数50
8	6523	散光	いて	18 3.7	−24 23	−	60′×35′	3900	干潟星雲
9	6333	球状	へびつかい	17 19.2	−18 31	7.4	3′	2.6万	
10	6254	球状	へびつかい	16 57.1	− 4 6	7.3	12′	1.43万	
11	6705	散開	たて	18 51.1	− 6 17	6.3	12′	5610	星数80
12	6218	球状	へびつかい	16 47.2	− 1 57	7.6	12′	1.60万	
13	6205	球状	ヘルクレス	16 41.7	+36 28	6.4	23′	2.51万	
14	6402	球状	へびつかい	17 37.6	− 3 15	9.0	7′	3.03万	
15	7078	球状	ペガスス	21 30.0	+12 10	7.0	12′	3.36万	
16	6611	散開	へび	18 18.8	−13 47	6.4	35′×28′	8150	
17	6618	散光	いて	18 20.8	−16 11	−	46′×37′	4200	オメガ星雲
18	6613	散開	いて	18 19.9	−17 8	7.5	22′	6300	星数12
19	6273	球状	へびつかい	17 2.6	−26 16	6.8	4′	2.2万	
20	6514	散光	いて	18 2.4	−23 2	−	29′×27′	5600	三裂星雲
21	6531	散開	いて	18 4.6	−22 30	6.5	12′	4240	星数40
22	6656	球状	いて	18 36.4	−23 55	6.3	18′	1.04万	
23	6494	散開	いて	17 56.9	−19 1	6.9	25′	4500	星数120
24	6603	散開	いて	18 18.4	−18 25	4.6	4′	1.6万	星数50
25	IC4725	散開	いて	18 31.7	−19 14	6.5	40′	2000	星数50
26	6694	散開	たて	18 45.2	− 9 24	9.3	9′	4900	星数20
27	6853	惑星状	こぎつね	19 59.6	+22 43	7.6	8′×4′	820	あれい状星雲
28	6626	球状	いて	18 24.6	−24 52	6.8	5′	1.5万	
29	6913	散開	はくちょう	20 24.0	+38 31	7.1	12′	3000	星数20
30	7099	球状	やぎ	21 40.4	−23 11	6.4	6′	4.1万	
31	224	銀河	アンドロメダ	0 42.7	+41 16	4.4	180′×63′	230万	大銀河
32	221	銀河	アンドロメダ	0 42.7	+40 52	9.2	8′×6′	230万	M31伴銀河
33	598	銀河	さんかく	1 33.9	+30 39	6.3	62′×39′	250万	
34	1039	散開	ペルセウス	2 42.0	+42 47	5.5	30′	1430	星数60
35	2168	散開	ふたご	6 8.8	+24 20	5.3	40′	2600	星数120
36	1960	散開	ぎょしゃ	5 36.1	+34 08	6.3	17′	4140	星数50
37	2099	散開	ぎょしゃ	5 52.4	+32 33	6.2	25′	4400	星数200
38	1912	散開	ぎょしゃ	5 28.7	+35 50	7.4	18′	4300	星数100
39	7092	散開	はくちょう	21 32.3	+48 26	5.2	30′	880	星数20
40	——	——	おおぐま	12 22.2	+58 5	—	—	——	二重星
41	2287	散開	おおいぬ	6 47.0	−20 46	5.0	30′	2500	星数50
42	1976	散光	オリオン	5 35.3	− 5 27	−	66′×60′	1500	大星雲
43	1982	散光	オリオン	5 35.5	− 5 16	−	20′×15′	1500	
44	2632	散開	かに	8 40.1	+19 59	3.7	90′	590	プレセペ星団
45	Mel.22	散開	おうし	3 47.1	+24 6	1.4	120′×120′	410	プレアデス星団
46	2437	散開	とも	7 41.8	−14 49	6.0	24′	6000	星数15
47	2422	散開	とも	7 36.6	−14 29	4.5	25′	1800	星数50
48	2548	散開	うみへび	8 13.8	− 5 48	5.3	30′	1500	星数80
49	4472	銀河	おとめ	12 29.8	+ 8 0	9.3	9′×7′	5900万	
50	2323	散開	いっかくじゅう	7 3.0	− 8 21	6.9	16′	2600	星数100
51	5194	銀河	りょうけん	13 29.9	+47 12	9.0	11′×8′	2100万	子もち銀河
52	7654	散開	カシオペヤ	23 24.2	+61 36	7.3	12′	3800	星数120
53	5024	球状	かみのけ	13 12.9	+18 10	8.3	14′	5.80万	

メシエ天体

メシエ番号	NGC番号	性状	星座	赤経	赤緯	光度	視直径	距離	備考
				h m		等		光年	
54	6715	球状	いて	18 55.1	− 30 28	7.1	2′	4.9万	
55	6809	球状	いて	19 40.0	− 30 57	4.4	10′	1.9万	
56	6779	球状	こと	19 16.5	+ 30 10	9.1	5′	3.29万	
57	6720	惑星状	こと	18 53.6	+ 33 2	9.3	1′.4×1′.0	2600	環状星雲
58	4579	銀河	おとめ	12 37.7	+ 11 49	9.2	5′×4′	4100万	
59	4621	銀河	おとめ	12 42.0	+ 11 39	9.6	3′×2′	4100万	
60	4649	銀河	おとめ	12 43.7	+ 11 33	9.8	7′×6′	5900万	
61	4303	銀河	おとめ	12 21.9	+ 4 28	10.0	7′×2′	4100万	
62	6266	球状	へびつかい	17 1.3	− 30 7	7.8	6′	2.25万	
63	5055	銀河	りょうけん	13 15.8	+ 42 2	9.3	12′×8′	2400万	ひまわり銀河
64	4826	銀河	かみのけ	12 56.7	+ 21 41	9.4	9′×5′	1600万	
65	3623	銀河	しし	11 18.9	+ 13 6	9.9	8′×2′	2700万	
66	3627	銀河	しし	11 20.3	+ 12 59	9.7	9′×4′	2700万	
67	2682	散開	かに	8 50.5	+ 11 49	6.9	17′	2350	星数80
68	4590	球状	うみへび	12 39.5	− 26 45	8.7	10′	3.33万	
69	6637	球状	いて	18 31.4	− 32 21	7.5	3′	2.4万	
70	6681	球状	いて	18 43.2	− 32 17	7.5	3′	6.5万	
71	6838	球状	や	19 53.7	+ 18 47	7.9	6′	1.30万	
72	6981	球状	みずがめ	20 53.5	− 12 32	8.6	2′	5.9万	
73	6994	星群	みずがめ	20 59.0	− 12 38	9.0	3′	2500	
74	628	銀河	うお	1 36.7	+ 15 47	9.8	10′×10′	3700万	
75	6864	球状	いて	20 6.1	− 21 55	8.6	2′	7.8万	
76	650	惑星状	ペルセウス	1 42.2	+ 51 34	12.2	2′.6×1′.5	3400	
77	1068	銀河	くじら	2 42.7	− 0 1	9.5	7′×6′	4700万	
78	2068	散光	オリオン	5 46.7	+ 0 3	−	8′×6′	1600	
79	1904	球状	うさぎ	5 24.2	− 24 31	8.1	4′	4.3万	
80	6093	球状	さそり	16 17.0	− 22 59	6.8	4′	3.7万	
81	3031	銀河	おおぐま	9 55.8	+ 69 4	7.8	26′×14′	1200万	
82	3034	銀河	おおぐま	9 55.8	+ 69 41	9.3	11′× 5′	1200万	
83	5236	銀河	うみへび	13 37.0	− 29 52	8.2	11′×10′	1600万	
84	4374	銀河	おとめ	12 25.1	+ 12 53	10.3	5′×5′	4100万	
85	4382	銀河	かみのけ	12 25.4	+ 18 11	9.9	7′×4′	4100万	
86	4406	銀河	おとめ	12 26.2	+ 12 57	9.9	8′×7′	2000万	
87	4486	銀河	おとめ	12 30.8	+ 12 24	9.6	7′×7′	5900万	
88	4501	銀河	かみのけ	12 32.0	+ 14 25	10.3	8′×4′	4100万	
89	4552	銀河	おとめ	12 35.7	+ 12 33	9.5	2′×2′	4100万	
90	4569	銀河	おとめ	12 36.8	+ 13 10	10.0	8′×2′	4100万	
91	4571	銀河	かみのけ	12 35.4	+ 14 12	11.6	3′×2′	4100万	NGC4548説も
92	6341	球状	ヘルクレス	17 17.1	+ 43 9	6.9	12′	2.67万	
93	2447	散開	とも	7 44.6	− 23 53	6.0	25′	3600	星数60
94	4736	銀河	りょうけん	12 50.9	+ 41 7	8.9	11′×9′	1600万	
95	3351	銀河	しし	10 44.0	+ 11 42	10.4	6′×6′	2900万	
96	3368	銀河	しし	10 46.8	+ 11 49	9.9	7′×4′	2900万	
97	3587	惑星状	おおぐま	11 14.9	+ 55 1	12.0	3′.4×3′.3	1800	ふくろう星雲
98	4192	銀河	かみのけ	12 13.8	+ 14 54	10.5	10′×3′	3600万	
99	4254	銀河	かみのけ	12 18.8	+ 14 25	10.2	5′×5′	4100万	
100	4321	銀河	かみのけ	12 22.9	+ 15 49	9.9	7′×6′	4100万	
101	5457	銀河	おおぐま	14 3.2	+ 54 21	8.2	27′×26′	1900万	
102	5866	銀河	りゅう	15 6.5	+ 55 45	10.0	5′×2′	4000万	M101？
103	581	散開	カシオペヤ	1 33.1	+ 60 42	7.4	7′	8800	星数30
104	4594	銀河	おとめ	12 40.0	− 11 37	9.3	9′×4′	4600万	ソンブレロ銀河
105	3379	銀河	しし	10 47.9	+ 12 35	9.2	2′×2′	3000万	
106	4258	銀河	りょうけん	12 19.0	+ 47 18	9.0	18′×8′	2100万	
107	6171	球状	へびつかい	16 32.5	− 13 3	8.9	3′	2.09万	
108	3556	銀河	おおぐま	11 11.6	+ 55 40	10.4	8′×2′	2300万	
109	3992	銀河	おおぐま	11 57.7	+ 53 22	10.5	7′×5′	2700万	
110	205	銀河	アンドロメダ	0 40.3	+ 41 41	8.9	17′×10′	230万	M31伴銀河

惑星状星雲

NGCまたはIC	星座	赤経	赤緯	視直径	写真等級	距離	備考
246	くじら	$0^{h}47^{m}.1$	−11° 53′	4′	8.5等	1300光年	
2392	ふたご	7 29.2	+20 55	47″× 43″	8.3	1300	エスキモー星雲
2438	とも	7 41.8	−14 41	68″	10.1	2900	
3132	ポンプ	10 07.0	−40 26	84″× 53″	8.2	3800	8の字星雲
3242	うみへび	10 24.8	−18 38	40″× 35″	9.0	3800	木星状星雲
6543	りゅう	17 58.6	+66 38	23″× 15′	8.8	3600	猫目星雲
7009	みずがめ	21 4.1	−11 22	44″× 26″	8.4	4100	土星状星雲
7027	はくちょう	21 7.0	+42 14	18″× 11″	10.4	4400	
7293	みずがめ	22 29.7	−20 48	15′	6.5	490	らせん星雲

球状星団

NGCまたはIC	星座	赤経	赤緯	視直径	写真等級	距離	スペクトル型	備考
104	きょしちょう	$0^{h}24^{m}.1$	−72° 5′	23′.0	4.8等	1.47万光年	G4	47Tuc
288	ちょうこくしつ	0 52 .8	−26 35	13 .8	7.2	2.71	—	
1851	はと	5 14 .0	−40 2	5 .3	8.1	1.66	F5	
5053	かみのけ	13 16 .5	+17 42	3 .5	10.5	5.35	F5	
5139	ケンタウルス	13 26 .8	−47 29	23 .0	4.4	1.73	F5	ωCen
5466	うしかい	14 5 .5	+28 32	5 .0	9.6	5.18	F5	
6397	さいだん	17 40 .7	+53 40	19 .0	6.5	0.75	F4	
6541	みなみのかんむり	18 8 .0	−43 44	6 .3	5.8	0.42	G	
6752	くじゃく	19 10 .8	−59 59	13 .3	4.6	0.63	G0	

銀河

NGCまたはIC	星座	赤経	赤緯	型	等級	視直径	距離	備考
55	ちょうこくしつ	$0^{h}14^{m}.9$	−39°13′	SBm	7.9等	32′× 6′	690万光年	
147	カシオペヤ	0 33.2	+48 30	E5p	10.4	13 × 8	230	
185	カシオペヤ	0 35.0	+48 20	E3p	10.1	11 ×10	230	
247	くじら	0 47.1	−20 46	SABd	9.4	20 × 7	780	
253	ちょうこくしつ	0 47.6	+25 18	SABc	8.0	25 × 7	880	
SMC	きょしちょう	0 52.7	−72 50	SBmp	2.8	280 ×160	20	小マゼラン雲
300	ちょうこくしつ	0 54.9	−37 41	SAd	8.7	20 ×15	690	
1291	エリダヌス	3 17.3	−41 8	SB0/a	9.4	10 × 9	3200	
1300	エリダヌス	3 19.7	−19 25	SBb	10.4	6 × 4	4900	
1313	レチクル	3 18.3	−66 30	SBd	9.4	9 × 7	1400	
1316	ろ	3 22.7	−37 12	SAB0p	9.7	7 × 5	7400	
LMC	かじき	5 23.6	−69 45	SBm	0.6	650 ×550	16	大マゼラン薯
2403	きりん	7 36.9	+65 36	SABcd	8.9	18 ×11	980	
2903	しし	9 32.2	+21 30	SABbc	9.5	13 × 7	2400	
3521	しし	11 5.8	+ 0 2	SABbc	9.7	10 × 5	3200	
3628	しし	11 20.3	+13 36	Sb	9.5	15 × 4	2700	
4236	りゅう	12 16.7	+69 28	SBdm	10.0	19 × 7	1200	
4449	りょうけん	12 28.2	+44 6	IBm	9.9	5 × 4	1300	
4565	かみのけ	12 36.3	+25 59	Sb	9.6	16 × 3	4500	
4631	りょうけん	12 42.1	+32 32	SBd	9.8	15 × 3	2500	
4656	りょうけん	12 44.0	+32 10	Sc	10.4	14 × 3	3000	
4725	かみのけ	12 50.4	+25 30	SABabp	10.0	11 × 8	5300	
4945	ケンタウルス	13 5.4	−49 28	SBcd	9.5	20 × 4	1500	
5128	ケンタウルス	13 25.5	−43 1	S0p	8.0	18 ×14	1400	ケンタウルスA
6744	くじゃく	19 9.8	−63 51	SABbc	9.0	15 ×10	2900	
6822	いて	19 44.9	−14 48	IBm	9.4	10 ×10	170	
6946	ケフェウス	20 34.8	+60 9	SABcd	9.6	11 ×10	1900	
7793	ちょうこくしつ	23 57.9	−32 35	SAdm	9.7	9 × 7	980	

＊型欄　E 楕円、SO レンズ状、S 渦巻き、I 不規則。棒状の構造があるかどうかは、棒なしA、棒ありB、中間AB。楕円銀河Eは丸→扁平を0→7、Sは渦巻きの閉じたものから開いたものへ a, b, c, d, mと細かく分類する。pは特異性を表す。

散開星団

NGCまたはIC	星座	赤経	赤緯	視直径	光度	距離	星数	備考
188	ケフェウス	0h 44.4m	+85° 20′	13′	9.3等	5050光年	120個	
752	アンドロメダ	1 57.8	+37 41	49	7.0	1300	60	
869	ペルセウス	2 19.1	+57 9	29	4.4	7170	200	h } 二重星団
884	ペルセウス	2 22.5	+57 7	29	4.7	7500	150	χ } 二重星団
1245	ペルセウス	3 14.7	+47 15	10	6.9	7500	200	
Mel.20	ペルセウス	3 22.1	+48 67	184	1.2	550	50	α Per
1342	ペルセウス	3 31.6	+37 20	14	6.7	1790	40	
1528	ペルセウス	4 15.4	+51 14	22	6.2	2610	80	
Mel.25	おうし	4 26.9	+15 52	329	0.8	160	100	ヒアデス星団
1907	ぎょしゃ	5 28.0	+35 19	7	8.2	4500	30	
2158	ふたご	6 7.5	+24 6	5	8.6	16000	40	
2264	いっかくじゅう	6 41.0	+ 9 53	20	4.7	2450	40	S Mon
2324	いっかくじゅう	7 4.2	+ 1 3	7	8.8	9450	70	
2362	おおいぬ	7 18.8	−24 56	8	10.5	5050	60	
2451	とも	7 45.4	−37 58	45	2.8	850	40	
2477	とも	7 52.3	−38 33	25	5.8	4200	160	
IC2391	ほ	8 40.2	−53 3	49	2.6	460	30	
IC2602	りゅうこつ	10 43.1	−64 23	49	1.6	510	60	θ Car
3532	りゅうこつ	11 6.4	−58 39	55	3.3	1630	150	
Mel.111	かみのけ	12 25.1	+26 7	275	2.7	280	80	かみのけ座
4755	みなみじゅうじ	12 53.6	−60 19	10	5.2	7630	30	宝石箱
6124	さそり	16 25.6	−40 40	29	5.8	1600	100	
IC4665	へびつかい	17 46.3	+ 5 43	41	4.2	1400	30	
6755	わし	19 7.8	+ 4 14	14	8.3	4890	100	
6940	こぎつね	20 34.6	+28 18	31	6.3	2600	60	
7142	ケフェウス	21 45.9	+65 48	14	10.4	3260	100	
7209	とかげ	22 5.2	+46 30	25	6.7	2900	25	
7243	とかげ	22 15.3	+49 53	21	6.4	2800	40	
7789	カシオペヤ	23 57.0	+56 44	16	6.7	6200	300	

※番号のみの表記はNGC

散光星雲

NGCまたはIC	星座	赤経	赤緯	視直径	距離	備考
7822	ケフェウス	0h 3.4m	+68° 37′	170′	5000光年	S171
281	カシオペヤ	0 53.3	+56 36	12	5500	
IC1795	カシオペヤ	2 24.8	+61 51	20	5900	
IC1805	カシオペヤ	2 32.0	+61 26	50	6200	
IC1848	カシオペヤ	2 51.3	+60 25	50	4900	
1499	ペルセウス	4 3.4	+36 25	145 × 40	2300	カリフォルニア星雲
IC405	ぎょしゃ	5 16	+34 19	30 × 19	2200	AE星付近
IC434	オリオン	5 41.1	− 2 24	30	1100	馬頭星雲付近
2024	オリオン	5 42	− 1 51	30	1300	ζ星付近
2174~75	オリオン	6 9.7	+20 30	15	5200	
IC443	ふたご	6 16.9	+22 47	50 × 40	−	超新星残骸
2237~38~44~46	いっかくじゅう	6 32.3	+ 5 3	60	4600	バラ星雲
2261	いっかくじゅう	6 39.1	+ 8 43	0.5	4900	ハッブルの変光星雲
2264	いっかくじゅう	6 41.0	+ 9 54	60	2600	
IC2177	いっかくじゅう	7 5	−10 34	85 × 25	1800	わし星雲
3372	りゅうこつ	10 45.0	−59 41	85 × 80	4200	η Car周辺
IC4603	へびつかい	16 25.3	−23 27	145 × 70	390	ρ Oph付近
IC1318	はくちょう	20 17.0	+40 48	24 × 17	560	γ星付近
6960~92~95	はくちょう	20 45.7	+30 43	70 × 6	1600	網状星雲（超新星残骸）
IC5067~68~70	はくちょう	20 48.7	+44 22	85 × 75	2000	ペリカン星雲
7000	はくちょう	20 58.8	+44 20	120 ×100	2000	北アメリカ星雲
IC1396	ケフェウス	21 38	+57 38	165 ×135	2500	

※番号のみの表記はNGC

星図・北天

●●●●●・・・0等星〜6等星 ◎変光星 重星 銀河 散光星雲 散開星団 球状星団 惑星状星雲

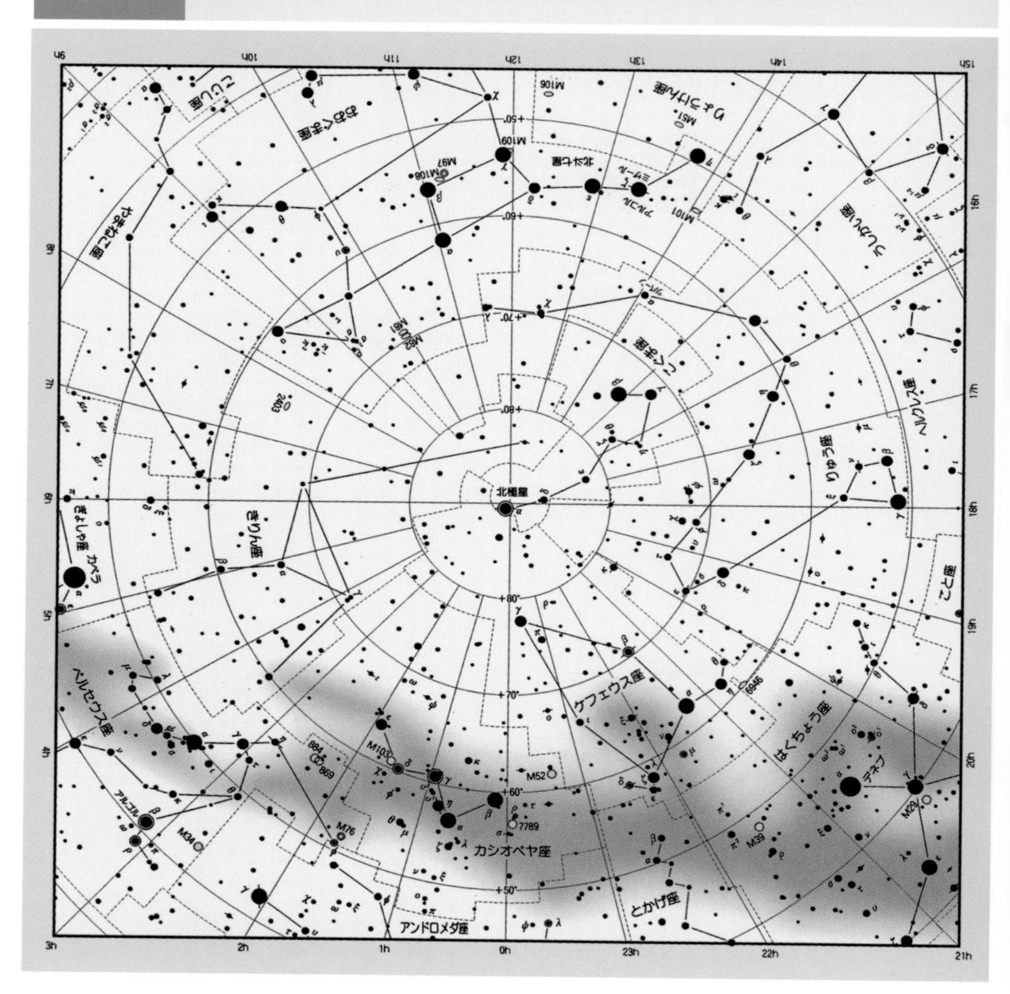

全天に88星座がきめられています。肉眼で見える6.0等星までの星と、肉眼、双眼鏡、小望遠鏡で楽しめる星雲・星団、変光星、二重星などがこの星図中に示してあります。自動導入の架台の望遠鏡なら、これらの天体を視野にとらえるのは簡単にできますが、そのほかの場合は、明るい星を目じるしに位置の見当をつけ見つけだすようにします。地球の地図と同様、星空にも経緯度と同じ目盛りがあって、赤経（せっけい）・赤緯（せきい）で天体の位置をあらわします。赤緯0度が天の赤道で、天の北極は＋90度、天の南極は－90度となります。赤経は、うお座の春分点から東まわりに一周360度を24時間に分けてあらわします。黄道は太陽や惑星の通り道です。

星図・夏

●●●●・・・0等星～6等星◉◦変光星 ━●━重星 ⬭銀河 散光星雲 ◌散開星団 ⊛球状星団 ◎惑星状星雲

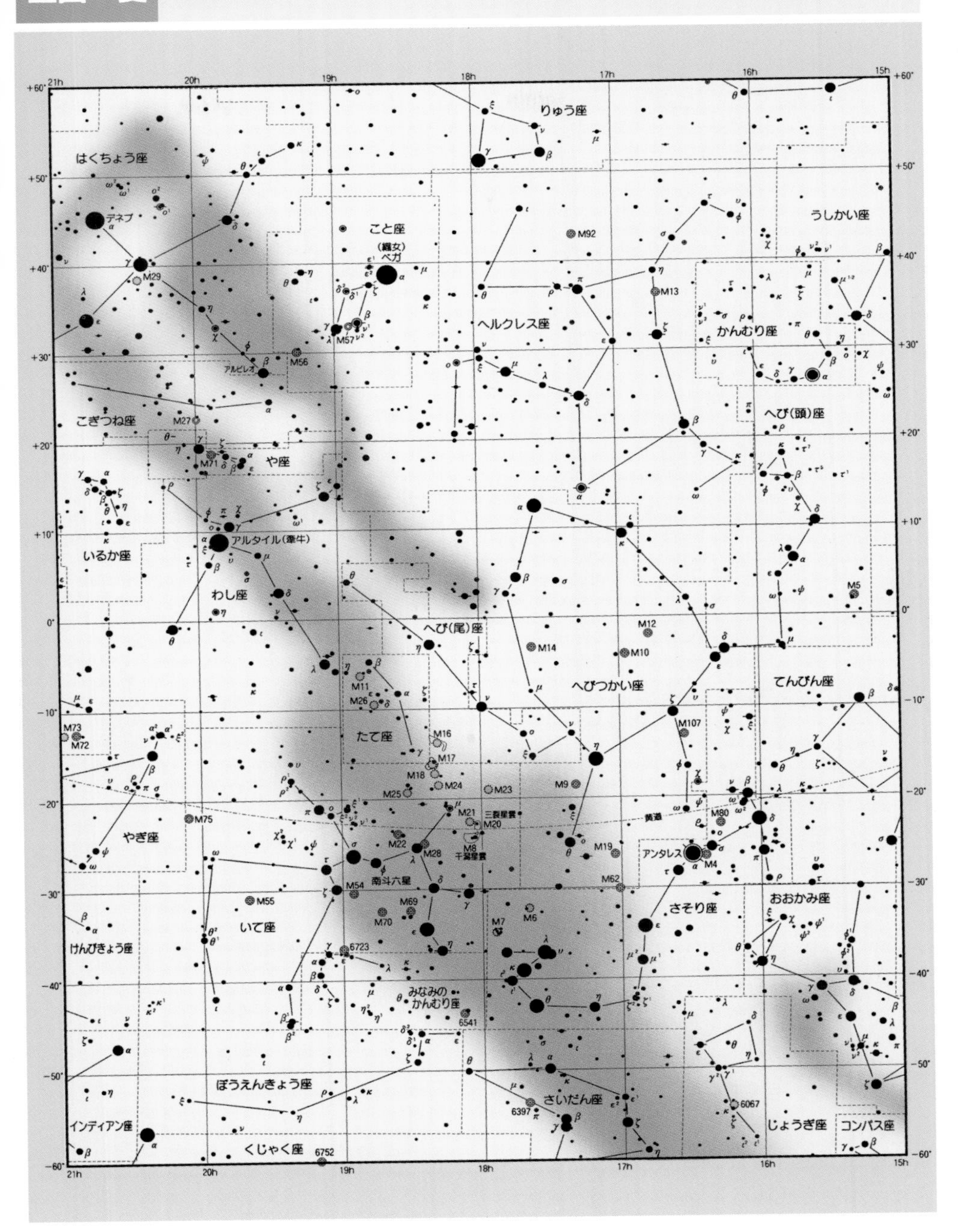

星図・秋

●●●●・・・0等星～6等星　変光星　重星　銀河　散光星雲　散開星団　球状星団　惑星状星雲

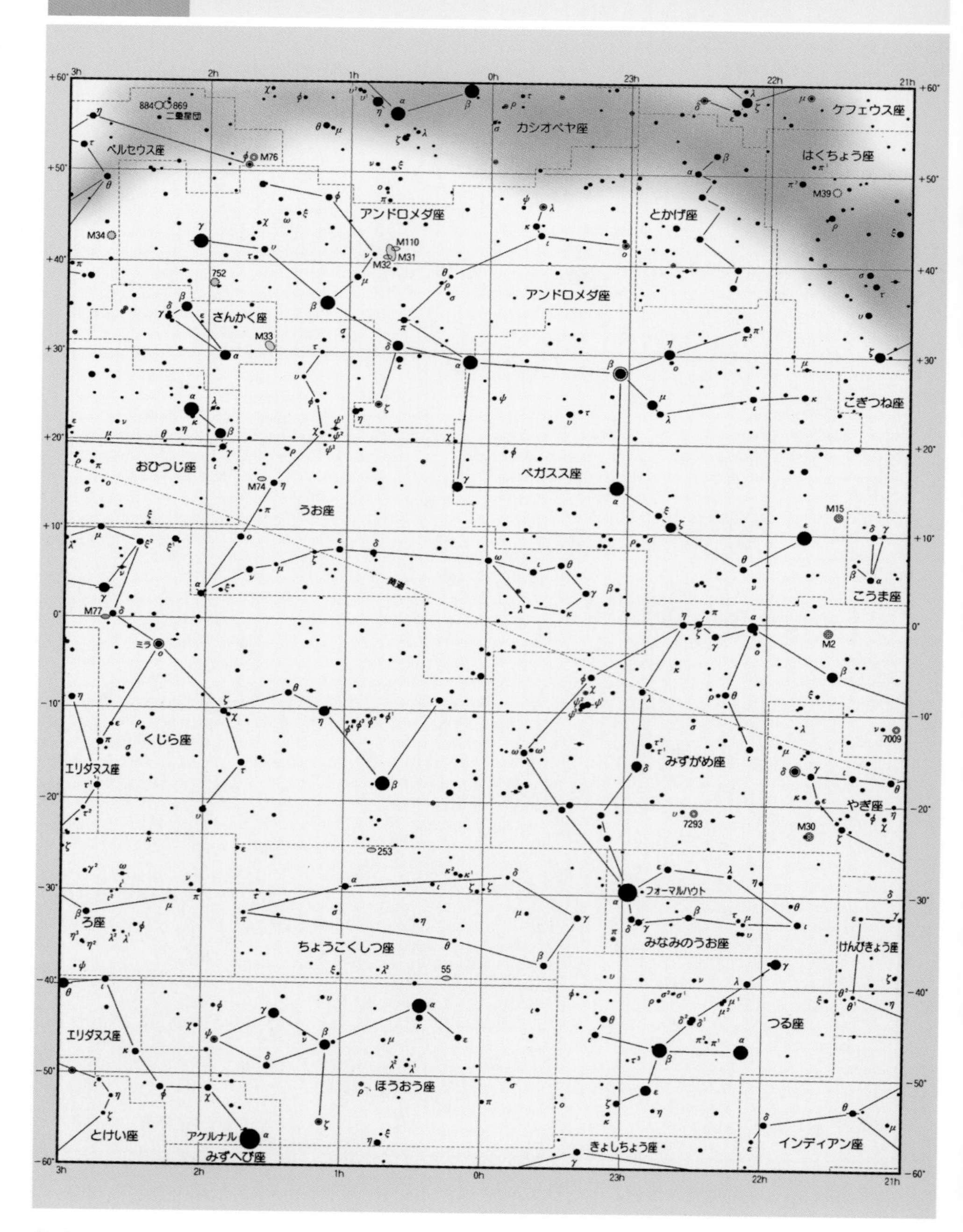

星図・冬

0等星〜6等星 変光星 重星 銀河 散光星雲 散開星団 球状星団 惑星状星雲

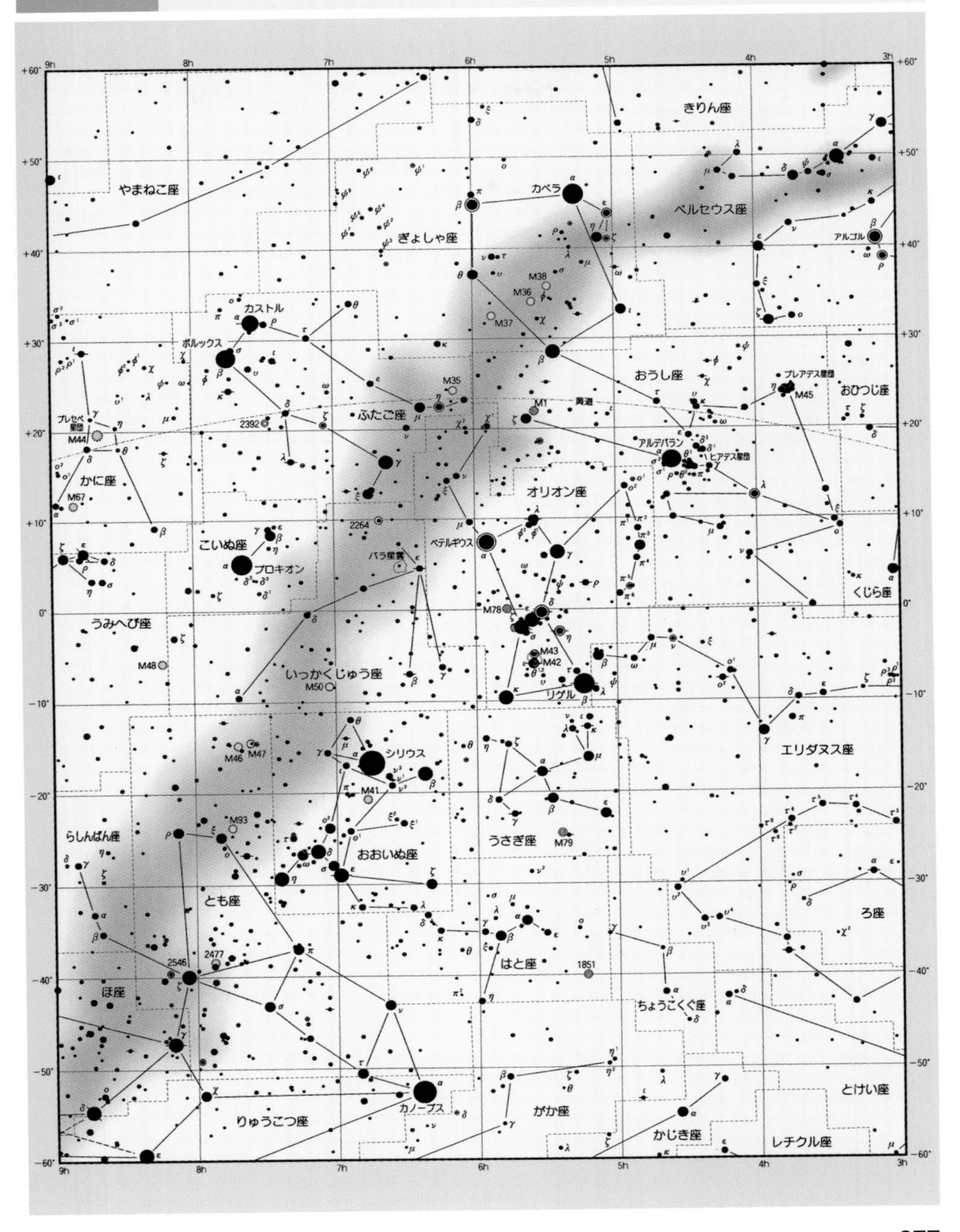

星図・春

●●●●•・・・0等星～6等星 ◉変光星 ━●━重星 ⬭銀河 ◎散光星雲 ○散開星団 ⊕球状星団 ◎惑星状星雲

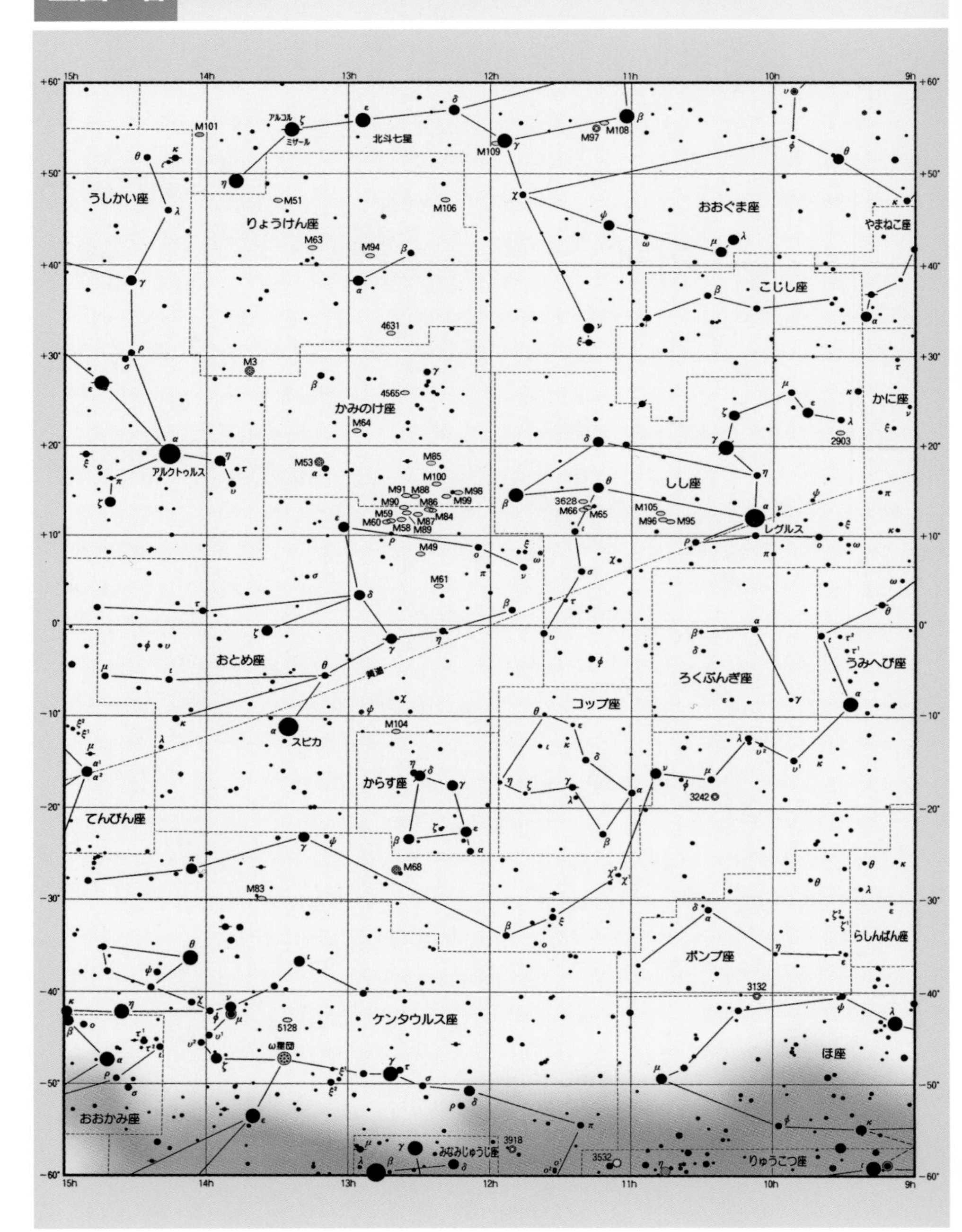

星図・南天

0等星〜6等星　変光星　重星　銀河　散光星雲　散開星団　球状星団　惑星状星雲

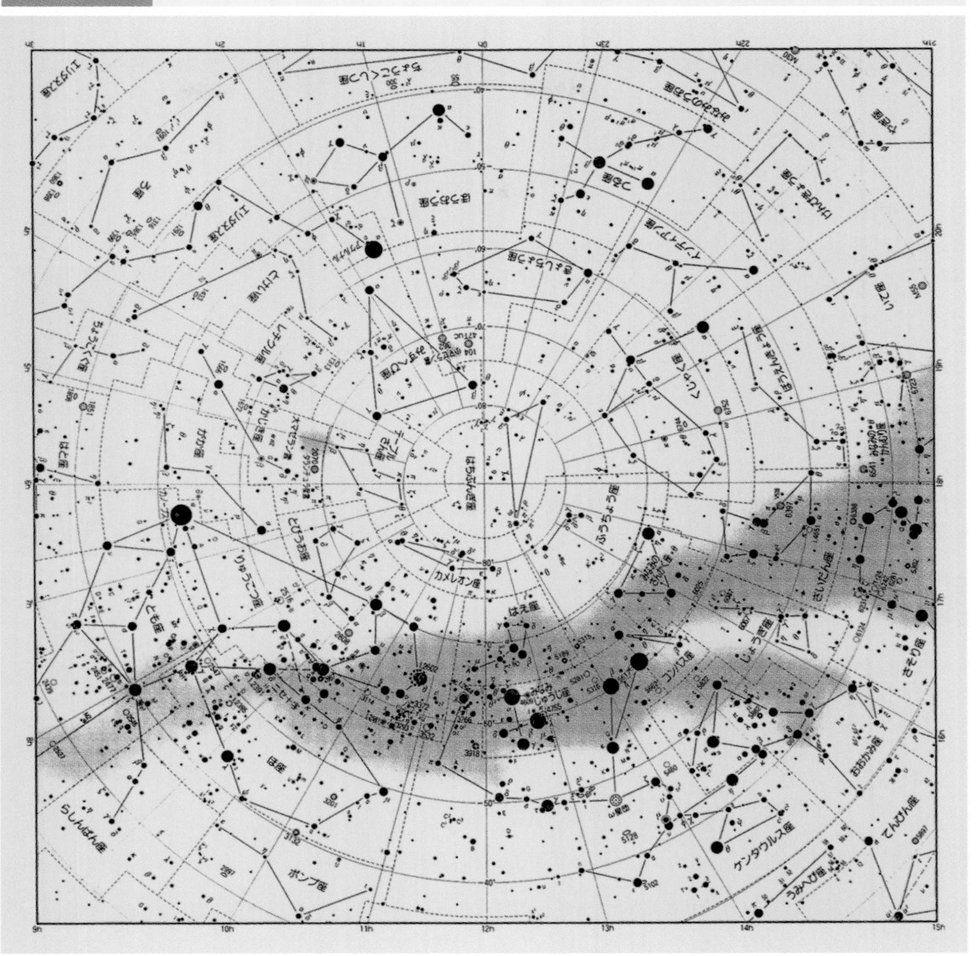

天の南極付近の星座は、日本からはよく見えないか、あるいはまったく見ることができないかのいずれかです。これらの星座を頭上高くしっかり見たいときには、オーストラリアなど南半球の国へ出かけなければなりません。その場合、小さな双眼鏡を持参されることをおすすめしておきましょう。珍しい星雲・星団などが楽しめるからです。

α	アルファ	（アルファ）	ν	ニュー	（ニュー）
β	ベータ	（ビータ）	ξ	クシー	（グザイ）
γ	ガンマ	（ガマ）	ο	オミクロン	（オマイクロン）
δ	デルタ	（デルタ）	π	ピー	（パイ）
ε	エプシロン	（イプシロン）	ρ	ロー	（ロー）
ζ	ゼータ	（ジータ）	σ	シグマ	（シグマ）
η	エータ	（イータ）	τ	タウ	（トー）
θ	セータ	（シータ）	υ	ユープシロン	（イータ）
ι	イオタ	（アイオタ）	φ	フィー	（ファイ）
κ	カッパ	（カッパ）	χ	キー	（カイ）
λ	ラムダ	（ラムダ）	ψ	プシー	（プサイ）
μ	ミュー	（ミュー）	ω	オーメガ	（オメガ）

（　）内は英語読み

プラネタリウムと公開天文台

ドームの丸天井に星空を投影し、再現して見せてくれるのがプラネタリウムです。投影内容はじつにさまざまで、毎月あるいは各季節ごとにテーマが変わるので、何度出かけても楽しむことができます。投影時間は30分から1時間というのがふつうで、投影途中の入退場はできないことが多いので、投影開始時刻を確認して出かけるのがよいでしょう。

望遠鏡のない人や自分の望遠鏡より大きなもので天体を見てみたいという人には、一般市民へ公開されている天文台を利用する手があります。専門家の解説付きで天体観望を楽しむことができます。

◀**公開天文台** 夜間公開ということもあって、公開時間や休館日などを訪問前に確認しておくようにします。

▶**プラネタリウム** 現在全国に350館以上あります。天文関係の展示室や天文グッズなどが楽しめるところもあります。

名称	所在地	電話	望遠鏡	プラネタリウム
小樽市総合博物館	北海道小樽市	0134－33－2523	15cm屈折	7.5m
北網圏北見文化センター	北海道北見市	0157－23－6700	20cm屈折	15m
札幌市青少年科学館	北海道札幌市	011－892－5001	60cm反射	18m
りくべつ宇宙地球科学館	北海道陸別町	0156－27－8100	115cm反射	4m
稚内市青少年科学館	北海道稚内市	0162－22－5100	20cm屈折	12m
一戸町観光天文台	岩手県一戸町	0195－33－1211	50cm反射	8m
盛岡市子ども科学館	岩手県盛岡市	019－634－1171	——	18m
小岩井農場まきばの天文館	岩手県雫石町	019－692－4321	20cm屈折	——
北村山視聴覚センター	山形県村山市	0237－55－4211	——	8m
仙台市天文台	宮城県仙台市	022－391－1300	130cm反射	25m
福島市子どもの夢を育む施設こむこむ館	福島県福島市	024－524－3131	15cm屈折	15m
滝根町星の村天文台	福島県田村市	0247－78－3638	65cm反射	8m
郡山市ふれあい科学館	福島県郡山市	024－936－0201	——	23m
浄土平天文台	福島県福島市	0242－64－2108	40cm反射	——
星のふるさと館	新潟県上越市	025－528－7227	65cm反射	8.5m
日立シビックセンター科学館	茨城県日立市	0294－24－7731	——	22m
栃木県子ども総合科学館	栃木県宇都宮市	028－659－5555	75cm反射	20m
向井千秋記念子ども科学館	群馬県館林市	0276－75－1515	20cm屈折	23m
県立ぐんま天文台	群馬県高山村	0279－70－5300	150cm反射	——
山梨県立科学館	山梨県甲府市	055－254－8151	20cm屈折	20m
八田村ふるさと天文館	山梨県南アルプス市	055－285－7111	50cm反射	——
さいたま市青少年宇宙科学館	埼玉県さいたま市	048－881－1515	20cm屈折	23m
葛飾区郷土と天文の博物館	東京都葛飾区	03－3838－1101	25cm屈折	18m

※表の他にプラネタリウム館や市民公開天文台は全国に250以上あります。

名　称	所在地	電　話	望遠鏡	プラネタリウム
府中市郷土の森博物館	東京都府中市	042－368－7921	35cm反射	23m
コニカミノルタプラネタリウム満天	東京都豊島区	03－3989－3546	——	16m
多摩六都科学館	東京都西東京市	042－469－6100	——	27.5m
国立科学博物館	東京都台東区	03－5777－8600	60cm反射	——
国立天文台	東京都三鷹市	0422－34－3688	50cm反射	——
はまぎんこども宇宙科学館	神奈川県横浜市	045－832－1166	——	23m
かわさき宙と緑の科学館	神奈川県川崎市	044－922－4731	30cm反射	18m
月光天文台	静岡県田方郡	055－979－1428	50cm反射	11m
ディスカバリーパーク焼津	静岡県焼津市	054－625－0800	80cm反射	18m
浜松科学館	静岡県浜松市	053－454－0178	——	20m
新潟県立自然科学館	新潟県新潟市	025－283－3331	60cm反射	18m
星の観察館満天星	石川県能登町	0768－76－0101	60cm反射	12m
名古屋市科学館	愛知県名古屋市	052－201－4486	80cm反射	35m
半田市空の科学館	愛知県半田市	0569－23－7175	30cm反射	18m
尾鷲市立天文科学館	三重県尾鷲市	0597－23－0525	81cm反射	——
岐阜市科学館	岐阜県岐阜市	058－272－1333	50cm反射	20m
ダイニック・アストロパーク天究館	滋賀県多賀町	0749－48－1820	60cm反射	——
綾部市天文館パオ	京都府綾部市	0773－42－8080	95cm反射	——
大阪市立科学館	大阪府大阪市	06－6444－5656	50cm反射	26.5m
大塔コスミックパーク星のくに	奈良県大塔町	0747－35－0321	45cm反射	12m
みさと天文台	和歌山県紀美野町	073－498－0305	105cm反射	——
かわべ天文公園	和歌山県日高川町	0738－53－1120	100cm反射	11m
神戸市立青少年科学館	兵庫県神戸市	078－302－5177	25cm屈折	20m
明石市立天文科学館	兵庫県明石市	078－919－5000	40cm反射	20m
兵庫県立西はりま天文台	兵庫県佐用町	0790－82－3886	60cm反射	——
鳥取市さじアストロパーク	鳥取県佐治町	0858－89－1011	103cm反射	6.5m
岡山天文博物館	岡山県浅口市	0865－44－2465	15cm屈折	10m
美星天文台	岡山県井原市	0866－87－4222	101cm反射	——
広島市こども文化科学館	広島県広島市	082－222－5346	——	20m
日原天文台	島根県津和野町	08567－4－1646	75cm反射	——
阿南市科学センター	徳島県阿南市	0884－42－1600	113cm反射	——
愛媛県総合科学博物館	愛媛県新居浜市	0897－40－4100	——	30m
久万高原天体観測館	愛媛県久万高原町	0892－41－0110	60cm反射	6m
福岡県青少年科学館	福岡県久留米市	0942－37－5566	20cm屈折	20m
星の文化館	福岡県八女市	0943－52－3000	100cm反射	5m
関崎海星館	大分県大分市	097－574－0100	60cm反射	——
清和高原天文台	熊本県山都町	0967－82－3300	50cm反射	——
ミューイ天文台	熊本県上天草市	0969－63－0466	50cm反射	6m
佐賀県立宇宙科学館	佐賀県武雄町	0954－20－1666	20cm屈折	18m
長崎市科学館	長崎県長崎市	095－842－0505	70cm反射	23m
宮崎科学技術館	宮崎県宮崎市	0985－23－2700	——	27m
せんだい宇宙館	鹿児島県薩摩川内市	0996－31－4477	50cm反射	——
輝北天球館	鹿児島県鹿屋市	099－485－1818	65cm反射	——
スターランドAIRA	鹿児島県姶良町	0995－68－0688	40cm反射	8m
沖縄海洋文化館	沖縄県国頭郡	0980－48－2741	——	18m
石垣島天文台	沖縄県石垣市	0980－88－0013	105cm反射	——

索引

関連インターネット・アドレス

星座ウオッチングを楽しんでいると、新しい彗星があらわれたり、新星が発見されたり、明るい人工衛星が飛行したりして、変化がないように思える星空が、じつはたいへんにぎやかでドラマチックな世界であることがわかります。それらの天文の最新情報を得るには、やはりインターネットを利用するのがよいといえます。ホームページはじつにたくさんありますが、そのごく一部のアドレスを下にかかげておきましょう。

▲最新情報はインターネットで

●国立天文台（天文全般）	https://www.nao.ac.jp
●国立天文台すばる望遠鏡（ハワイ観測所）	https://www.subarutelescope.org/
●アストロアーツ（天文雑誌）	https://www.astroarts.co.jp/
●誠文堂新光社（天文雑誌）	https://www.seibundo-shinkosha.net/
●日食情報センター	http://www.solar-eclipse.jp/
●公益財団法人日本宇宙少年団	https://www.yac-j_ gr.jp/
●日本流星研究会	http://www.nms.gr.jp/
●日本惑星科学会	https://www.wakusei.jp/
●VSNET（変光星情報）	http://www.kusastro.kyoto-u.ac.jp/vsnet/
●仙台市天文台	https://www.sendai-astro.jp/
●県立ぐんま天文台	https://www.astron.pref.gunma.jp/
●兵庫県立大学西はりま天文台	http:/www.nhao.jp/
●佐治天文台（鳥取県）	https://www.city.tottori.lg.jp/www/contents/1425466200201/
●美星天文台（岡山県）	https://www.bao.city.ibara.okayama.jp
●薩摩川内市せんだい宇宙館	http://www.sendaiuchukan.jp/
●気象予報（天気予報）	https://www.jma.go.jp/
●GPV気象予報（天気予報）	http://weather-gpv.info/
●ウェザーニューズ（天気予報）	https://www.weathernews.jp/
●宇宙航空研究開発機構（JAXA）	https://www.jaxa.jp/
●アメリカ航空宇宙局（NASA 英語）	https://nasa.gov/
●ヨーロッパ宇宙機関（ESA 英語）	https://www.esa.int/
●Heavens-Above（人工衛星の予報など）	https://www.heavens-above.com/

※アドレスは変更されることもあります。

[写真・資料]
NASA／JPL／STScI／AURA／AATB／DMIイメージ／D. F. Malin／ROE／ESO／
C & Eフランス／東京国立博物館／ワールド・フォト・サービス／アストロアーツ／
白河天体観測所／チロ天文台／Tony & Daphne Hallas／千葉市郷土博物館

[協力]
五藤光学／ビクセン／サイトロンジャパン／高橋製作所／郡山ふれあい科学館／
田村市星の村天文台／県立ぐんま天文台／大野裕明／岡田好之／山崎昌彦

[イラスト・本文レイアウト]
園　五朗

[カバーデザイン]
田村奈緒

全天星座百科

2001年 9月30日 初版発行
2011年 2月28日 新版初版発行
2013年12月30日 改訂新版初版発行
2024年 6月20日 新装版初版印刷
2024年 6月30日 新装版初版発行

著　者　藤井 旭

発行者　小野寺優

発行所　株式会社 河出書房新社
〒162-8544 東京都新宿区東五軒町2-13
電話　03-3404-1201（営業）
　　　03-3404-8611（編集）
https://www.kawade.co.jp/

編集協力　株式会社 星の手帖社

印刷所　三松堂株式会社

製本所　大口製本印刷株式会社

Printed in Japan　ISBN978-4-309-25754-9

河出文庫

星の旅

藤井 旭 著

「世界の国々の景色が違い、住む人々の表情が異なるように、世界各地で見上げる星空にもそれぞれの美しさがある」。世界的天体写真家が描いた旅の記録。
解説＝渡部潤一。

河出文庫

14歳からの宇宙論

佐藤勝彦 著／益田ミリ マンガ

アインシュタインの宇宙モデル、ブラックホール、暗黒エネルギー、超弦理論、100兆年後の未来……138億年を一足飛びに知る宇宙入門の決定版。益田ミリによる漫画「138億年の向こうへ」も収録。

星空の楽しみかた　眺める・撮る

KAGAYA 著

流れ星、天の川、月虹……奇跡の瞬間にあなたも今夜から出会える！　Xフォロワー88万人超の著者が贈る「天空の贈り物」を探すためのガイドブック。美しいイラストも満載。

星の王子さまとめぐる　星ぼしの旅

縣秀彦 著

宇宙のどこかには、生きものがいるの？　宇宙の果ては？　太陽、地球、銀河系、ブラックホールや星が生まれる場面など、星の王子さまと星ぼしを旅する写真絵本。こどもから大人まで。

改訂版　星の王子さまの天文ノート

縣 秀彦 監修

「星があんなに美しいのも、目に見えない花が一つあるからなんだよ」……全世界で8000万部を超えるサン＝テグジュペリ『星の王子さま』のお話と挿絵とともに、都会でも楽しめる月や太陽系の惑星、美しい銀河や天体現象について丁寧に紹介。春夏秋冬の星座図も収録した、天文初心者のためのやさしいビジュアル入門書。

科学者18人にお尋ねします。宇宙には、だれかいますか？

佐藤勝彦 監修／縣秀彦 編著

私たちはいつ、地球外生命に出会えるのだろう？　生物学、化学、物理学、生命科学、天文学……各分野のトップランナーが最新成果をもとに究極の謎に答を出す。研究者たち自筆のユニークな宇宙人イラストも必見。